普通高等教育系列教材

金属凝固成形原理

主　编　张忠明
副主编　王锦程
参　编　荣福杰　徐春杰　杨长林　李俊杰
主　审　林　鑫

机 械 工 业 出 版 社

本书是为适应普通高等学校材料成型及控制工程专业和材料加工工程学科的培养目标要求而编写的基础理论教材。本书着重阐明金属凝固成形（也称液态成形）的内在规律和物理本质，主要介绍熔融金属及其充型、凝固传热、凝固形核与晶体生长、合金的凝固及其凝固组织、凝固偏析、气孔与夹杂物、凝固收缩与缩孔、热裂铸造应力、变形与冷裂等。本书既注重基础理论的阐述，又注重凝固理论的工程应用，意在使读者通过学习，能够对金属凝固成形过程及基本原理有较深入和系统的理解，并能针对金属凝固成形过程中产生的实际问题提出有效的对策和解决方案。

本书可作为普通高等学校材料成型及控制工程专业的本科生教材和材料加工工程学科的研究生教材，也可作为铸造、冶金、材料、机械等领域工程技术人员的参考用书。

图书在版编目（CIP）数据

金属凝固成形原理/张忠明主编. —北京：机械工业出版社，2021.12
（2025.2 重印）

普通高等教育系列教材

ISBN 978-7-111-69925-5

Ⅰ.①金… Ⅱ.①张… Ⅲ.①熔融金属-凝固理论-高等学校-教材 Ⅳ.①TG111.4

中国版本图书馆 CIP 数据核字（2021）第 261534 号

机械工业出版社（北京市百万庄大街 22 号　邮政编码 100037）
策划编辑：丁昕祯　　　　　　责任编辑：丁昕祯
责任校对：张　征　刘雅娜　封面设计：张　静
责任印制：邓　博
北京盛通数码印刷有限公司印刷
2025 年 2 月第 1 版第 2 次印刷
184mm×260mm · 13.5 印张 · 334 千字
标准书号：ISBN 978-7-111-69925-5
定价：42.00 元

前　言

金属凝固成形是材料成形的主要方法之一，又称为金属液态成形，常称为铸造。铸造是机械制造业的支柱产业之一。凝固是铸件成形过程的核心，它决定着铸件的组织和铸造缺陷的形成，因而也决定了铸件的性能。近年来，金属凝固理论有了很大的发展，也为优化铸造工艺参数以控制铸件组织与力学性能创造了条件，控制凝固过程已成为开发新型材料和提高铸件质量的重要途径。

本书是为适应新形势下高等院校材料成型及控制工程专业金属液态成形（铸造）方向的专业培养目标要求而编写的基础理论教材。本书全面阐述熔融金属在铸型中形成铸件的基本规律、铸件凝固组织的形成机制、影响金属性能和铸件质量的基本因素及控制措施。通过学习，读者可以比较全面地掌握金属液态成形过程中的基本规律和内在联系，以及从液态到固态转变过程中影响金属性能和铸件质量的基本因素，从而对铸件形成过程的实质有深入的理解，并能从理论上高度认识和分析铸件形成过程所产生的一系列实际问题，提出解决途径。

本书既注重凝固基础理论的阐述，又注重凝固理论的工程应用。编写过程中，着重阐明凝固基本原理及其应用，大力简化数学原理的叙述，重在提供解决问题的思路，使读者在深入理解铸件形成过程的实质和产生的实际问题的基础上，能够找出问题产生的原因，并提出解决问题的途径与方案，从而锻炼和培养综合分析和解决实际铸造问题的能力。

本书可作为高等工科院校材料成型及控制工程专业铸造专业方向的本科生教材与材料加工工程学科的研究生教材，也可作为铸造、冶金、材料、机械等领域工程技术人员的参考书。

本书作者来自西安理工大学、西北工业大学和沈阳铸造研究所有限公司。西安理工大学张忠明任主编，西北工业大学林鑫任主审。本书编写分工如下：第 2 章和第 7 章由西北工业大学杨长林编写，第 3 章和第 6 章由西北工业大学王锦程编写，第 4 章由西安理工大学徐春杰编写，第 8 章由沈阳铸造研究所有限公司荣福杰编写，第 10 章由西北工业大学李俊杰编写，其余部分由张忠明编写。

本书的编写得到国家级、陕西省一流专业建设项目、西安理工大学教材建设项目及研究生教育教学改革研究项目的资助。机械工业出版社为本书的出版付出了辛勤的劳动，在此一并表示感谢。

本书的编写参考了许多相关文献资料，特别是安阁英主编的《铸件形成理论》和约翰·坎贝尔著、李殿中与李依依等译的《铸造原理》，其他参考文献由于篇幅所限无法详细列举。在此向文献资料的作者表示诚挚的谢意。

由于编者水平有限，书中疏漏和不当之处在所难免，恳切希望读者批评指正。

编　者

目 录 Contents

第1章

熔 融 金 属

金属凝固成形是材料成形的重要方法之一，又称为金属液态成形，常称为铸造（Casting）。铸造是将熔炼好的熔融金属浇入具有一定形状的铸型中，并在其中凝固，获得与铸型内腔形状一致且具有一定形状、尺寸、成分、组织和性能的金属零件毛坯的过程。金属凝固过程中的一些现象，如结晶、溶质传输、晶体长大、气体溶解和析出、非金属夹杂物的形成、金属体积变化等都与液态金属的结构、性质及其与环境的交互作用有关。因此，了解熔融金属的结构、性质及其与环境的交互作用，是掌握与控制铸件形成过程的基础。

1.1 熔融金属的结构

1.1.1 液、固、气三态的特性对比

通过对比液、固、气三态的特性，可以判断熔融金属的原子结合状况，从而对金属的液态结构进行间接分析和推测；利用 X 射线衍射方法也可以分析熔融金属的原子排列情况，对金属的液态结构进行直接研究。

固体具有一定的形状和体积；液体可以流动，有一定的体积，但无固定的形状；而气体的形状和体积均不固定。这说明液体与固体更接近，而与气体截然不同。由金属在不同状态下的物理化学性质（表1-1）可以看出，熔化时体积变化不大，仅增大 3% ~5%，即原子平均间距仅增大 1% ~2%；熔化潜热仅为汽化潜热的 3% ~7%（汽化潜热是使原子间的结合键全部破坏所需的能量）。表1-1 表明，金属熔化时原子间键合的变化远小于汽化时原子间键合的变化，即金属熔化后，金属原子的结合键只破坏了百分之几，原子间仍保持一定的键合。

表1-1 常见金属在不同状态时的物理化学性质

金属	熔点 T_m /℃	固体转化为液体的体积变化率(%)	熔化潜热 ΔH_m/kJ·mol^{-1}	汽化潜热 ΔH_v/kJ·mol^{-1}	$\Delta H_m/\Delta H_v$ (×10^{-2})	熔化熵 ΔS_m /J·(mol·K)$^{-1}$
Fe	1535.0	3.0	15.17	339.83	4.46	8.37
Cu	1083.0	4.2	13.01	304.30	4.28	9.62
Al	660.2	6.0	10.45	290.93	3.59	11.51
Mg	650.0	4.1	8.70	133.76	6.50	9.17
Zn	419.5	4.2	7.20	114.95	6.26	10.67
Sn	231.9	2.6	6.97	293.08	2.38	13.78

X 射线衍射分析表明，熔融金属最近邻原子的排列情况与固态金属的接近，但由于原子间距增大和空位增多，原子的近邻原子数即配位数略有减少，这也表明，在微小区域内熔融金属与固态金属的结构类似。

因此，可以认为熔融金属和固态金属的结构相似，特别是在过热度不太高（一般高于熔点 100 ~ 300℃）的铸造条件下更是如此。

1.1.2　理想纯金属的液态结构

在熔点以上不高的温度范围内，理想纯金属的液态结构具有以下特点：

1）原子近程有序排列。熔融金属的原子不是完全无序、混乱的分布，而是在微小区域内存在着有序规则的排列，其结构与原固体相似，即熔融金属是由近程有序排列的原子集团或团簇组成的。每个原子集团由十几个到几百个原子组成，在原子集团内保持着固体的排列特征，而在原子集团之间的空穴处则分布着一些散乱无序的原子，如图 1-1 所示。

2）存在能量起伏。由于液体中原子热运动的能量较大，每个原子的能量不同，并不断发生变化。这种熔融金属中各个原子的能量随时间和空间的变化称为能量起伏。

3）存在结构起伏。结构起伏（Structural Fluctuation）是指熔融金属中原子的热运动和相互作用力导致的原子团分布不均匀现象。由于存在能量起伏，原子集团不稳定，集团内的原子能够脱离原有集团而加入其他原子集团，或组成新的原子集团。因此，所有原子集团都处于瞬息万变的状态，时而长大，时而变小，时而产生，时而消失，原子时聚时散，犹如原子集团在不停地"游动"。这种原子集团尺寸大小的瞬息变化以及各个原子集团间尺寸的不同即为结构起伏。

4）原子集团的平均尺寸与温度密切相关。在一定的温度下，原子集团的平均尺寸是一定的，但原子集团的尺寸及"游动"速度均随温度变化。温度越高，则原子集团的平均尺寸越小，游动速度越快。图 1-2 所示为熔融金属中原子集团的统计平均尺寸 $\bar{r}$ 与最大尺寸 r_{max} 随温度的变化关系。

图 1-1　熔融金属的原子状态示意图

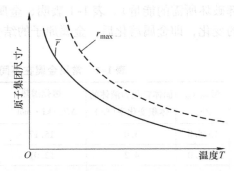

图 1-2　熔融金属中原子集团的尺寸与温度的变化关系曲线

综上所述，接近熔点的理想纯金属的液态结构由原子近程有序排列的"原子集团"组成，存在很大的能量起伏和结构起伏，原子集团有大有小。

1.1.3 实际金属的液态结构

实际上不存在上述理想纯金属，即使纯度非常高的实际金属中也总是存在大量的杂质原子。例如，对于纯度为 8N 的高纯铁（99.999999%），$1cm^3$ 铁液中所含杂质的原子数相当于 10^{15} 个数量级。因此，实际金属基本上是多元合金。合金组元在熔体中也不会完全均匀地分布。多组元熔体中原子的热运动导致其中不同组元分布不均匀的现象称为浓度起伏（Constitutional Fluctuation），又称为成分起伏。因此，除了能量起伏和结构起伏，多元合金熔体中还存在着浓度起伏。合金组元在合金中的存在方式多种多样，可以溶质或化合物（液态、固态或气态）的形态存在，下面以 A – B 二元合金为例进行说明。

由于同种元素及不同元素之间的原子间结合力存在差异，结合力较强的原子容易聚集在一起而将别的原子排挤到别处。这样，在游动的原子集团中，有的 A 原子多，有的 B 原子多，即各个游动原子集团存在成分差异，且原子集团的成分随时间而变化，这种原子集团成分的不均匀性即为浓度起伏。

如果 A – B 原子间的结合力较强，则足以形成新的化学键。在热运动的作用下，熔融金属中出现时而化合、时而分解的不稳定化合物，或者在低温时化合、在高温时分解的化合物。如高温时硫在铁液中可完全溶解，而在较低温度下则可能形成 FeS。当 A – B 原子间结合力很强时，在熔体中可形成稳定的化合物。这些化合物可能以固态（如氧在铝中形成 Al_2O_3，氧与铁中的硅形成 SiO_2 等）、气态或液态出现，其中有相当一部分则悬浮于熔融金属中，成为夹杂物（多数为非金属夹杂物）。所以实际金属和合金的熔体由成分和结构不同的游动原子集团、空穴，以及许多固态、气态或液态的化合物或杂质组成。表 1-2 列举了铸造铝合金中夹杂物的主要类型和可能的来源。

表 1-2 铸造铝合金中夹杂物的主要类型和可能的来源

夹杂物类型	可能的来源
碳化物（Al_4C_3）	Al 熔炉中的坩埚壁
硼碳化物（Al_4B_4C）	硼化处理
硼化钛（TiB_2）	晶粒细化
石墨（C）	升液管，转轴磨损，卷入膜
氯化物（NaCl、KCl、$MgCl_2$ 等）	氯化或造渣处理
α氧化铝（α – Al_2O_3）	高温熔炼后卷入
γ氧化铝（γ – Al_2O_3）	浇注过程中卷入
氧化镁（MgO）	Mg 含量高的合金
尖晶石（MgO · Al_2O_3）	Mg 含量中等的合金

1.2 熔融金属的性质

1.2.1 熔融金属的黏度

黏度是液体受内部阻力作用表现出黏滞性的一种度量。熔融金属的黏滞性对充型、液态金属中的气体与非金属夹杂物的排出、金属的补缩、一次结晶的形态，以及偏析的形成等都有直接或间接的作用。因此，熔融金属的黏滞性对铸件的质量有重要影响。

1. 黏度的本质

由牛顿内摩擦定律可知，当与流体上表面紧密接触的平板受外力 F 的作用且以均匀的速度 R_0 沿 x 方向运动时（图 1-3），由于内摩擦力的作用，各层流体运动速度从上往下依次下降，直至为零。流体层单位面积上的内摩擦力即剪切应力 τ 为

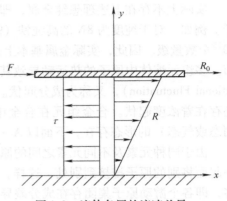

图 1-3　流体各层的流速差异

$$\tau = \eta \frac{dR}{dy} \qquad (1-1)$$

式中，η 为黏度系数，又称黏度（$Pa \cdot s$）；dR/dy 为流体各层之间的速度梯度（$1/s$）。可见，在稳态流体中黏度为剪切应力与剪切速度梯度的比值。

式（1-1）中的 η 实际上为流体的动力黏度。流体力学中通常用动力黏度与密度的比值即运动黏度 ν 来表示流体的黏性大小。液态金属的运动黏度和水的接近。

根据液态结构的有关理论，动力黏度 η 可用下式表示

$$\eta = \frac{2 t_0 k_B T}{\delta^3} e^{\frac{U}{kT}} \qquad (1-2)$$

式中，t_0 为原子在平衡位置的振动时间；k_B 为玻耳兹曼常数；T 为热力学温度；U 为原子离位的激活能；δ 为相邻原子平衡位置的平均距离。

由式（1-2）可知，黏度与 δ^3 成反比，与激活能 U 成正比。激活能反映了原子间结合力的强弱，而原子间距离也与结合力有关。因此，黏度的本质是质点间（原子间）结合力的大小。

2. 影响黏度的因素

熔融金属的黏度与其成分、温度，以及夹杂物的含量和状态有关。

（1）化学成分　图 1-4 所示为 Al-Si 合金熔体的动力黏度与成分和温度的关系。通常，难熔化合物的黏度较高，而熔点低的共晶成分合金的黏度低。这是由于难熔化合物的结合力强，在冷却至熔点之前就及早地开始了原子集聚。对于共晶成分合金，异类原子间不发生结合；而同类原子聚合时，由于异类原子的存在所造成的阻碍使它们聚合缓慢，晶胚的形成拖后，故黏度比非共晶成分的低。

对于亚共晶的 Fe-C 合金，熔体黏度也随碳含量的增加而降低。

（2）温度　根据式（1-2）可知，在过热度不是很高时，熔体黏度表达式中的指数项比乘数项的影响大，即温度升高，黏度下降。图 1-5 所示为 Fe-C 合金熔体的动力黏度与成分和温度的关系。此图表明，在一定温度范围内，熔体黏度随温度升高而下降。

（3）化合物或非金属夹杂物　熔融金属中呈固态的非金属夹杂物使熔体的黏度增加，如钢中的硫化锰、氧化铝、氧化硅等。这是因为夹杂物的存在使熔体成为不均匀的多相系统，流动时内摩擦力增大。夹杂物越多，对黏度的影响越大。夹杂物的形貌对黏度也有影响，块状夹杂物有利于熔体黏度的降低。如过共晶的 Al-Si 合金经过变质处理后，初晶硅

形貌为不规则板状和多角形，使黏度降低。

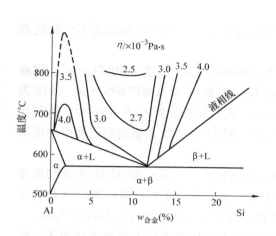

图 1-4 Al – Si 合金熔体的动力黏度与
成分和温度的关系

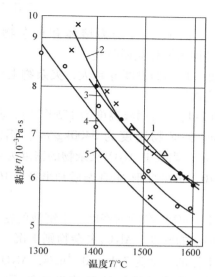

图 1-5 Fe – C 合金熔体的动力黏度与成分和温度的关系
1—$w_C = 0.75\%$ 2—$w_C = 2.1\%$ 3—$w_C = 2.5\%$
4—$w_C = 3.4\%$ 5—$w_C = 4.4\%$

3. 黏度对铸件形成过程的影响

（1）对熔融金属流态的影响 流体的流态取决于雷诺数 Re。$Re > 2300$ 为湍流，$Re < 2300$ 为层流。管道内流体的雷诺数 Re 与黏度 η 的关系为

$$Re = \frac{Dv\rho}{\eta} \tag{1-3}$$

式中，D 为管道直径；v 为液体的流动速度；ρ 为流体的密度。

一般浇注情况下，熔融金属在浇注系统和型腔中的流动皆为湍流。在型腔的细薄部分，或在充型的后期，由于流速显著下降，金属液才呈层流流动。

（2）对熔融金属对流的影响 熔融金属在铸型中冷却和凝固过程中，由于各处温度不同（温差）造成热膨胀的差异，以及各处成分不均匀（浓度差）等原因引起的密度不同而产生的浮力，是重力场中产生对流的驱动力。当浮力大于黏滞力时就会产生对流。温差和浓度差造成的对流的强弱程度可分别用无量纲的格拉索夫准则 G_T 和 G_C 度量，计算公式分别为

$$G_T = \frac{g\alpha_T L^3 \Delta T}{\nu^2}; \quad G_C = \frac{g\alpha_C L^3 \Delta C}{\nu^2} \tag{1-4}$$

式中，ΔT 为温差；ΔC 为浓度差；ν 为运动黏度；α_T 和 α_C 分别为由温度和浓度引起的体膨胀系数；L 为水平方向上熔体热端与冷端距离的一半。

可见，运动黏度越大，对流强度越小。液相流动对结晶组织、溶质分配、成分偏析、夹杂物的聚合等都有影响。

（3）对液态金属净化的影响 若熔体中夹杂物的密度小于或大于熔体本身的密度时，夹杂物就会产生上浮或下沉。根据斯托克斯原理，对于半径很小（$r < 0.1\text{mm}$）的球形或近球形夹杂物，且熔体的雷诺数 $Re \leqslant 1$ 时，夹杂物上浮或下沉的速度 v 为

$$v = \frac{2}{9} \cdot \frac{r^2(\rho_L - \rho_I)g}{\eta} \tag{1-5}$$

式中，ρ_L 和 ρ_I 分别为熔体和夹杂物的密度；g 为重力加速度；η 为熔体的黏度。式（1-5）即为斯托克斯公式。

可见，熔体的黏度 η 越大，夹杂物上浮或下沉的速度越小，上浮到液面或下沉到底部的时间就越长。

【例1-1】 当钢液温度为1550℃时，其黏度为 0.0049Pa·s，密度为 7000kg/m³；钢液中的 MnO 夹杂物密度为 5400kg/m³。铝液在780℃时的黏度为 0.00106Pa·s，密度为 2400kg/m³；铝液中 Al_2O_3 夹杂物的密度为 4000kg/m³。取重力加速度 $g = 9.81m/s^2$，试对比半径为 $10^{-4}m$ 的球形 MnO 杂质和半径为 $10^{-6}m$ 的球形 Al_2O_3 夹杂物在钢液和铝液中的沉降速度。

由于 MnO 夹杂物的密度小于钢液的密度，MnO 会在钢液中上浮；而 Al_2O_3 夹杂物的密度大于铝液的密度，Al_2O_3 夹杂物则下沉。由式（1-5）经过简单计算可知，MnO 夹杂物在钢液中上浮的速度为 $7.1 \times 10^{-3}m/s$，Al_2O_3 夹杂物在铝液中下沉的速度为 $3.3 \times 10^{-6}m/s$。

可见，铝液中细小 Al_2O_3 夹杂物的下沉速度比钢液中 MnO 杂质的上浮速度慢很多，铝液中的 Al_2O_3 比较难以去除，因而铝合金在熔炼时采用精炼净化措施非常有必要。

1.2.2 熔融金属的表面张力

在铸件形成过程中存在着许多相与相的界面，如液态金属与大气、熔剂、型壁，以及与其内部的气体、夹杂物、晶体等之间的界面。在这些界面所发生的表面现象对合金液的精炼、充型、铸件的凝固结晶、气体的吸附和析出、夹杂物的形态、铸件的补缩等都有重要的影响。因此，研究铸造过程的表面现象对于认识和掌握铸件形成过程的内在规律、提高铸件质量很有必要。表征表面现象的主要参数是表面张力（或表面能）。

1. 表面张力的实质

对于液体和气体界面上的质点（原子或分子）而言，由于液体的密度大于气体的密度，故气体对其作用力远小于液体内部对它的作用力，因而表面层质点受到指向液体内部的合力，使液体表面有自动缩小的趋势，如同一张受张力拉紧的膜。作用于液体表面单位长度上使表面收缩的力称为表面张力（Surface Tension），其平行于液体表面且各向大小相等。

表面能（Surface Energy）是一凝聚相产生单位面积的自由表面时所需的能量，即产生新的单位面积表面时系统亥姆霍兹自由能的增量。设恒温、恒压下表面自由能的增量为 ΔF，表面自由能为 σ。当表面面积增加 ΔS 时，外界对系统所做的功 $\Delta W = \sigma \Delta S$。外界所做的功仅用于抵抗表面张力而使系统表面积增大所消耗的能量。该功的大小等于系统自由能的增量，即 $\Delta W = \Delta F$，从而

$$\sigma = \frac{\Delta F}{\Delta S} \tag{1-6}$$

由此可知，表面自由能即单位面积上的自由能。σ 的单位为 J/m² 或 N/m，因此，表面自由能也可理解为物体表面单位长度上作用的力，即表面张力。

严格来说，所有两相界面如液-气、固-气、液-固、液-液界面上都存在表面张力，故广义地说表面张力应称为界面张力。通常，表面张力皆指物体与气相的界面张力。液相或

固相与气相的界面张力等于其表面能。

当两个相组成一个界面时，其界面张力与两相质点间的结合力成反比。两相间结合力大，界面张力就小。例如，金属液与 SiO_2 难以结合，界面张力就大。相反，同一金属或合金的液相与固相之间，由于两相的结合力大，界面张力就小。

当液体与固体接触时，液体沿着固体表面铺展的现象称为润湿。根据液体－固体间的亲合力高低，会产生润湿或不润湿的现象。润湿或不润湿的程度用接触角（Contact Angle）θ 来衡量。如图 1-6 所示，在液相、固相和气相交界处 A 点作液相表面的切面，此面与固相在液相内部所夹的角度就称为这种液相对该固相的接触角 θ。显然，接触角即为液相与固相接触点处液－固界面和液相表面切线的夹角。当 θ 为锐角时，液相润湿固相（图 1-6a）；当 θ 为钝角时，液相不润湿固相（图 1-6b）；若 $\theta = 0°$，则液相完全润湿固相；若 $\theta = 180°$，则液相完全不润湿固相。因而，接触角又称为润湿角（Wetting Angle）。

接触角是衡量界面张力的标志。如图 1-7 所示，当气相、液相和固相三相交点 A 处的界面张力达到稳定态后，各界面张力与接触角之间的关系为

$$\sigma_{SG} = \sigma_{LS} + \sigma_{LG}\cos\theta \tag{1-7}$$

$$\cos\theta = \frac{\sigma_{SG} - \sigma_{LS}}{\sigma_{LG}} \tag{1-8}$$

式中，σ_{SG} 为固－气界面张力；σ_{LS} 为液－固界面张力；σ_{LG} 为液－气界面张力。

从式（1-8）可以看出，当 $\sigma_{SG} > \sigma_{LS}$ 时，$\cos\theta$ 为正值，$\theta < 90°$，液体润湿固体（图 1-6a）；当 $\sigma_{SG} < \sigma_{LS}$ 时，$\cos\theta$ 为负值，即 $\theta > 90°$，液体不润湿固体（图 1-6b）。

接触角有多种测定方法，其中底滴法较为常用。此法是将液体滴落在洁净光滑的固体试样表面上，待达到平衡后拍照放大，即可直接测量出接触角 θ，并可通过 θ 角计算出相应的液－固界面张力。

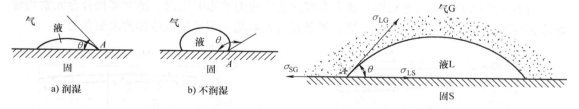

图 1-6　润湿性与接触角　　　　　　　图 1-7　接触角与界面张力

2. 影响表面张力的因素

表面张力的影响因素主要有物质的熔点、温度和溶质元素及其浓度。

（1）熔点　熔点高的物质，表面张力也大。图 1-8 所示为部分液态金属的表面张力与温度的关系。

（2）温度　对于大多数金属和合金，温度升高，表面张力降低。这是因为温度升高时，液体质点间距增大，表面质点的受力不对称性减弱，因而表面张力降低。但铸铁、碳素钢、铜及其合金等的表面张力却随温度升高而增大（图 1-8）。

（3）溶质元素　溶质元素对液体表面张力的影响，可用吉布斯吸附公式表示

$$\Gamma = -\frac{C}{RT}\left(\frac{d\sigma}{dC}\right) \tag{1-9}$$

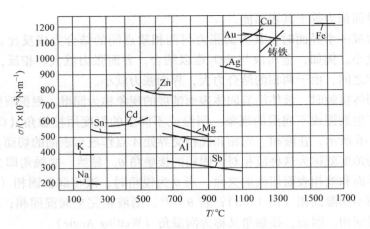

图1-8　部分液态金属的表面张力与温度的关系

式中，Γ 为单位表面积上比内部多（或少）吸附的溶质的量；C 为溶质的浓度；T 为热力学温度；R 为气体常数。

当 $\dfrac{\mathrm{d}\sigma}{\mathrm{d}C} < 0$，即增大溶质浓度引起表面张力减小时，$\Gamma > 0$，称为正吸附；当 $\dfrac{\mathrm{d}\sigma}{\mathrm{d}C} > 0$，即增大溶质浓度引起表面张力增大时，$\Gamma < 0$，称为负吸附。由此可知，所谓正吸附就是溶质元素在液体表面上的浓度大于在其内部的浓度，负吸附则是溶质元素在液体表面上的浓度小于在其内部的浓度。

显然，不同的溶质元素对金属的表面张力有不同的影响。使表面张力降低的溶质元素，称为该金属的表面活性元素；使表面张力增大的溶质元素，称为该金属的非表面活性元素。因此，表面活性物质具有正吸附作用，而非表面活性物质具有负吸附作用。

图1-9描述了合金元素对铝、镁合金熔体表面张力的影响规律。绝大多数合金元素均使熔体表面张力下降。铁液中的硫、氧、氮及铬等元素均可明显降低熔体的表面张力。

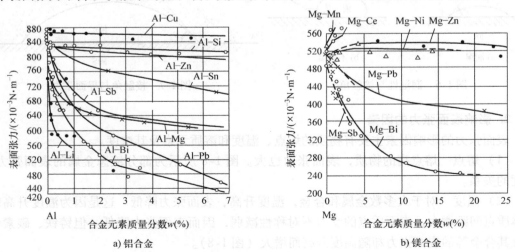

a）铝合金　　　　　　　　　　b）镁合金

图1-9　合金元素对铝、镁合金熔体表面张力的影响规律

3. 表面张力引起的附加压力

众所周知，肥皂泡、水中的气泡、液滴，以及细玻璃管中的液面都是弯曲的，可能是凸液面，也可能是凹液面。由于表面张力的存在，液面两侧有一定的压力差，形成附加压力。凸液面产生的附加压力为正，即液面内的压力大于液面外的压力；凹液面时附加压力为负。通过对液面进行受力分析，可得到任意形状的弯曲液面上附加压力 p 的大小为

$$p = \sigma \left(\frac{1}{r_1} + \frac{1}{r_2} \right) \tag{1-10}$$

式中，r_1 和 r_2 分别为液体曲面上两个相互垂直截线的曲率半径。式（1-10）称为拉普拉斯公式。

由此可见，因表面张力而造成的附加压力 p 的大小与液面曲率半径 r 成反比。在较细的圆管中，液体的凸面或凹面可以看作球面的一部分，其曲率半径即球的半径。

由式（1-10）可知，若弯曲液面为球面时，$r_1 = r_2 = r$，附加压力为

$$p = \frac{2\sigma}{r} \tag{1-11}$$

当弯曲液面为柱面时，$r_1 = r$，$r_2 = \infty$，则

$$p = \frac{\sigma}{r} \tag{1-12}$$

显然，对于圆柱状铸型内腔熔融金属的流动，液面弯曲成球形，附加压力可用式（1-11）求得；而对于薄的宽片状型腔内金属液的流动，可用式（1-12）计算附加压力。

利用式（1-11），可通过试验求得表面张力 σ。在试验研究中，常采用"气泡内最大压力法"测量液态金属的表面张力。在熔融金属中插入一根半径为 r 的细管，并向其中吹入气体（一般为氩气）。随着吹入气体压力的增大，气泡的曲率半径发生变化。当气泡半径与细管内半径相等时，气泡半径最小，而气泡内压力最大。由此测得最大压力，按式（1-11）即可算出表面张力 σ。

将细管插入液体后管内液面升高或下降的现象称为毛细现象。毛细现象是由表面张力和接触角决定的。如图 1-10 所示，将毛细管插入液体中。当液体与毛细管表面润湿时，管内液面上升，呈凹面状；当液体与毛细管表面不润湿时，管内液面下降，呈凸面状。管内液体的上升高度或下降高度 h 与弯曲液面的附加压力大小有关。

设 ρ 为液体的密度，g 为重力加速度，则由液面高度差 h 造成的静压力为 $\rho g h$。当静压力与附加压力平衡时，有

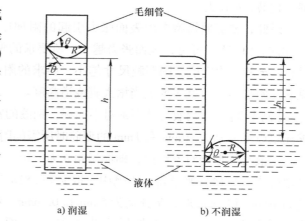

图 1-10　表面张力引起的附加压力

$$h = \frac{p}{\rho g} \tag{1-13}$$

造型材料一般不被熔融金属润湿，即润湿角 $\theta > 90°$。故熔融金属在铸型型腔内的流动

前沿表面是凸起的（图1-11），此时产生指向金属液内部的附加压力，使铸型型腔内的液面下降，产生液面高度差h。施加于铸型内金属液面的附加压力也称为背压力。当背压力等于或大于金属液的静压力时，熔体就不会充填该型腔。为克服附加压力对充型的阻碍，必须在正常的充型压头上增加一个附加压头。显然，由表面张力引起的背压力会对薄壁铸件、铸件的细薄部分和棱角的成形产生影响。

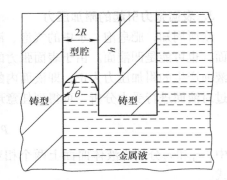

图1-11　液态金属在铸型型腔内的凸起表面

如图1-11所示，设型腔通道横截面为圆形，半径为R，金属液凸面可以近似地看作曲率半径为r的球面，则曲率半径r与型腔通道截面半径R的关系为

$$r = -\frac{R}{\cos\theta} \tag{1-14}$$

此时

$$h = -\frac{2\sigma\cos\theta}{\rho g R} \tag{1-15}$$

显然，对于厚度为$2R$的薄宽片状铸型型腔，附加压头为

$$h = -\frac{\sigma\cos\theta}{\rho g R} \tag{1-16}$$

由式（1-16）可见，h与σ成正比，与R成反比，并与润湿角有关。铸型型腔通道越细、越薄，h越大。

因此，要克服铸型中由表面张力引起的附加压力，必须附加一静压头，其值应不小于h。由式（1-15）可见，表面张力越大，所要求的附加压头就越大。对于一定的金属和造型材料，σ和θ为定值，则型腔尺寸越小，要求的附加压头越大。为了保证金属液充满铸型，克服此附加压力，就需要适当增大直浇道高度。

【例1-2】 设钢液与砂型绝对不润湿，钢液的密度为7000kg/m^3，表面张力为1.5N/m。求充填厚度分别为10mm和1mm的型腔时所需的附加压头。

钢液与砂型绝对不润湿，即润湿角θ为$180°$。金属液凸面的曲率半径可利用铸型通道厚度通过式（1-14）来求得。本例中，取$g = 9.81\text{m/s}^2$，R为型腔通道厚度的$1/2$。当充填厚度为10mm和1mm时，R分别为5mm和0.5mm。利用式（1-16），经过简单计算可知，当充填厚度为10mm时，附加压头为4.36mm；而当充填厚度减小为1mm时，附加压头为43.6mm。

可见，当铸件壁厚较大时，由金属液表面张力引起的附加压头数值很小，在一般情况下可不予考虑。但在充填薄壁型腔时，附加压头不可忽略，在进行铸造工艺设计时应予以考虑。

1.3 熔融金属与环境的交互作用

金属熔体具有很强的化学反应能力，它既能与液面上的气体反应，也可能与炉衬、坩埚和铸型反应。如果金属液表面漂浮着熔渣或熔剂，金属液也可能与它们发生反应。

1.3.1 金属液与水蒸气的反应

以来自大气或炉衬的水蒸气与金属 M 的反应为例。当金属液处于潮湿环境中时，一般会发生下列反应，产生氧化物 MO 并释放出氢气，即

$$M + H_2O \longrightarrow MO + H_2 \uparrow \tag{1-17}$$

当高温金属液与环境交互作用生成的反应产物不能溶解在金属液中时，形成的固态反应产物将留在熔体表面上，如铝熔体表面上的氧化铝，镁和铝镁合金熔体表面上的氧化镁等。铝、镁等轻合金的表面反应产物具有较高的稳定性。在通常情况下，这些轻合金的氧化物一旦形成就非常稳定，既不分解，也不溶解和消失，而是一直存在。因此，液态金属的表面上覆盖着一层表面膜。当液态金属存在严重的表面湍流时，就会造成表面膜折叠并进入熔体内部，从而导致铸件产生缺陷。

通过式（1-17）生成的氢气要么进入金属液，要么进入炉气，这取决于液 - 气两相中的氢气分压。氢气分子在进入金属液之前必须分解成氢原子，即

$$H_2 \longrightarrow 2 [H] \tag{1-18}$$

溶解在金属液中的氢原子浓度可用平衡分压方程来预测，即

$$c_{[H]}^2 \longrightarrow kp_{H_2} \tag{1-19}$$

式中，k 为反应平衡常数。k 是金属液温度和成分的函数，可由试验测定。

式（1-19）表明，液相中气体的溶解度随平衡气体分压的升高而增大。假设金属液中含有大量气体（此时平衡气体分压很高），将此金属液置于气体分压很低的环境如密闭的真空环境中，金属液中的气体原子处于过饱和状态。气体原子就会从金属液中不断逸出，并在金属液表面合成为分子，以气体的形式进入密闭空间中。密闭空间中的气体分压不断升高，直至金属液表面气体的逸出速率等于气体返回金属液表面再转化为原子并进入金属液的速率。此时，金属液与周围环境的气体分压达到平衡。同样，如金属液中含有少量或不含气体（此时平衡气体分压很低），将此金属液置于气体分压很高的环境中，气体将从气相不断地扩散到液态金属中溶解，直到气 - 液两相中的气体分压相平衡。如图 1-12 所示，在燃气炉中保温的三种铜合金液具有不同的原始氢含量。在保温过程中，高气体含量合金液的含气量将不断下降，而低气体含量合金液的含气量将不断升高，最后均达到与外部环境相平衡的同一含气量。

1.3.2 常见金属液的气体反应

（1）铝合金　氢是唯一可溶解到铝中的气体。图 1-13 所示为利用式（1-19）计算得到的铝液中的氢含量随温度和环境氧含量的变化情况。铝液中氢含量随环境中氢气或水蒸气中

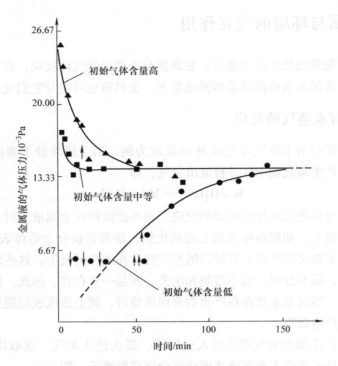

图 1-12　保温炉中铜合金液氢含量随时间的变化情况

的氢含量增加而升高。在相对湿度为 30% 的常规大气条件下，氢在 750℃铝液中的溶解度为 1mL/kg。图 1-13 还表明，铝液与潮湿的耐火材料相接触或处于潮湿环境下，环境的水气压力会接近 1atm（1atm = 101.325kPa），使得金属液中的气体含量升高至接近 10mL/kg。

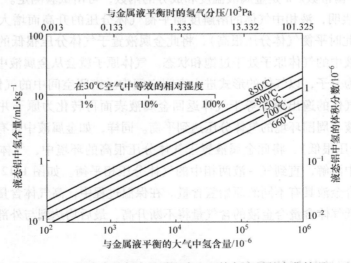

图 1-13　铝液中的氢含量随温度和环境氢含量的变化情况

铝液中氢含量随温度升高而升高（图 1-13）。在 1000℃时，氢的溶解度在 40mL/kg 以上。因此，为了控制氢含量，减少合金中的夹杂物和气孔，在熔炼过程中应控制熔炼温度，同时要对金属液加以保护。常用的措施有：对炉衬耐火材料进行适当地干燥，熔炼和浇注过程中通入惰性气体，或将金属液在真空中进行处理等。

（2）铜合金　很多气体可以溶解于铜合金中，并发生多种反应。铜合金既可溶解氢，也可溶解氧。熔炼铜合金时，铜合金液中的氢和氧会发生反应生成水蒸气，反应为

$$2[H] + [O] = H_2O\uparrow \tag{1-20}$$

生成的水蒸气会导致铸件产生气孔，同时环境中的水蒸气也会增加金属液中的氢、氧含量。

当铜液中氧含量过高时，会析出氧化铜。氧化铜会与金属液中的溶解氢发生反应，生成铜与水蒸气，即

$$2[H] + Cu_2O = 2Cu + H_2O\uparrow \tag{1-21}$$

对于不含脱氧元素或其含量过低的铜合金，反应生成的水蒸气对于铸件气孔的形成起主要作用。如果铜合金液中不含氧，溶解氢也会通过式（1-18）的逆反应生成氢气。研究证实，含有微量残余脱氧剂的纯铜中析出的气体主要为氢气。因此，铜合金中可能存在的气体主要是氢气和水蒸气，而氢是导致铜中产生气孔的根本原因。

（3）铁合金　与铜合金一样，铁合金液也可以与很多气体发生反应，导致在后续的凝固过程中形成气孔。氢可在铁合金液中溶解，其溶解度遵从式（1-19）所示的平衡分压方程。氧也可溶解于铁合金液中，并可与碳发生反应，生成一氧化碳，即

$$[C] + [O] = CO\uparrow \tag{1-22}$$

对应的溶解度平衡分压方程为

$$c_{[C]} \cdot c_{[O]} = kp_{CO} \tag{1-23}$$

氮在铁合金液中也可溶解。氮与氢同为双原子气体，其溶解过程及溶解规律与氢类似，参见式（1-18）和式（1-19）。

习　　题

1. 为什么金属熔化时原子间结合力并没有全部被破坏？

2. 理想纯金属和实际金属在液态结构上有何异同？

3. 何谓能量起伏、结构起伏和浓度起伏？

4. 试说明动力黏度的物理意义，并讨论金属黏度与原子之间结合力的关系。

5. 影响合金熔体黏度的主要因素有哪些？简述其影响规律。

6. 在充型过程中，金属液中夹杂物的上浮或下沉速度能否用式（1-5）所示的斯托克斯公式描述？为什么？

7. 试分析物质表面张力产生的原因，以及与物质原子间结合力的关系。

8. 熔融金属的表面张力和界面张力有何异同？表面张力和附加压力有何区别和联系？界面张力与界面两侧（两相）质点间结合力的大小有何关系？

9. 熔融金属的表面张力有哪些影响因素？影响规律如何？

10. 已知浇道直径为 20mm，铁液在浇道中的流速为 8cm/s，运动黏度为 $3.07 \times 10^{-7} m^2/s$。试计算铁液在浇注过程中的雷诺数 Re，并指出它属于何种流体流动。

11. 球墨铸铁液的黏度为 0.0065Pa·s，石墨球的半径为 5×10^{-3} cm，密度为 $0.002kg/cm^3$，浇包内铁液高度为 0.5m。求石墨球从包底上浮至包顶所需时间。

12. 1593℃的钢液（$w_C = 0.75\%$）黏度为 0.0049Pa·s，密度为 7000kg/m³，表面张力为 1.5N/m。对钢液加铝脱氧后生成密度为 5400kg/m³ 的 Al_2O_3。如能使此 Al_2O_3 颗粒上浮到钢液表面就能得到质量较好的钢。假如脱氧产物在 1524mm 深处生成，试确定钢液脱氧后 2min 上浮到钢液表面的 Al_2O_3 颗粒的最小尺寸。

13. 已知 660℃时铝液的表面张力为 0.86N/m，求铝液中形成半径分别为 $1\mu m$ 和 $0.1\mu m$ 的球形气泡时各需要多大的附加压力？

14. 某铁液的碳的质量分数 w_C 为 3.3%，表面张力为 1.2N/m，当浇注温度为 1380℃时，铁液密度为 7000kg/m³。设铁液与铸型完全不润湿，铸铁件某薄壁部分的厚度为 2mm。试求附加压头的值。

15. 钢液在 1520℃时的表面张力为 1.5N/m，密度为 7500kg/m³；钢液对铸型不润湿（$\theta = 180°$），铸型砂粒间的间隙为 1mm，试问：1）钢液浸入铸型而产生机械粘砂的临界压力多大？2）欲使钢液不产生机械粘砂，所允许的附加压头值是多少？

第 2 章

充　型

铸造是将熔融金属浇入铸型并在其中凝固从而得到铸件的一种金属液态成形方法。使熔融金属平稳充满铸型是生产合格铸件最基本的要求。铸造过程中，熔融金属通过一定的流动通道向铸型型腔中充填的过程称为充型（Filling）。铸件的许多缺陷是在充型过程中形成的。在充型不利的情况下，铸件可能产生浇不足、冷隔、气孔、夹杂、夹砂等各类铸造缺陷。

熔融金属本身的流动能力，称为流动性。熔融金属充满铸型型腔，并获得形状完整、轮廓清晰的铸件的能力，称为熔融金属充填铸型的能力，简称充型能力（Mold Filling Capacity）。充型能力是在铸型工艺因素影响下的熔融金属的流动性，因而充型能力首先取决于金属液的流动性，同时又受外界条件如铸型性质、浇注条件、铸件结构等因素的影响，反映了各种因素的综合作用。

作为金属的铸造性能之一，熔融金属的流动性与金属的成分、温度、杂质含量及其物理性质有关。流动性好的铸造合金充型能力强，流动性差的合金充型能力也较差，但可以通过改善外界条件提高金属液的充型能力。为了获得优质完整的铸件，必须掌握和控制充型过程。本章主要研究熔融金属在铸型中的流动性和充型能力，分析充型过程中可能产生的缺陷及防止措施。

2.1　充型能力的度量方法

铸造实践中，熔融金属的流动性大小用浇注"流动性试样"的方法来衡量。流动性试样是由细长管道构成的一种标准铸型，金属液在该标准铸型中流动的最大长度即为其"流动性"（Fluidity）。与物理学中液体的流动性为其黏度倒数的概念不同，铸造中的流动性是长度指标，用以衡量熔融金属的充型能力，用长度（mm）来表示。

充型能力的影响因素众多，很难对各种合金在不同铸造条件下的充型能力进行比较，故常常用固定条件下所测得的合金流动性表示充型能力。因此，可以认为流动性是在确定条件下的充型能力。对于同一种合金，也可以用流动性试样研究铸造条件对充型能力的影响。如对于普通砂型铸造，可以通过单独改变型砂的水分、煤粉含量、浇注温度、直浇道高度等因素，以分析其对充型能力的影响规律。

对流动性试样的要求是灵敏度高、操作简便，消耗金属液少。流动性试样的结构类型很多。在实际中，通常将流动性试样的结构和铸型性质固定不变，在相同的浇注条件下（如在液相线以上相同的过热度或在同一浇注温度下）比较不同合金的流动性。

图 2-1 所示为常见的螺旋形流动性测试装置示意图。流动通道盘旋弯曲成螺旋形，具有流动通道长、灵敏度高、结构紧凑、造型方便等优点，故应用广泛。表 2-1 为采用通道断面

尺寸为 10mm×6mm×8mm 的螺旋形流动性试样测试得到的部分合金的流动性。

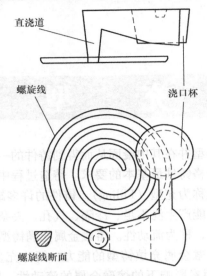

图 2-1　常见的螺旋形流动性测试装置示意图

表 2-1　合金的流动性

合金	造型材料	浇注温度/℃	流动性/mm
铸铁（$w_C + w_{Si} = 6.2\%$）	砂型	1300	1800
铸铁（$w_C + w_{Si} = 5.2\%$）	砂型	1300	1000
铸铁（$w_C + w_{Si} = 4.2\%$）	砂型	1300	600
铸钢（$w_C = 0.4\%$）	砂型	1600	100
铸钢（$w_C = 0.4\%$）	砂型	1640	200
镁合金（Mg – Al – Zn）	砂型	700	400 ~ 600
锡青铜（Cu – Sn – Zn）	砂型	1040	420
硅黄铜（Cu – Zn – Si）	砂型	1100	1000
铝合金（Al – Si）	金属型（300℃）	680 ~ 720	700 ~ 800

　　图 2-2 所示为真空流动性测试装置，通过金属液在真空吸力作用下在石英玻璃管内流动进行测试。此法的优点是铸型条件和充型压头稳定。另外，由于流道透明，因而便于观察金属液的充填过程和流动状态，可记录流动长度与时间的关系。

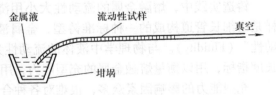

图 2-2　真空流动性测试装置

　　由于充型能力受外界条件的影响，因而同一种金属用不同的铸造方法，所能铸造的铸件最小壁厚不同。同样的铸造方法，由于金属不同，所能得到的最小铸件壁厚也不同，见表 2-2。

表 2-2　不同金属和不同铸造方法铸造的铸件最小壁厚　　　　　　（单位：mm）

金属	铸造方法				
	砂型铸造	金属型铸造	熔模铸造	壳型铸造	压力铸造
灰铸铁	3	>4	0.4 ~ 0.8	0.8 ~ 1.5	—
铸钢	4	8 ~ 10	0.5 ~ 1	2.5	—
铝合金	3	3 ~ 4	—	—	0.6 ~ 0.8

2.2　熔融金属的停止流动机理与充型能力表征

2.2.1　熔融金属的停止流动机理

充型能力的优劣影响铸件的成形。充型能力差的合金难以获得大型、薄壁、结构复杂的完整铸件。充型一般是在纯液态下进行，也有边充型边结晶的情况。如果熔融金属在型腔被充满之前停止流动，则将造成铸件"浇不足"的缺陷。

金属液的流动性是用流动性试样的长度来表示的，因此金属液在铸型中的流动是如何停止下来的值得研究。实践表明，结晶温度范围很窄的合金与结晶温度范围很宽的合金的流动性差别很大，其金属液的停止流动机理也不同。

1. 窄结晶温度范围合金的停止流动机理

观察纯铝（$w_{Al} = 99.99\%$）流动性试样的纵剖面发现，其宏观组织由柱状晶组成，柱状晶从铸型壁开始与液体流动方向成一定角度向内生长，并在断面中心线上会合；试样的末端有缩孔的管道，并且向后一直延伸到液体被完全阻塞的部位，这种现象清楚地表明金属液因凝固前沿的汇合而被切断。这表明熔融金属停止流动时，其末端仍保持有未凝固的金属液。停止流动的原因是末端之前的某个部位从型壁向中心生长的柱状晶相接触，金属的流动通道被堵塞。

图 2-3 所示为纯金属、共晶成分合金和结晶温度范围很窄的合金停止流动机理示意图。在金属的过热量未散失尽以前为纯液态流动（图 2-3a），为第 Ⅰ 区。金属液继续流动，冷的前端在型壁上凝固结壳（图 2-3b），而后面的金属液是在被加热了的铸型通道中流动，冷却强度下降。由于液流通过 Ⅰ 区终点时，尚具有一定的过热度，使已凝固的固体壳产生回熔，为第 Ⅱ 区。所以，该区是先形成凝固壳，又被完全熔化。第 Ⅲ 区是未被完全熔化而保留下来的一部分固相区，在该区的终点金属液耗尽了过热热量。在第 Ⅳ 区，液相和固相具有相同的温度——结晶温度。由于在该区的起点，结晶开始较早，断面上结晶完毕也较早，往往在它附近发生堵塞（图 2-3c）。

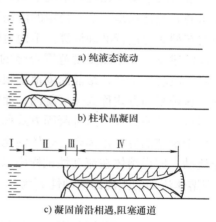

a) 纯液态流动

b) 柱状晶凝固

c) 凝固前沿相遇,阻塞通道

图 2-3　纯金属、共晶成分合金和结晶温度
范围很窄的合金停止流动机理示意图

需要注意的是，阻塞在距离液流前沿很远的地方发生。在流道两侧的凝固前沿相遇并阻塞流道之前，金属液可以不断向前流动。

2. 宽结晶温度范围合金的停止流动机理

观察 Al – 5% Sn 合金（结晶温度区间 = 430℃）的流动性试样的形貌和宏观组织发现，试样前端向外突出；试样的宏观组织为等轴晶，且离入口处越远，晶粒越细。由此可以推断，液流前端冷却最快，因而首先结晶；当晶体达到一定数量时，造成通道堵塞，金属液无法继续流动。

图 2-4 所示为结晶温度范围很宽的合金的停止流动机理示意图。在过热热量未散失尽以前，金属液也以纯液态流动。金属液继续流动，靠近型壁的金属液温度下降到液相线以下，在型壁上长出枝晶。由于后续金属液的流动冲刷，凝固初期沿铸型壁长出的枝晶不断脱落，形成碎片，顺流前进，并不断长大（图 2-4a）。这样金属液流股逐渐变成浆料，聚集了越来越多不断运动着的枝晶碎片，流股中心把它们带到流动液面前沿（图 2-4b）。当枝晶的碎片数量达到某一临界值时，枝晶碎片相互连接并形成连续的枝晶网格骨架，从而丧失流动能力（图 2-4c）。当液流的压力不能克服枝晶网格骨架的阻力时，即发生堵塞而停止流动。

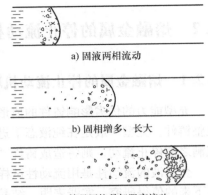

a) 固液两相流动

b) 固相增多、长大

c) 枝晶网格骨架阻塞流动

图 2-4　宽结晶温度范围合金的停止流动机理示意图

可见，宽结晶温度范围合金的凝固方式与窄结晶温度范围合金的凝固方式完全不同，造成两种合金具有相异的停止流动机理。

2.2.2　充型能力的简化计算

通常熔融金属是在过热情况下充填铸型的，并与铸型之间发生强烈的热交换。因此，熔融金属的充型过程是一个不稳定的流动过程。影响此过程的因素很多，难以从理论上对熔融金属的充型能力进行准确计算。下面对熔融金属充型能力的计算方法进行简化处理。

前已述及，窄结晶温度范围合金的流动性与宽结晶温度范围合金的流动性有着本质区别。对于流动性试样，结晶温度范围很窄的合金凝固时，柱状晶平面前沿从型壁向流股中心凝固，这种凝固方式称为逐层凝固；而宽结晶温度范围合金凝固时，试样横截面上同时存在着金属液与枝晶碎片，这种凝固方式称为糊状凝固。

对于窄结晶温度范围合金熔体的流动，液流只有在堵塞处 100% 完全凝固的情况下才能停止流动。假设熔体在流动性试样中以近乎恒定的速度 v 流动，在堵塞截面处的凝固时间为 t_f，则熔体流动的距离即流动性 L_f 为

$$L_f = vt_f \tag{2-1}$$

合金的结晶温度范围越宽，枝晶就越发达，液流前端析出相对较少的固相量时（亦即在相对较短的时间内），熔融金属便停止流动。因此，合金的结晶温度范围越宽，其流动性越小。对于宽结晶温度范围合金熔体的流动，使流动停止时的临界枝晶碎片分数在一定程度上取决于合金的类型，通常为 20% ~ 50%。因而当金属液中固相分数达到 20% ~ 50% 时，流动就可能停止。因此，对式（2-1）进行相应的修正，就可以得到宽结晶温度范围合金熔体的流动性计算公式，即

$$L_f = (0.2 \sim 0.5)vt_f \tag{2-2}$$

由式（2-1）和式（2-2）可知，随着熔体流动速度的增大，流动性相应地线性提高；凝固时间越长，金属液凝固前流过的距离就会越远，流动性越好。

对于铸型控制铸件传热的情况（如砂型铸造），纯金属液的凝固时间 t_f 由下式确定

$$t_f = \frac{\pi}{16 c_M \rho_M \lambda_M} \left(\frac{a \rho_C \Delta H}{T_m - T_M} \right)^2 \tag{2-3}$$

式中，c_M 为铸型的比热容；ρ_M 为铸型的密度；λ_M 为铸型的热导率；a 为平板铸件的厚度；ρ_C 为铸件的密度；ΔH 为金属凝固潜热；T_m 为纯金属的熔点；T_M 为铸型的初始温度。

对于激冷铸型（如金属型）或薄壁砂型铸件，界面热阻是控制热流的主要因素。此时，纯金属液的凝固时间 t_f 的计算式为

$$t_f = \frac{\rho_C V \Delta H}{h (T_m - T_M) S} \tag{2-4}$$

式中，V 为铸件体积；S 为铸件冷却面积；h 为界面传热系数。

铸件体积与铸件冷却面积之比称为铸件的模数 M（Modulus）。对于平板铸件，其模数为厚度的 1/2；对于长棒形铸件，铸件的模数可用铸件截面面积除以截面的周长来计算。

令

$$B_i = \frac{\pi}{4 c_M \rho_M \lambda_M} \left(\frac{\rho_C \Delta H}{T_m - T_M} \right)^2 \tag{2-5}$$

这样式（2-3）可以写成

$$t_f = B_i M^2 \tag{2-6}$$

对于给定的铸型和合金，B_i 为常数，单位为 s/mm^2，其数值可通过试验来确定。如铸钢件湿型铸造的 B_i 值约为 $0.4 s/mm^2$，干砂型铸造 Al–Si 合金的 B_i 值为 $5.8 s/mm^2$，干砂型铸造 Al–3Cu–5Si 合金的 B_i 值为 $11.0 s/mm^2$。值得注意的是，式（2-6）适用于保温铸型，如普通砂型铸造或熔模铸型等。

令

$$B_j = \frac{\rho_C \Delta H}{(T_m - T_M)} \tag{2-7}$$

这样，式（2-4）可以另写成

$$t_f = B_j M / h \tag{2-8}$$

与 B_i 相同，对于给定的铸型和合金，B_j 也为常数。

利用式（2-6）和式（2-8），可以将式（2-1）改写成如下的表达方式

$$L_f / M^2 = B_i v \,(适合于保温铸型) \tag{2-9}$$

$$L_f / M = B_j v / h \,(适合于金属型或薄壁砂型铸件) \tag{2-10}$$

可用式（2-9）和式（2-10）来预测型腔能否被金属液完全充满。由式（2-10）可知，对于金属型或薄壁砂型铸件，当铸型材料和合金种类一定时，在通常的铸造条件下，L_f / M 为常数，流动性与铸件壁厚或模数呈线性关系。如在铝合金砂型铸造中，流动性与铸件壁厚的比值约为 100，即 $L_f / M \approx 200$。因此，若充型时金属液需流动的距离与铸件壁厚之比大于 100，充型会出现困难，铸件容易产生浇不足等缺陷，这点需在设计浇注系统时予以注意。

2.3　充型能力的影响因素及提高措施

如式（2-1）所示，熔融金属的充型能力 L_f 为平均流速 v 和凝固时间 t_f 的乘积。因此，

影响充型能力的因素是通过两个途径产生作用的：一是通过影响金属液在铸型中的水力学条件而改变金属液的流速；二是通过影响金属与铸型之间热交换条件而改变金属液的凝固时间。熔融金属与铸型的热交换是非稳态过程，有些因素既影响凝固时间，也影响熔体流速，不能截然区分。凝固时间 t_f 越长，金属液凝固前流经的距离会越远。从改善铸件充型能力的角度来看，通过延长凝固时间的方法提高金属液的流动性能有效地控制表面湍流，所以比提高浇注速度更能令人满意。式（2-3）和式（2-4）包含了影响凝固时间的主要因素。

2.3.1 影响充型能力的因素

影响熔融金属充型能力的因素众多。为便于分析，将所有的影响因素归纳为四类，即金属性质方面的因素、铸型性质方面的因素、浇注条件方面的因素和铸件结构方面的因素。对这些影响因素进行分析，在了解它们的影响作用和掌握其影响规律以后，就能够采取有效的工艺措施来提高熔融金属的充型能力。

1. 金属性质

这类因素是内因，决定了金属本身的流动能力——流动性。这类因素包括金属的结晶特性和结晶潜热、成分、密度、比热容、熔点、热导率、表面张力，以及金属液中的夹杂物和气体等。

（1）合金成分 图 2-5 所示为不同过热度时，Pb – Sn 合金流动性与成分的关系。图 2-6 所示为过热度为 100℃时，利用螺旋形铸铁模试样测试得出的 Sb – Cd 合金流动性与成分的关系。可以看出，合金的流动性与其成分之间存在着一定的规律性。在流动性曲线上，对应于纯金属、共晶成分和金属间化合物的地方出现较大值，而有结晶温度范围的地方流动性下降，且在最大结晶温度范围附近出现最小值。合金成分对流动性的影响主要是不同成分合金的结晶特性差异造成的，可根据第 2.2.1 节所述的熔融金属停止流动机理进行分析。

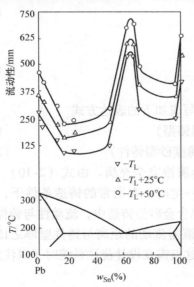

图 2-5　Pb – Sn 合金流动性与成分的关系

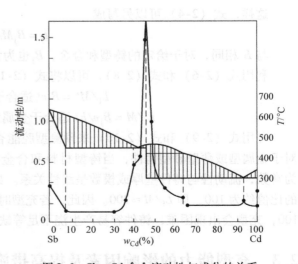

图 2-6　Sb – Cd 合金流动性与成分的关系

图 2-7 所示为相同过热度时 Fe – C 合金流动性和成分的关系，与 Pb – Sn 合金具有相似

的规律性。纯铁的流动性好，随碳含量的增加，结晶温度范围扩大，流动性下降；在碳质量分数为 2.0% 附近，结晶温度范围最大，流动性最差。此后流动性随碳含量增加而提高。在亚共晶铸铁中，越接近共晶成分，流动性越好，共晶成分铸铁的流动性最好。这是因为含碳量越低，结晶温度范围越宽，初生奥氏体枝晶就越发达，数量不多的奥氏体枝晶就足以阻塞液相的流动。共晶铸铁的结晶组织比较细小，凝固界面平整，流动阻力小；而且共晶成分铁液浇注温度低，向铸型散热慢，流动时间也较长，所以流动性最好。

在铁液中硅对流动性所起的作用与碳相似，增加硅的含量可使液相线温度下降、铁液的流动性增加。锰的质量分数低于 0.25% 时，对铸铁的流动性没有影响。硫能形成难熔的 MnS、Al_2S_3 等夹杂物，悬浮在铁液中，使流动性下降；含硫量越高，越易形成氧化膜，致使铁液流动性降低。

图 2-8 所示为在不同浇注温度下灰铸铁的流动性与含磷量的关系。铸铁中磷含量增加，液相线温度下降；同时由于磷共晶增多，固相线温度也下降，因而高磷铸铁具有优异的流动性。但是，磷含量的增加会使铸铁变脆。通常不用增加磷来提高铸铁的流动性。对于艺术品铸件，因不承受载荷，只要求轮廓清晰、花纹清楚，要求铁液有很好的充型能力，这时可适当增加磷的含量。钢液中磷的质量分数超过 0.05% 时，可提高其流动性，但会使铸钢变脆。

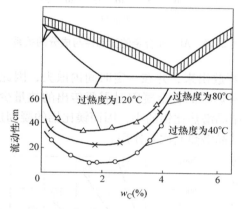

图 2-7　Fe－C 合金流动性和成分的关系

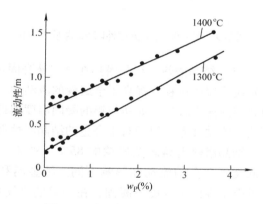

图 2-8　磷对灰铸铁流动性的影响

镍和铜会降低铸铁的液相线温度，提高其流动性。铬的质量分数大于 1.5% 时，能提高液相线温度，而使流动性下降。钢的所有元素中，铜最有利于提高流动性。

在化学成分和浇注温度相同的情况下，稀土镁球墨铸铁的流动性比灰铸铁好。这是由于稀土镁有脱硫、去气和排出非金属夹杂物使铁液净化的作用。但是，原铁液经球化处理后，温度下降很多；若原铁液温度较低，含硫量高，则其流动性比普通铸铁要差。

（2）**结晶特性**　通常逐层凝固合金比糊状凝固合金的流动性高。如图 2-9 所示，少量锡就会显著增大纯铝的结晶温度范围，使合金的流动性下降至原来的 1/4 ~ 1/3。在 Al 合金中加入 Cu，结晶温度范围扩大，也能降低流动性。在 Al 合金中加入少量的 Fe 或 Ni 后，合金的初晶变为发达的枝晶，流动性显著下降。

初生相的形貌对合金流动性也有重要影响。在相同的过热度下，Al－Si 合金的流动性在共晶成分处并非最大值，而在过共晶区继续增大（图 2-10）。这是因为初生 β－Si 相是比较规整的块状晶体，不形成坚强的网格骨架；光滑的晶体也比枝晶所产生的摩擦小很多，从而能够以液固混合状态流动。同时，$\beta - Si$ 相的凝固潜热高达 $141 \times 10^4 J/kg$，比 $\alpha - Al$ 相的凝固潜热约大三倍，可有效减缓凝固速度，提高流动性。在图 2-6 所示的 $Sb - Cd$ 合金的流动性曲线中，在恒定过热度下，Sb_2Cd_3 金属间化合物具有很好的流动性。

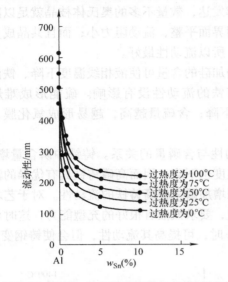

图 2-9　$Al - Sn$ 合金流动性随 Sn 含量的变化

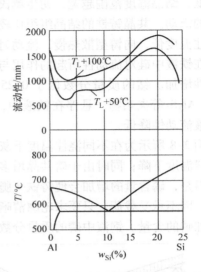

图 2-10　$Al - Si$ 合金的流动性与成分的关系

（3）结晶潜热　结晶潜热在金属液凝固过程中释放出来，并在一定时间内散失，因此，它延缓了凝固过程，提高了金属液的流动性。凝固潜热小的合金凝固时需要传出的热量少，因此凝固速度较快。如镁与铝的凝固温度相近，但结晶潜热比铝的小，因而镁比铝的凝固速度快，流动性差。但相对于合金的结晶特性而言，结晶潜热起次要作用。

结晶潜热占熔融金属焓的 85% ~ 90%，但其对不同类型合金的流动性影响不同。纯金属和共晶成分的合金在固定温度下凝固，在一般的浇注条件下，结晶潜热的作用能够发挥，是影响流动性的重要因素。凝固过程中释放的潜热越多，则凝固进行得越缓慢，流动性就越好。将具有相同过热度的纯金属浇入冷的金属型流动性试样中，其流动性与结晶潜热相对应：Pb 的流动性最差，Al 的流动性最好，Zn、Sb、Cd、Sn 依次居于中间，如图 2-11 所示。

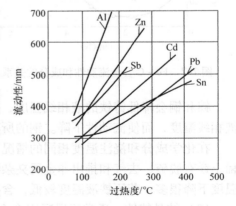

图 2-11　纯金属的流动性

（金属型，试样断面积为 $110mm^2$）

对于结晶温度范围较宽的合金，散失一部分（通常在 20% ~50% 之间）潜热后，晶体就连成网格而阻塞流动，大部分结晶潜热的作用不能发挥，所以对流动性的影响不大。但当初生晶为非金属，或者合金能在液相线温度以下以液固混合状态在不大的压力下流动时，结晶潜热则可能是个重要的因素。如前述的过共晶 $Al - Si$ 合金的初生 $\beta - Si$ 相是比较规整的块状晶体，其高的结晶潜热可得以发挥，因此过共晶 $Al - Si$ 合金具有较高的流动性（图 2-10）。铸铁也由于石墨具有较大的结晶潜热（石墨的结晶潜热

为 383×10^4 J/kg，比铁高 14 倍）而使流动性在过共晶区继续增长。

（4）金属的比热容、密度和热导率　比热容和密度较大的合金，因其本身含有较多的热量，在相同的过热度下，保持液态的时间长，流动性好。热导率小的合金，热量散失慢，保持流动的时间长；热导率小的合金，在凝固期间液固并存的两相区小，流动阻力小，故流动性好。金属中加入合金元素后，一般都使热导率明显下降。

（5）表面张力　如金属液将铸型润湿，则金属液就会在毛细作用下被吸入铸型孔隙中。然而，通常铸造情况下金属液并不能润湿铸型，从而在充型过程中金属液前沿呈凸起的弯月形（图 1-11）；同时由表面张力产生指向熔体内部的附加压力，阻碍金属液对型腔的充填。型腔越细越薄，熔体表面的曲率半径越小，表面张力对充型的影响就越大。图 2-12 所示为低合金钢和不锈钢铸件的壁厚与充型长度的关系曲线，反映了附加压力对薄壁截面型腔充型的影响。

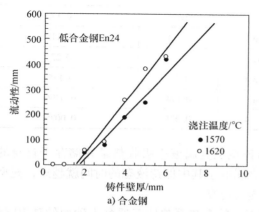 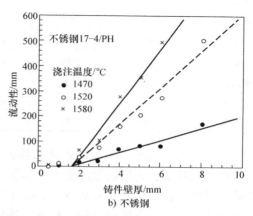

图 2-12　低合金钢和不锈钢铸件的壁厚与充型长度的关系曲线

在充填较大的圆形截面或方形截面铸件时，熔体表面的曲率半径比较大，此时表面张力的影响就变得很小，在多数情况下可以忽略不计，所以大断面铸件充型往往很容易。

如果熔融金属表面上有能溶解的氧化物，如铸铁和铸钢中的氧化亚铁，则熔体润湿铸型。这时附加压力是负值，有助于金属液向细薄部分充填；但同时也有利于金属液向铸型砂粒之间的孔隙中渗透，因而易造成铸件表面粘砂。

（6）金属液中的夹杂物　金属液中存在固体夹杂物时会导致流动性下降，影响充型。夹杂物或卷入的表面膜在金属液中搭接、聚集后，就会在狭窄型腔入口处产生堵塞并阻止金属液进入，特别是当金属液从厚断面向薄断面填充时更易产生阻塞。实验表明，对含有不同尺寸夹杂物的铝合金液过滤后，流动性可提高 20%。由于夹杂物会影响充型能力，故要保持炉料清洁，熔炼时应采取措施以减少熔融金属中的气体和非金属夹杂物。

2. 铸型性质

铸型的性质影响熔融金属的充型速度，铸型与金属的热交换强度影响金属液保持流动的时间。所以，铸型性质方面的因素对充型能力有重要的影响。同时，通过调控铸型性质来改善熔融金属的充型能力，往往也能得到较好的效果。

铸型性质包括蓄热系数、密度、比热容、热导率、温度、发气性、透气性，以及铸型的涂料层等。其中蓄热系数为密度、比热容和热导率三者乘积的平方根。表 2-3 为几种铸型材料的热物性参数。

表 2-3　几种铸型材料的热物性参数

材料	温度 T /℃	密度 ρ /kg·m^{-3}	比热容 c /J·(kg·K)$^{-1}$	热导率 λ /W·(m·K)$^{-1}$	蓄热系数 b /10^{-4}J·(m^2·K·s$^{1/2}$)$^{-1}$
铜	20	8930	385.2	392.0	3.67
铸铁	20	7200	669.9	37.2	1.34
铸钢	20	7850	460.5	46.5	1.30
人造石墨	—	1560	1356.5	112.8	1.55
镁砂	1000	3100	1088.6	3.5	0.344
铁屑	20	3000	1046.7	2.44	0.28
黏土型砂	20	1700	837.4	0.84	0.11
黏土型砂	900	1500	1172.3	1.63	0.17
干砂	900	1700	1256.0	0.58	0.11
湿砂	20	1800	2302.7	1.28	0.23
耐火黏土	500	1845	1088.6	1.05	0.145
锯末	20	300	1674.7	0.174	0.0296
烟黑	500	200	837.4	0.035	0.0076

（1）铸型蓄热系数　铸型的蓄热系数表示铸型从金属液中吸收热量并储存于自身的能力。蓄热系数越大，铸型的激冷能力就越强，金属液于其中保持液态的时间就越短，充型能力下降；反之，铸型的蓄热系数越小，则充型能力提高。

由表 2-3 可见，金属型（铜、铸铁、铸钢等）的蓄热系数比普通黏土砂型的高 10 倍以上；湿砂型的蓄热系数明显大于干砂型。因而，在生产实践中，可采用保温材料和发热材料制作的各类保温冒口及发热冒口，以延长冒口保持液态的时间、减缓冒口的凝固，达到减小冒口尺寸并提高冒口补缩效率的目的。

（2）铸型温度　由式（2-3）可见，凝固时间与凝固温度和铸型温度之差的平方成反比。预热铸型能减小金属液与铸型的温差，从而提高充型能力。如在金属型中浇注铝合金铸件时，将铸型温度由 340℃ 提高至 520℃，在相同的浇注温度（760℃）下，螺旋线长度则由 525mm 增加到 950mm。

金属型铸造或压力铸造的铸型温度一般都为 300～400℃。在熔模铸造中，为得到清晰的铸件轮廓，可将陶瓷壳型焙烧到 800℃ 以上进行浇注。然而，只有在非常重要的情况下才可以改变铸型工作温度，所以通过调整铸型温度来控制金属液流动性的方法不常用。

显然，当铸型温度升高到合金熔点及以上时，凝固时间无限长，金属液可以永久流动，充型会变得很容易。如采用熔模铸造镍基高温合金单晶涡轮叶片时，壳型温度一般加热到高于合金结晶温度的 1450℃ 或者更高。

（3）型腔内的气体　铸型中的气体对充型能力影响很大。如浇注温度为 1600℃ 的钢液在湿砂型和干砂型中的流动性分别为 575mm 和 700mm。当金属液与铸型之间存在气膜时，可减小流动的摩擦阻力，有利于充型。在湿砂型中加入质量分数小于 6% 的水和 7% 的煤粉时，铸铁的充型能力提高；但高于此值时，型腔中的气体反压力增大，充型能力下降，如

图 2-13 所示。

当型腔中的气体反压力较大时，金属液可能浇不进去，或者浇口杯、顶冒口中出现翻腾甚至反喷现象。减小铸型中气体反压力的途径有两个：一是适当降低型砂中的含水量和发气物质的含量，即减小砂型的发气性；二是提高砂型的透气性，增加砂型的排气能力，可在砂型上扎通气孔，或在离浇注端最远或最高部位设通气冒口。

（4）铸型涂料　在金属型铸造中，经常采用涂料调整蓄热系数。陶瓷保温涂料被广泛应用于所有重力铸造和低压铸造中。在钢模上应用白色氧化物涂料可以明显提高金属液的流动性。为使金属型浇口和冒口中的金属液缓慢冷却，常在涂料中加入少量的石棉粉。

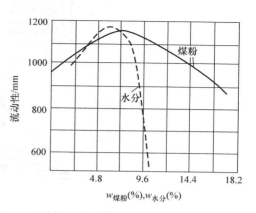

图 2-13　铸型中的水分和煤粉含量对低硅铸铁充型能力的影响

由表 2-3 可见，烟黑具有极低的蓄热系数，因而提高金属液流动性的效果显著。对于砂型铸造，乙炔烟黑可以使金属液的流动性提高 2～3 倍。利用烟黑涂料解决大型精密砂型薄壁铸件的成形问题已经在生产中收到良好效果。

此外，在激冷作用较大的铸型中，还可采用特殊涂料降低界面张力或润湿角，以降低附加压力，提高充型能力。

3. 浇注条件

这类因素包括熔融金属的过热度（浇注温度）、金属液的静压头、浇注速度、浇注系统中压头损失总和、外力场（压力、真空、离心、振动等）等。

（1）过热度　过热度是指合金液的实际温度与其熔点温度的差值，即超过液相线以上的温度。浇注温度对充型能力有决定性的影响，浇注温度越高，充型能力越好。用不同断面厚度的流动性试样进行流动性试验，发现砂型铸造 Al－7Si 合金的过热度和铸件壁厚与流动性均可以绘制成线性关系（图2-14）。在一定温度范围内，充型能力随浇注温度的提高而线性提高；当温度过高时，由于金属吸气多、氧化严重，充型能力的提高幅度越来越小。由图2-15可见，在真空铸造镍基高温合金螺旋桨桨叶时，可以通过提高浇注温度来改善流动性。但当浇注温度高于约1500℃后，提高浇注温度时充型能力不再提高。

对于薄壁铸件或流动性差的合金，在生产中经常通过提高浇注温度改善充型能力。但是，随着浇注温度的提高，铸件凝固组织粗大，容易产生缩孔、缩松、粘砂、裂纹等缺陷，因此必须综合考虑。

根据生产经验，一般铸钢的浇注温度为 1520～1620℃，铝合金的浇注温度为 680～780℃。薄壁复杂铸件取上限，厚大铸件取下限。

（2）充型压头　金属液的流动性与有效的静压头成正比。金属液在流动方向上所受的压力越大，充型能力越好。在生产中，用适当增加金属液静压头的方法提高充型能力，也是经常采取的工艺措施。用其他方式外加充型压头时（如压力铸造、低压铸造、真空吸铸等），也能达到类似的效果。但当充型速度过高时，不仅会发生金属液喷射和飞溅现象，使金属氧化和产生"铁豆"缺陷，而且型腔中气体来不及排出，反压力增大，还会造成浇不

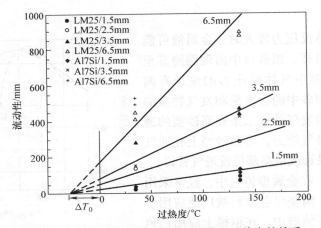

图2-14 铝合金的流动性与断面厚度和过热度的关系

足或冷隔等缺陷。

（3）浇注速度 在压头高度小于100mm的情况下，流动性随流动速度的增大呈线性提高关系。由于金属液湍流对液体流动造成的阻力与流动速度的平方成正比，因此随着金属液流动速度的加快，能量损失急剧增大。过高的金属液流动速度不利于消除和减少铸件的内部缺陷。

相对而言，以合适的充型速度将金属液平稳引入型腔，并使金属液流动前沿表面保持平滑与完整，可避免卷入气体，减缓金属液降温速度，从而有利于获得优质铸件。

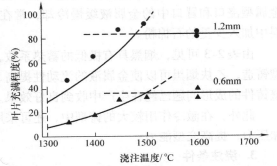

图2-15 镍基高温合金真空铸造螺旋桨桨叶的流动性
（实线表示理论预测值；点表示试验结果）

（4）浇注系统的结构 浇注系统的结构越复杂，流动阻力越大，在静压头相同的情况下，充型能力就越差。在铝镁合金铸造中，为使金属流动平稳，常采用蛇形、片状直浇道，其流动阻力大，充型能力显著下降。在铸件上常用的阻流式、缓流式浇注系统也会影响充型能力。浇口杯对金属液有净化作用，但金属液在其中散热很快，也会使充型能力下降。

在设计浇注系统时，必须合理地布置内浇道在铸件上的位置，选择恰当的浇注系统结构和各组元（直浇道、横浇道和内浇道）的断面积。否则，即使金属液有较好的流动性，也会产生浇不足、冷隔等缺陷。

4. 铸件结构

铸件的模数和复杂程度决定了铸型型腔的结构特点。

（1）模数 式（2-6）清楚地表明，铸件模数越大，凝固时间越长，流动性越好。如果铸件的体积相同，在同样的浇注条件下，模数大的铸件由于与铸型的接触表面积相对较小，热量散失比较缓慢，因而充型能力较高。铸件的壁越薄，模数就越小，就越不容易被充满。砂型铸造 Al-7Si 合金薄壁铸件的壁厚与流动性呈线性关系（图2-14）。虽然厚度为1.2mm的真空铸造镍基高温合金桨叶比0.6mm厚桨叶的金属液充满程度高很多（图2-15），但二者均未完全充满。表2-2给出了不同金属和不同铸造方法可铸出的最小铸件壁厚。

（2）铸件的复杂程度 铸件结构复杂、厚薄部分过渡面多，则型腔结构复杂，流动阻力大，金属液压头损失也大，铸型的充填就困难。铸件壁厚相同时，垂直壁比水平壁容易充满。因此，对薄壁铸件应正确选择浇注位置。

2.3.2 提高充型能力的措施

为提高熔融金属的充型能力，可从上述影响充型能力的四个因素入手，提出改善和提高充型能力的措施。

1. 合金方面

（1）恰当选择合金的成分 在不影响铸件使用性能的情况下，可根据铸件大小、壁厚和铸型性质等因素将合金成分调整到实际共晶成分附近，或选用结晶温度范围较小的合金。

（2）采用合理的熔炼工艺 可采取的具体措施有：正确选择原材料，去除金属上的锈蚀、油污与熔剂，烘干原材料；在熔炼过程中尽量使金属液不接触或少接触有害气体；对某些合金充分脱氧或精炼除气，减少其中的非金属夹杂物和气体。多次熔炼的铸铁和废钢，由于其中含有较多的气体，应尽量减少用量。对钢液进行脱氧时，先加硅铁后再加锰铁会形成大量细小的尖角形 SiO_2，不易清除，钢液流动性很差；加锰铁后再加硅铁，脱氧产物主要是低熔点硅酸盐，数量较少，也容易清除，钢液的流动性好。

"高温出炉，低温浇注"是一项成功的生产经验。高温出炉能使一些难熔的固体质点熔化，未熔的质点和气体在浇包中的镇静阶段有机会上浮而使金属净化，从而提高金属液的流动性。

（3）进行孕育处理 对某些合金进行孕育处理，使晶粒细化，也有利于提高充型能力。

2. 铸型方面

通过提高金属铸型和熔模型壳温度、利用涂料增加铸型的热阻、提高铸型的排气能力、减小铸型在金属充填期间的发气速度等措施，均有利于提高充型能力。

3. 浇注条件方面

适当提高浇注温度、增大充型压头、简化浇注系统均有利于提高充型能力。

4. 铸件结构方面

通常，铸件结构不能变动，因此这方面可提供的措施有限。对于大型薄壁铸件，一般采用以下三个措施来改善充型问题。

1）提高浇注温度。

2）增加金属液充填的体积速度。增大浇口面积可在充填线速度较小的情况下提高充填的体积速度，从而使铸型快速充满。

3）采用涂料以增大铸型的热阻。

以上将影响熔融金属充型能力的因素划分为四类，并对主要因素进行了分析，指出了提高充型能力的途径。由于影响因素很多，它们又是错综复杂的，因而在实际中必须根据具体情况进行分析，考虑所有因素之后，找出其中的主要矛盾，并采取针对性措施，才能有效地提高充型能力，防止和消除浇不足与冷隔缺陷，提高铸件的质量。在生产实践中，尤其是对于技术要求高的铸件，在合金成分和铸件结构两方面采取措施都是不现实的。

2.4 连续流动性

如前所述，铸造中流动性的概念是指金属液在足够长的标准流动性铸型中停止流动之前所流经的长度，即最大流动性长度。显然，合金液流动性的大小还可以用保持金属液不停流动的最大长度即连续流动性来表示。如图 2-16 所示，在流动性试样的末端开口，金属液可从溢流口流出，并被下面放置的坩埚所收集。显然，对于流动性试样，随着流动距离的减小，存在一个临界长度。当流动性试样长度小于该值时，金属液会在流动性试样长度范围内连续不停地流动，金属液会从溢流口流出，进入坩埚。在临界长度范围内，在流道中原先凝固的金属会被后来通过的温度更高的金属液逐渐重新熔化。该临界长度即为连续流动性长度，它表征了金属液能保持不停流动的最大距离。显然，连续流动性长度比最大流动性长度要短。

金属在流道中重新熔化并使金属液不断流动的情形与金属液通过浇道进入铸型型腔相类似。显然，连续流动性对于避免金属液在浇注系统中和薄壁部分过早凝固堵塞流动通道有着重要意义。

图 2-17 是利用截面尺寸为 3mm×12mm 的湿砂型螺旋型流动性试样获得的 99.7% 纯铝的最大流动性长度和连续流动性长度。金属液无过热时仍然具有一定的最大流动性长度，这是因为金属液具有结晶潜热，在流动停止之前，需要将部分热量散失到铸型中去。然而当过热度达到某一临界值之前，连续流动性长度一直为零。显然，当浇注温度或金属液需流经的距离位于连续流动性拟合线下方的区域时，则熔体可连续不断地流动，金属液充型不存在任何问题；当浇注温度或金属液需流经的距离位于连续流动性拟合线和最大流动性拟合线之间的区域时，充型需要引起注意，特别是对于薄壁铸件；当浇注温度或金属液需流经的距离位于最大流动性拟合线上方的区域时，则金属液肯定不能充满铸型，铸件会形成浇不足、未浇满等残缺类铸造缺陷。

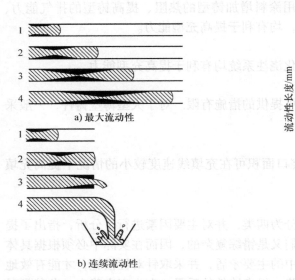

a) 最大流动性

b) 连续流动性

图 2-16 连续流动性与最大流动性
的对比示意图

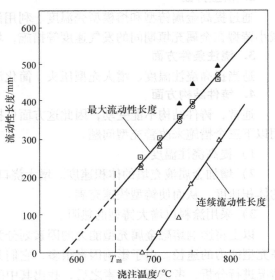

图 2-17 湿砂型中纯铝的最大流动性
长度和连续流动性长度

习　题

1. 为什么要研究熔融金属的充型能力？

2. 试述熔融金属的充型能力与流动性间的联系与区别。

3. 用螺旋形试样测定合金的流动性时，为了使测得的数据稳定和重复性好，应控制哪些因素？

4. 试分析中等结晶温度范围合金的停止流动机理。

5. 试分析合金成分及结晶潜热对充型能力的影响规律。

6. 影响熔融金属充型能力的因素有哪些？如何影响？如何提高充型能力？

7. 在影响熔融金属充型能力的四类因素中，在一般条件下，哪些是可以控制的，哪些是不可控的？为什么？

8. 生产实际中提高充型能力的主要手段是什么？

9. 采用高温出炉、低温浇注工艺措施，为什么可提高合金的流动性？过高的浇注温度会带来什么影响？

10. 对大型薄壁铸件，一般采用哪些措施来解决充型问题？

11. 试对比分析亚共晶铝硅合金和过共晶铝硅合金的流动性。

12. 试分析 Fe – C 合金流动性与相图的关系。

13. 碳钢（$w_C = 0.25\% \sim 0.4\%$）的流动性螺旋试样流束前端常出现豌豆形突出物。经化学分析，突出物中 S、P 含量较高，试解释突出物的形成原因。

14. 采用石膏铸型（石膏是绝热材料）可生产出壁厚达 0.8mm 的铝合金铸件，但常出现"浇不足"缺陷。试分析产生该缺陷的可能原因，并给出消除该缺陷的具体措施。

15. 欲铸造壁厚为 3mm、外形尺寸为 580mm × 355mm × 305mm 的 ZL106 铝合金箱体，如何浇注更为合理？

16. 用同一种合金浇注同一批同一种铸铁，其中有一两件出现"浇不足"缺陷。试分析可能的原因。

17. 某型号飞机的 Al – Mg 合金机翼（壁厚为 3mm，长 1500mm）常因浇不足而报废。可采取哪些工艺措施以提高该铸件的成品率？

▶ 第3章

凝 固 传 热

物质从液态向固态转变的相变过程称为凝固（Solidification）。根据合金成分和凝固条件的不同，通过凝固过程转变成的固态物质可能具有晶体、非晶体或准晶体三类不同的原子聚集形态。

铸件凝固过程中的许多现象均是温度的函数。温度场是某时刻空间所有各点温度分布的总称。因此，研究凝固过程中的传热所要解决的主要问题是了解和掌握不同时刻铸件和铸型中的温度场。本章主要从传热学的观点出发，讨论铸件的凝固规律，具体研究铸件与铸型的传热过程和温度场、铸件断面上凝固区域的大小、凝固方式、凝固方向，以及铸件的凝固时间等。

许多常见的铸造缺陷，如浇不足、缩孔、缩松、热裂、析出性气孔、偏析、夹杂等，都是在凝固过程中产生的。认识铸件的凝固规律及研究凝固过程的控制途径，对于防止产生铸造缺陷、改善铸件组织、提高铸件的性能从而获得完整优质铸件有着十分重要的意义。

3.1 凝固传热的特点

铸型中铸件的凝固是熔融金属所含的热量通过金属液、已凝固的固态金属、金属－铸型的界面和铸型等传出而完成的。凝固过程中，在由金属和铸型组成的凝固系统内发生热的传导、对流和辐射过程。

铸件在铸型中的凝固和冷却过程非常复杂：①铸件的凝固传热是一个不稳定的传热过程，具有非稳定态温度场，铸件上各点的温度随时间而下降，而铸型的温度则随时间而上升；②铸件的形状各种各样，其中大多数为三维的凝固传热问题；③铸件在凝固过程中又不断地释放出结晶潜热，因而是一个有内热源的三维传热过程；④凝固时至少存在着两个界面，即熔融金属与已凝固的固态金属间的界面和金属－铸型间的界面，这些界面上的传热现象通常极为复杂；⑤在铸件凝固过程中，由于金属的收缩和铸型的膨胀，在金属和铸型之间还会形成一个间隙（也称气隙）。另外，在实际生产中，合金和铸型材料种类的多样性，以及材料热物性参数随温度呈非线性变化的特点，也都使铸件的凝固传热过程变得十分复杂。

由此可见，高温的熔融金属浇入温度较低的铸型后，金属液散失热量的速率受诸多热阻控制。如图3-1所示，显然，阻止铸件内部热量传出的热阻来自5个方面，即熔融金属、固态金属、铸件－铸型界面、铸型以及外部环境。通常情况下，来自熔融金属的热阻和外部环境的热阻可以忽略不计，这样控制铸件向外散热的主要热阻为铸件热阻、铸型热阻和铸件－铸型界面热阻。各个主要热阻对凝固散热的影响不同，则会使凝固系统中的温度分布有所不同。

傅里叶定律是反映导热现象的基本物理定律，它表明物体中单位时间内通过单位截面积所传递的热量正比于导热面法线方向的温度梯度，热量传递的方向与温度升高的方向相反。单位时间、单位面积上所传递的热量即为热流密度。傅里叶定律用热流密度表示的一般矢量形式为

$$q = -\lambda \operatorname{grad} T \qquad (3\text{-}1)$$

式中，q 为热流密度；λ 为热导率；$\operatorname{grad} T$ 为温度梯度。

显然，物体中沿某一方向 x 的温度梯度 $\partial T / \partial x$ 与热流密度的关系可写为

$$q = \lambda \frac{\partial T}{\partial x} \qquad (3\text{-}2)$$

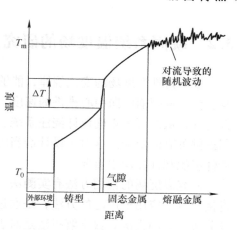

图 3-1　铸件在凝固过程中的
温度曲线和热阻

作为物体的重要热物性参数，热导率 λ 表示了物体中单位温度梯度、单位时间通过单位面积的导热量，其大小表征了物质的导热能力高低。温度梯度是指温度沿某一方向的变化率，表征了物体的冷却强度。

对于热物性参数为常数、有内热源的三维非稳态导热问题，物体中的温度场即温度与时间和空间的关系可用以下导热微分方程描述

$$\frac{\partial T}{\partial t} = \alpha \left(\frac{\partial^2 T}{\partial x^2} + \frac{\partial^2 T}{\partial y^2} + \frac{\partial^2 T}{\partial z^2} \right) + \frac{q_V}{c\rho} \qquad (3\text{-}3)$$

式中，T 为温度；t 为时间坐标；α 为热扩散率；x，y，z 均为空间坐标；q_V 为单位体积的物体在单位时间内由内热源放出的热量；ρ 为密度；c 为比热容。

热扩散率 α 也称为导温率、热扩散系数或热扩散率，它表征了物体传播温度变化的能力，是反映温度不均匀的物体中温度均匀化速度的物理量。α 越大，物体内部各处的温度差别越小。物体热扩散率的大小与其热导率 λ 成正比，与热容量成反比，即 $\alpha = \lambda / (c\rho)$。

对于铸型与界面间存在气隙的界面对流传热，单位时间、单位面积上所传递的热量 q 可用下式表示

$$q = h_i \Delta T_i \qquad (3\text{-}4)$$

式中，h_i 为界面传热系数；ΔT_i 为界面两侧的温度差。

在铸件凝固过程中，内热源即为凝固时所释放的凝固潜热 ΔH。如设单位体积的金属液在单位时间内的固相增加率为 $\partial f_s / \partial t$，则释放的潜热即为式（3-3）中的 q_V

$$q_V = \rho \Delta H \frac{\partial f_s}{\partial t} \qquad (3\text{-}5)$$

这样，凝固过程的导热微分方程就可以写为

$$\frac{\partial T}{\partial t} = \alpha \left(\frac{\partial^2 T}{\partial x^2} + \frac{\partial^2 T}{\partial y^2} + \frac{\partial^2 T}{\partial z^2} \right) + \frac{\Delta H}{c} \cdot \frac{\partial f_s}{\partial t} \qquad (3\text{-}6)$$

3.2 凝固系统温度场的研究方法

根据铸件温度场的变化规律，能够预测铸件凝固过程中其断面上各时刻的凝固区域大小及变化、凝固前沿向中心推进的速度、缩孔和缩松的位置、凝固时间，以及凝固方式和凝固方向等，从而可为正确设计浇注系统、设置冒口和冷铁，以及采取其他工艺措施控制凝固过程提供可靠的依据。这对于设计恰当的铸造工艺、消除铸造缺陷、获得完整铸件，以及改善铸件组织和性能均很重要。

研究温度场的常用方法有实测法、数学解析法和数值计算法等。实测法是研究温度场最直接和目前应用最广泛的方法，是通过测量铸型和型腔中不同位置处的温度，据此绘制出温度分布曲线的方法。数学解析法是对表征铸件凝固过程传热特征的各物理量之间的导热微分方程进行分析求解，从而获得铸件和（或）铸型温度场的精确数学表达式的方法。数值计算法也称为数值模拟法，是利用计算机程序对导热微分方程进行近似求解的方法。数值模拟法发展很快，日臻完善，有广泛的应用前景。温度场数值模拟是对铸件凝固过程中的参量如应力场、浓度场、金属液对流以及凝固组织和铸件性能等进行模拟和优化的基础。

下面主要介绍温度场的实测法和数学解析法，并对数值模拟法做简要说明。

3.2.1 温度场的实际测定

当铸件均匀壁两侧的冷却条件相同时，铸件断面上的温度场在任何时刻对铸件壁厚的轴线都是对称的。以此类铸件的温度场测定为例，其测定方法如图 3-2 所示。将两组热电偶的热端分别固定在型腔和铸型中的不同位置，利用温度记录仪记录各个热电偶处的温度变化，即可得到自金属液浇入型腔起至任意时刻铸件断面和铸型断面上各测温点的温度 – 时间曲线。

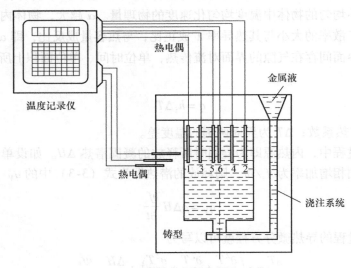

图 3-2　铸件温度场测定方法示意图

图 3-3a 所示为利用该方法实测得到的 Al – 42.4% Zn 合金铸件上各测温点 1 ~ 6 处的温

度－时间曲线。根据该曲线可绘制出铸件断面上不同时刻的温度场（图 3-3b）。具体绘制方法是：以温度为纵坐标，以离开铸件表面向中心的距离为横坐标，将图 3-3a 中同一时刻各测温点的温度值分别标注在图 3-3b 上，连接各标注点即可得到该时刻的温度场。以此类推，则可绘制出各时刻铸件断面上的温度场。由图 3-3b 可以看出，铸件的温度场随时间而变化，为非稳定态温度场。

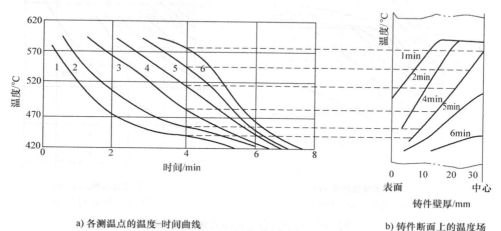

a) 各测温点的温度–时间曲线　　　　　　　　　　　　b) 铸件断面上的温度场

图 3-3　Al－42.4%Zn 合金铸件的温度–时间曲线及温度场

　　温度场可直观地显示出铸件凝固过程的情况。图 3-4 是根据实测的温度–时间曲线绘制的直径 250mm 的纯铝圆柱形铸件的温度场。可以看出，铸型中的全部合金液几乎同时从浇注温度很快降至凝固温度；接近铸件表面的合金液凝固时释放出结晶潜热，阻止了内部合金液温度的继续下降，使其保持在凝固温度上，在曲线上表现为平台。曲线上的拐点表示铸件中该等温面上发生凝固的时刻。通过这些时刻的变化就能确定凝固前沿从铸件表面向内部的进程。当铸件中心处出现拐点时，整个铸件即凝固完毕。可以看出，凝固初期温度场的梯度大，温度下降得快，以后逐渐变慢，凝固由表及里逐层到达铸件中心。

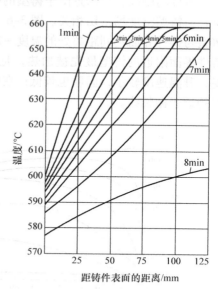

图 3-4　纯铝圆柱形铸件的温度场

　　对于固溶体型合金，由于在固相线附近，释放的结晶潜热很少，不能明显地改变曲线的趋势，所以各温度场都看不到明显的固相线拐点（图 3-3），其温度场和纯金属的相似。

　　图 3-5 所示为共晶型合金铸件的典型温度场。铸型内的合金液很快降至液相线温度 T_L，并保持在此温度上。各时刻的温度场在对应液相线温度和共晶转变温度 T_E 的地方发生弯曲。远离共晶成分的亚共晶合金初晶含量多，共晶含量少；而距共晶成分较近的亚共晶合金初晶含量少，共晶含量多，释放的结晶潜热多且集中，因而铸件冷却较慢。

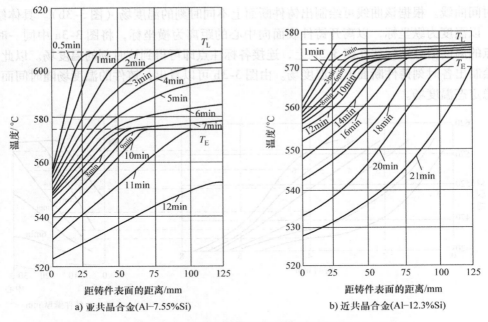

a) 亚共晶合金(Al-7.55%Si)

b) 近共晶合金(Al-12.3%Si)

图 3-5　共晶型合金铸件的典型温度场

　　铸件的凝固、冷却是由于铸型的吸热作用而发生的，它和铸件与铸型间的热交换相伴进行，与铸型温度场密切相关。图 3-6 是在干砂型中浇注 Al – 30% Cu 合金铸件时，铸型中距铸型与铸件界面不同距离处的温度 – 时间曲线和铸型的温度分布曲线。可见，浇注后铸型与铸件界面附近的铸型最先被加热，且始终保持最高的温度，而远离界面处的铸型被加热较晚，升温速度较小，温度也较低；在铸型表层和里层之间存在着很大的温度差，温度分布曲线趋近于抛物线。

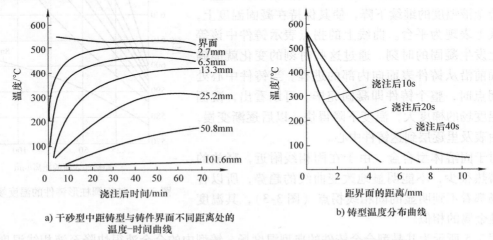

a) 干砂型中距铸型与铸件界面不同距离处的
温度-时间曲线

b) 铸型温度分布曲线

图 3-6　Al – 30% Cu 合金浇注后干砂型中距铸型 – 铸件界面
不同距离处的温度 – 时间曲线与铸型的温度分布曲线

　　某一瞬间温度场中所有温度相同的点连接起来组成的面称为等温面。用一个平面与各等温面相交，即可在这个平面上得到一系列等温线（等温线簇）。等温面可能是平面，也可能是曲面。等温线可能是直线或曲线，如对于图 3-4 所示的圆柱形铸件，其等温面为平行于铸件表面的圆柱面，纵断面上的等温线为平行于铸件表面的直线。通常铸件内的温度场用等温面或等温线表示。铸件中等温线较密集的地方表明温度梯度较大，导热热流和冷却强度也较大。

3.2.2 温度场的数学解析

凝固系统温度场的数学解析法是通过分析铸件和铸型间的热交换规律，建立描述凝固过程传热特征的各种物理量之间关系的微分方程式，然后根据具体问题的单值（几何、物理、初始和边界）条件对方程式进行解析求解，从而获得铸件与铸型在不同凝固时间和位置的温度解析表达式。采用数学解析法可以精确地描述铸件温度场的变化规律，进而分析铸件的凝固过程。由于铸件在铸型中的凝固和冷却过程非常复杂，影响因素众多，难以建立一个包含所有影响因素且符合实际情况的微分方程式并求出其解析解。因此，对凝固过程的温度场进行数学解析时，必须进行合理简化，并做如下基本假设：

1）熔融金属在充满铸型后瞬时开始凝固。

2）不考虑液相的流动。

3）铸件凝固过程的传热只考虑导热，不考虑对流换热和辐射换热。

4）凝固是从液相线温度开始，固相线温度结束；不考虑合金的过冷。

5）将凝固过程中结晶潜热的释放作为固相与液相界面的边界条件进行处理，即将有热源的铸件传热变为无热源传热。

这样，在铸件和铸型的不稳定导热过程中，温度 T 与时间 t 和空间位置（x, y, z）的关系可用无热源的不稳定导热微分方程描述。令式（3-3）中的 $q_V = 0$，则有

$$\frac{\partial T}{\partial t} = \alpha \left(\frac{\partial^2 T}{\partial x^2} + \frac{\partial^2 T}{\partial y^2} + \frac{\partial^2 T}{\partial z^2} \right) \tag{3-7}$$

根据式（3-7）的导热微分方程可以确定铸件和铸型的温度场。

在不稳定导热（$\partial T/\partial t \neq 0$）的情况，导热微分方程的数学解非常复杂。但对于形状简单的物体如平壁、圆柱体和球体等的凝固传热过程，由于它们都具有一维温度场，因而容易处理。下面以半无限大的铸件为例，运用导热微分方程求解铸件和铸型的温度场。

假设具有一个平面的半无限大铸件在半无限大的铸型中冷却，设铸件（Casting）和铸型（Mold）的温度分布分别用 T_C 和 T_M 表示，如图 3-7 所示。设熔融金属充满铸型后立即停止流动，且各处温度均匀，即铸件的初始温度为 T_{C0}。设铸件与铸型紧密接触，无界面热阻，铸型的初始温度为 T_{M0}，铸件与铸型界面温度为 T_i。设铸件和铸型的材料是均质的，其热扩散率 α_C 和 α_M 均为定值，不随温度变化。将直角坐标系的原点设在铸件与铸型界面上，x 方向垂直界面并指向金属液内部。

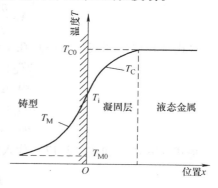

图 3-7 半无限大铸件凝固系统的温度场

在这种情况下，铸件和铸型任意一点的温度只与位置 x 有关，而与 y 和 z 无关，为一维导热问题，此时

$$\frac{\partial^2 T}{\partial y^2} = 0, \ \frac{\partial^2 T}{\partial z^2} = 0 \tag{3-8}$$

这样，式 (3-7) 简化为

$$\frac{\partial T}{\partial t} = \alpha \frac{\partial^2 T}{\partial x^2} \tag{3-9}$$

该方程式的通解为

$$T = C + D \mathrm{erf}\left(\frac{x}{2\sqrt{\alpha t}}\right) \tag{3-10}$$

式中，C，D 均为常数；$\mathrm{erf}\left(\dfrac{x}{2\sqrt{\alpha t}}\right)$ 称为高斯误差函数，其计算式为

$$\mathrm{erf}\left(\frac{x}{2\sqrt{\alpha t}}\right) = \frac{2}{\sqrt{\pi}} \int_0^{\frac{x}{2\sqrt{\alpha t}}} \mathrm{e}^{-\beta^2} \mathrm{d}\beta \tag{3-11}$$

该误差函数具有如下性质：$x = 0$，$\mathrm{erf}(x) = 0$；$x = \infty$，$\mathrm{erf}(x) = 1$；$x = -\infty$，$\mathrm{erf}(x) = -1$；$\mathrm{erf}(-x) = -\mathrm{erf}(x)$。

对于铸件，在铸件与铸型界面处，$T_C = T_i$（$x = 0$，$t > 0$）；在凝固刚开始时，$T_C = T_{C0}$（$t = 0$）。将此边界条件和初始条件代入式 (3-10)，可以得出 $C = T_i$，$D = T_{C0} - T_i$。

由此，可以得到某时刻 t 时，距界面 x 处的铸件温度 T_C 为

$$T_C = T_i + (T_{C0} - T_i) \mathrm{erf}\left(\frac{x}{2\sqrt{\alpha_C t}}\right) \tag{3-12}$$

根据类似的处理方式，可以求得半无限大铸型的温度场方程式为

$$T_M = T_i + (T_i - T_{M0}) \mathrm{erf}\left(\frac{x}{2\sqrt{\alpha_M t}}\right) \tag{3-13}$$

下面推导铸件与铸型界面温度 T_i 的计算式。根据式 (3-2)，在单位铸件与铸型界面处，从铸件向界面传出的热流密度 q_C 与铸型导出的热流密度 q_M 分别为

$$q_C = \lambda_C \frac{\partial T_C}{\partial x}\bigg|_{x=0}, \ q_M = \lambda_M \frac{\partial T_M}{\partial x}\bigg|_{x=0} \tag{3-14}$$

在铸件与铸型界面处，热流连续。因此 $q_C = q_M$，即

$$\lambda_C \frac{\partial T_C}{\partial x}\bigg|_{x=0} = \lambda_M \frac{\partial T_M}{\partial x}\bigg|_{x=0} \tag{3-15}$$

对式 (3-12) 和式 (3-13) 在 $x = 0$ 处求导，有

$$\frac{\partial T_C}{\partial x}\bigg|_{x=0} = (T_{C0} - T_i) \frac{1}{\sqrt{\pi \alpha_C t}} \tag{3-16}$$

$$\frac{\partial T_M}{\partial x}\bigg|_{x=0} = (T_i - T_{M0}) \frac{1}{\sqrt{\pi \alpha_M t}} \tag{3-17}$$

将式 (3-16) 和式 (3-17) 代入式 (3-15)，经整理后可得界面温度 T_i 为

$$T_i = \frac{b_C T_{C0} + b_M T_{M0}}{b_C + b_M} \tag{3-18}$$

式中，$b_C = \sqrt{c_C \rho_C \lambda_C}$ 为铸件的蓄热系数；$b_M = \sqrt{c_M \rho_M \lambda_M}$ 为铸型的蓄热系数；其中 c_C、ρ_C 和 λ_C 分别为铸件的比热容、密度和热导率，c_M、ρ_M 和 λ_M 分别为铸型的比热容、密度和热

导率。

将式（3-18）分别代入式（3-12）和式（3-13），即可得到铸件和铸型温度场的表达式为

$$T_C = \frac{b_C T_{C0} + b_M T_{M0}}{b_C + b_M} + \frac{b_M (T_{C0} - T_{M0})}{b_C + b_M} \mathrm{erf}\left(\frac{x}{2\sqrt{\alpha_C t}}\right) \tag{3-19}$$

$$T_M = \frac{b_C T_{C0} + b_M T_{M0}}{b_C + b_M} + \frac{b_C (T_{C0} - T_{M0})}{b_C + b_M} \mathrm{erf}\left(\frac{x}{2\sqrt{\alpha_M t}}\right) \tag{3-20}$$

上述推算过程中没有计入金属的凝固潜热。若考虑金属的凝固潜热，并认为熔融金属与固态金属的热导率和比热容不同，解法就要复杂很多。

图 3-8 所示是由解析法求得的分别在砂型和金属型中浇注铁液后不同时刻下凝固系统的温度场，所用的材料热物性参数见表 3-1。

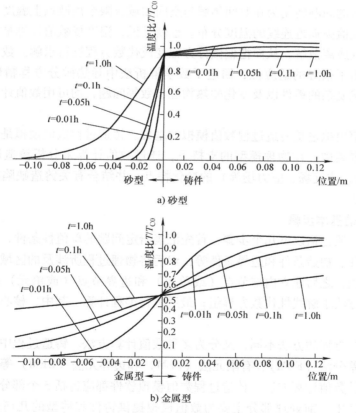

a) 砂型

b) 金属型

图 3-8　铸铁件在砂型和金属型中的凝固

表 3-1　图 3-8 计算所用材料的热物性参数

材料	密度 ρ /kg·m^{-3}	比热容 c /J·(kg·K)$^{-1}$	热导率 λ /W·(m·K)$^{-1}$	热扩散率 α /10^{-6}m^2·s^{-1}
铸铁	7000	753.6	46.50	8.8
砂型	1350	963.0	0.314	2.40
金属型	7100	544.3	61.64	1.58

3.2.3　温度场的数值计算

以上讨论了导热微分方程最简单情况的定解，得出了其解析表达式，即包括位置和时间的温度场方程式。因此，可以很方便地计算出任何时刻、任意位置凝固系统的温度。解析法求解仅限于简单的传热情况、基于常数的热物性参数和简单的铸件形状，否则很难求得解析解，因而其实际应用受到了极大的限制。

计算机技术的快速发展为大规模高速数值计算提供了强有力的工具，解决了数值计算法计算量大的问题，可以获得在工程上令人满意的近似解。因此铸件温度场的数值计算与模拟日益引起人们的广泛重视，为铸造工艺优化设计提供了便利条件。

1. 数值计算的基本原理

数值计算法是数理方程的一种近似求解法，其基本思想是把本来求解物体内温度随空间、时间连续分布的问题转化为在时间领域与空间领域有限个离散点上温度值的问题，用这些离散点上的温度值去逼近连续的温度分布。也就是说，温度场数值计算是把傅里叶导热微分方程的连续解变成离散解，从而把偏微分方程变成代数方程进行求解。数值计算法在解决实际问题中显示出了很好的适应性，回避了数学解析法中导热微分方程精确求解困难的问题。对于几何形状复杂的铸件以及变化的热物性参数等问题，均可用数值计算法对铸件温度场进行数值模拟。

温度场的数值模拟也是铸造过程数值模拟的基础。铸造过程数值模拟是通过对凝固系统进行几何上的有限离散，在物理模型的支持下，通过数值计算来分析铸造过程有关物理场（如流场、温度场、浓度场、应力场等）的变化特点，并结合有关铸造缺陷的形成判据来预测铸件质量的方法。

2. 数值计算的基本步骤

数值计算法一般包括以下几个步骤：首先汇集给定问题的单值性条件，即研究对象的几何条件、物理条件、初始条件和边界条件等；然后将物理过程所涉及的区域在空间上和时间上进行离散化处理；之后建立内部节点（或单元）和边界节点（或单元）的数值方程，再选用适当的计算方法求解线性代数方程组；最后进行编程计算。其中，核心部分是数值方程的建立。

根据建立数值方程的方法不同，又分为多种数值计算方法。铸造过程中常用的数值计算方法主要有有限差分法（FDM）、有限元法（FEM）和边界元法（BEM）等，各有特点。

无论采用哪种数值计算方法，铸造过程数值模拟软件都应包括3个部分：前处理、中间计算和后处理。其中，前处理部分主要为数值模拟提供铸件和铸型的几何信息、铸件及铸型材料的性能参数信息和有关铸造工艺的信息。中间计算部分主要根据铸造过程涉及的物理场为数值计算提供计算模型，并根据铸件质量或缺陷与物理场的关系（判据）预测铸件质量。后处理部分的主要功能是将数值计算所获得的大量数值以各种直观的图形形式显示出来。

常用的铸造数值模拟商业化软件主要有华铸 CAE、芸峰 CAE、ProCAST 和 MAGMAsoft等。其中华铸 CAE 和芸峰 CAE 均为国内铸造领域著名的具有自主知识产权的铸造工艺分析系统，在国内铸造行业应用广泛。

3.3　不同热阻条件下凝固系统的温度分布

金属液在铸型中的凝固和冷却过程主要受铸件热阻、铸型热阻，以及铸件与铸型界面热阻的影响。各个热阻对传热所起的作用不同，则凝固系统的温度场也会出现差异。下面分别讨论不同热阻条件下铸件和铸型温度场的分布特点。

1. 铸型热阻为传热控制环节

铸件在砂型、石膏型、陶瓷型、熔模铸造等绝热铸型中的凝固属于这种情况，这类铸型材料的热导率远小于凝固金属的热导率。因此，在凝固传热中，铸件的温度梯度比铸型中的温度梯度小得多。相对而言，铸件中的温度梯度可忽略不计，可以认为在整个传热过程中，铸件断面的温度分布均匀，铸型内表面温度接近铸件的温度。在这种情况下，凝固系统的温度分布如图 3-9 所示。当铸型足够厚时，由于铸型的导热性很差，铸型的

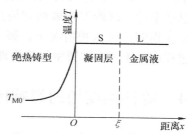

图 3-9　绝热铸型中铸件和铸型的温度分布

外表面温度仍然保持为 T_{M0}。所以，绝热铸型本身的热物理性质是决定整个凝固系统传热过程的主要因素。

2. 铸件与铸型界面热阻为传热控制环节

当铸件和铸型的传热速率均很高时，界面热阻便成为主要热阻。另外，当铸型表面有绝热涂层或由于铸件冷却收缩和铸型受热膨胀导致在铸件与铸型界面上产生间隙时，界面热阻也对传热起主导作用。铸件在工作表面涂有较厚涂层的金属型中的凝固就属于这种情况。铸件与铸型界面热阻起主导作用的凝固也通常出现在轻合金的压铸中。此时，铸件与铸型的界面热阻比铸件和铸型中的热阻均大很多，金属的冷却和铸型的加热均不激烈，已凝固的

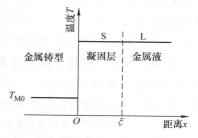

图 3-10　以界面热阻为主的温度分布

金属（凝固层）和铸型中的温度梯度均可忽略不计，可以认为凝固层和铸型中的温度分布均匀，如图 3-10 所示。此种情况下的传热过程取决于涂料层的热物理性质。

3. 铸件热阻为传热控制环节

金属液在水冷金属型中的凝固，以及蜡模和塑料制品等在金属模具中的注塑等均属于这种情况。另外，钢液浇入铜铸型中，或在钢铸型中浇入铅锑合金液制备电池铅板时，铸件热阻均为传热控制环节。在水冷金属型中，通过控制冷却水温度和流量使铸型温度保持近似恒定（T_{M0}）；在不考虑铸件与铸型界面热阻的情况下，凝固层外表面温度等于铸型温度，而在铸件（凝固层）中有较大的温度梯度。在这种情况下，凝固传热的主要热阻是铸件的热阻，凝固系统的温度分布如图 3-11 所示。

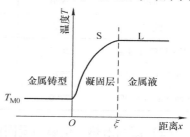

图 3-11　水冷金属型中凝固系统的温度分布

4. 铸型热阻和铸件热阻同为传热控制环节

金属液在工作表面涂有很薄涂料层的厚壁金属型中的凝固属于这种情况。当金属型的涂料层很薄时，厚壁金属型中凝固层和铸型的热阻都不可忽略，因而都存在明显的温度梯度，如图3-12所示。由于此时铸件与铸型界面的热阻相对很小，可忽略不计，则铸型内表面和铸件（凝固层）表面温度相同。在这种情况下，整个凝固系统的传热过程取决于铸件和铸型的热物理性质。

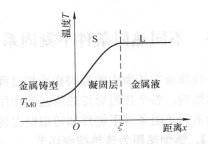

图3-12　厚壁金属型凝固系统的温度分布

3.4　铸件温度场的影响因素

与充型能力的影响因素一样，可从金属性质、铸型性质、浇注条件及铸件结构4个方面对影响铸件温度场的因素及其作用分别进行讨论。

1. 金属性质的影响

（1）金属的热扩散率　铸件凝固由表及里进行时，铸件表面温度比中心部分的温度低。金属的热扩散率越大，铸件内部温度的均匀化能力就越大，温度梯度就越小，断面上温度分布曲线就比较平坦；反之，温度分布曲线就比较陡峭。熔融铝合金的热扩散率比熔融铁碳合金的高9～11倍，所以在相同的铸型条件下，铝合金铸件断面上的温度分布曲线平坦，具有较小的温度梯度。相反，高合金钢的热扩散率一般都比普通碳钢小得多，如高锰钢的热扩散率不到普通碳钢热扩散率的三分之一，所以合金钢在砂型铸造时也有较大的温度梯度。表3-2为常用金属材料在20℃时的密度、比热容以及不同温度时的热导率。

表3-2　常用金属材料在20℃时的密度、比热容以及不同温度时的热导率

材料种类	密度 ρ/kg·m^{-3}	比热容 c /J·(kg·K)$^{-1}$	热导率 λ/W·(m·K)$^{-1}$								
			20℃	100℃	200℃	300℃	400℃	600℃	800℃	1000℃	1200℃
纯铝	2710	902	236	240	238	234	228	215			
纯镁	1730	1020	156	154	152	150	—				
纯铜	8930	386	398	393	389	384	379	366	352		
纯铁	7870	455	81.1	72.1	63.5	56.5	50.3	39.4	29.6	29.4	31
纯镍	8900	444	91.4	82.8	74.2	67.3	64.6	60.0	73.3	77.6	81.9
Al–13%Si 合金	2660	871	162	173	176	180	—				
灰铸铁（w_C=3%）	7570	470	39.2	32.4	35.8	37.2	36.6	20.8	19.2		
碳钢（w_C=1.0%）	7790	470	43.2	42.8	42.2	41.5	40.6	36.7	32.2		

（2）凝固潜热　金属的凝固潜热大，需要通过铸型传出的热量多，向铸型传热的时间就长，铸型内表面被加热的温度也高，会造成铸件断面的温度梯度减小，铸件的冷却速度下降，温度场也较平坦。

（3）凝固温度　金属的凝固温度越高，在凝固过程中铸件表面和铸型内表面的温度越高，铸型内外表面的温差就越大，且铸型在高温下的热导率随温度的升高而增大，使得铸型传热加剧，致使铸件断面的温度场梯度较大。与铸钢件和铸铁件相比，有色合金铸件在凝固过程中有较平坦的温度场，其凝固温度低是主要的原因之一。

2. 铸型性质的影响

铸件在铸型中的凝固是因铸型吸热而进行的。所以，任何铸件的凝固速度都受铸型吸热速度的影响。铸型的吸热速度越大，则铸件的凝固速度越大，铸件断面上的温度梯度也就越大。

（1）铸型蓄热系数　铸型的蓄热系数越大，对铸件的冷却能力越强，铸件中的温度梯度就越大。

（2）铸型预热温度　铸型预热温度越高，对铸件的冷却作用就越小，铸件断面上的温度梯度也就越小。在熔模铸造中，为了提高铸件的精度和减少热裂等缺陷，型壳在浇注前被预热到 600~900℃。在金属型铸造中，铸型的预热温度为 200~400℃。

3. 浇注条件的影响

熔融金属的浇注温度很少超过液相线以上 100℃。因此，金属由于过热所得到的热量比结晶潜热要少得多，一般不大于凝固期间放出的总热量的 5%~6%。但是，在砂型铸造中熔融金属的所有过热量全部散失前，铸件的凝固实际上是不会进行的。所以增加熔融金属的过热度，相当于提高了铸型的温度，从而使铸件的温度梯度减小。

在金属型铸造中，由于铸型具有较大的导热能力，而过热热量所占比重又很小，能够迅速传导出去，所以浇注温度的影响不十分明显。

4. 铸件结构的影响

（1）铸件壁厚　厚壁铸件比薄壁铸件含有更多的热量，在凝固时必然要把铸型加热到更高的温度，使铸型冷却作用减小，因而薄壁件比厚壁件的温度梯度大。铸件越厚大，温度梯度就越小。

（2）铸件形状　铸件的棱角和弯曲表面与平面壁的散热条件不同。在铸件表面积相同的情况下，向外部凸出的曲面，如球面、圆柱表面、L 形铸件的外角，对应着渐次放大的铸型体积，散出的热量由较大体积的铸型所吸收，铸件的冷却速度比平面铸件要大。如果铸件表面是向内部凹入的，如圆筒铸件内表面、L 形或 T 形铸件的内角，则对应着渐次收缩的铸型体积，铸件的冷却速度比平面部分要小。

图 3-13 所示为由实测法得到的砂型条件下 L 形和 T 形断面各时刻的等固相线位置。可以看出，外角的冷却速度大约为平面壁的 3 倍，而内角的冷却速度最慢。圆内角与直内角相比，由于扩大了散热面积，角上的凝固层加深，改善了内直角的不良情况，如图 3-14 所示。

另外，铸型中被熔融金属几面包围的突出部分、型芯以及靠近内浇道附近的铸型部分，由于有大量金属液通过，被加热到很高温度，吸热能力显著下降，相对应的铸件部分的温度场就比较平坦。

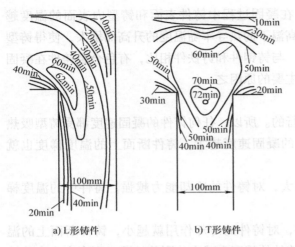

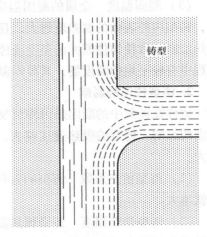

图 3-13　L 形和 T 形铸件不同时刻的等固相线　　图 3-14　直内角和圆内角的凝固情况
（注：图中虚线为等固相线）

3.5　凝固时间

　　铸件的凝固时间 t_f（Solidification Time）是指铸件从凝固起始至完全凝固所经历的时间，即完全凝固时间。通常用充型完毕至凝固结束所经历的时间近似地表示凝固时间。铸件的凝固时间受铸件冷却强度的影响。凡增加铸件冷却强度的因素，皆使铸件的凝固时间缩短。

　　为保证冒口具有合适的尺寸和正确地布置冷铁，在设计冒口和冷铁时需要对铸件的凝固时间进行估算。对于大型或重要铸件，为了掌握其落砂时间，也需要对凝固时间进行估算。

3.5.1　平方根定律

　　下面以铸件在半无限大的铸型中冷却的凝固过程为例（图 3-7）讨论铸件的凝固时间。假设：①金属和铸型接触面是无限大的平面，铸件和铸型的壁厚都是半无限大的；②浇注后与金属液接触的铸型表面温度立即达到金属表面温度，且以后保持不变；③凝固在恒温下进行；④除结晶潜热外，在凝固过程中没有任何其他热量析出，如化学反应热等；⑤铸型和金属的热物理性质不随时间变化；⑥由于金属液对流作用所引起的温度场的改变略去不计。

　　铸件的凝固时间 t_f 可分为两个阶段：第一阶段是金属液充满铸型至铸型导出金属液过热热量所需的时间；第二阶段是金属液从液相线温度 T_L 凝固冷却至固相线温度 T_S，以及凝固完毕的时间。下面对半无限大铸件的凝固时间进行理论计算。

　　由式（3-14）和式（3-17）可得

$$q_M = \lambda_M (T_i - T_{M0}) \frac{1}{\sqrt{\pi \alpha_M t}} \tag{3-21}$$

　　对式（3-21）进行积分，可求得在 t 时间内，铸型单位面积所吸收的热量 Q_{Mt} 如下

$$Q_{Mt} = \frac{2\lambda_M(T_i - T_{M0})}{\sqrt{\pi\alpha_M}}\sqrt{t} \tag{3-22}$$

将热扩散率 α 与蓄热系数 b 的关系式 $\alpha = (\lambda/b)^2$ 代入式（3-22），则式（3-22）可变为如下形式

$$Q_{Mt} = \frac{2b_M}{\sqrt{\pi}}(T_i - T_{M0})\sqrt{t} \tag{3-23}$$

设在 t 时间内铸件凝固层厚度为 ξ，则由于凝固潜热所放出的总热量 Q_{Ct} 为

$$Q_{Ct} = \xi\rho_C[\Delta H + c_C(T_P - T_S)] \tag{3-24}$$

式中，T_P 为金属液浇注温度。由 $Q_{Mt} = Q_{Ct}$，可得

$$\xi = \frac{2b_M(T_i - T_{M0})}{\sqrt{\pi}\rho_C[\Delta H + c_C(T_P - T_S)]}\sqrt{t} \tag{3-25}$$

令

$$K = \frac{2b_M(T_i - T_{M0})}{\sqrt{\pi}\rho_C[\Delta H + c_C(T_P - T_S)]} \tag{3-26}$$

则式（3-25）可简化为

$$\xi = K\sqrt{t} \tag{3-27}$$

式中，K 为铸件的凝固系数，K 相当于最初单位时间内的凝固层厚度；t 为局部凝固时间，即凝固层厚度为 ξ 时所对应的凝固时间。

式（3-27）即为铸件凝固过程的平方根定律。可以用来计算在任一时间 t 内的凝固层厚度，即等固相线在铸件中的位置。平方根定律清楚地表明，铸件的凝固层厚度与凝固时间的平方根成正比，即凝固层厚度与凝固时间的关系呈抛物线状。在凝固初期凝固层增长很快，以后逐渐变慢。

式（3-27）也可用来计算凝固层达到任一厚度 ξ 时所需的凝固时间 t，即

$$t = \frac{\xi^2}{K^2} \tag{3-28}$$

显然，当凝固层达到铸件中心时，铸件完全凝固，此时的凝固时间 t 即为铸件的凝固时间 t_f。如对于厚度为 d 的无限大的平板铸件，凝固层厚度为 $d/2$ 时，铸件完全凝固，凝固时间 t_f 为 $0.25d^2/K^2$。

单位时间凝固层增长的厚度或等固相线向铸件中心推进的速度即为凝固速度。对式（3-27）求时间的导数，即可得到铸件的凝固速度 R 为

$$R = \frac{K}{2\sqrt{t}} \tag{3-29}$$

可见，铸件凝固速度与时间呈指数关系。在浇注后的最初瞬间里，凝固速度较高，随后急剧下降并逐渐趋于平缓。

需要指出的是，利用平方根定律对铸件的凝固时间进行理论计算，必须知道凝固系数 K 的值，即需要知道铸件和铸型的热物理参数、金属液的浇注温度、铸型的初始温度和铸件与铸型的界面温度等，式（3-26）的计算比较烦琐。在实际中，K 值常用试验方法测得。表 3-3 是实际测得的几种合金的凝固系数 K。

表 3-3 几种合金的凝固系数 K

铸件材质	铸型种类	凝固系数 /cm · min$^{-1/2}$	铸件材质	铸型种类	凝固系数 /cm · min$^{-1/2}$
灰铸铁	砂型	0.72	黄铜	砂型	1.8
				金属型	3.8
	金属型	2.2		水冷铜型	4.2
铸钢	砂型	1.3	可锻铸铁	砂型	1.1
				金属型	2.0
	金属型	2.6	铸铝	金属型	3.1

实际上，式（3-27）也可通过以下方法得到。在金属液与凝固层界面处，$x = \xi$（ξ 为凝固层厚度）。由于假设凝固过程中铸型与铸件界面温度 T_i 不变，液体与固体界面处的固、液温度相等且不随时间变化。对于纯金属，液体与固体界面处的温度恒为金属的熔点 T_m。因此，式（3-12）或式（3-13）中高斯误差函数值应不变，ξ 与 $\sqrt{t}$ 应成比例地变化，即 $\xi = K\sqrt{t}$。比例系数 K 即为式（3-26）定义的凝固系数。

实际铸件和铸型都是有限体；铸件表面除大平板外，不能看成无限大平面，即其冷却不能看成是一维的传热过程，而表面曲度、边缘效应影响很大；铸型与铸件界面的温度不可能恒定；铸型和金属的热物理参数是随温度变化的。所以，平方根定律有很大的近似性，比较适用于大型平板类、结晶温度范围小的合金铸件。对于这类铸件，用平方根定律计算的凝固时间和试验结果很接近。这说明虽然平方根定律对凝固过程进行了许多简化和假设推导，是一种近似计算，具有其局限性，在实际中应用较少，但平方根定律反映了铸件凝固过程的一些基本规律，仍是计算铸件凝固时间的基本公式。

3.5.2 折算厚度法则

对于体积为 V、表面积为 S 的形状简单的铸件，由式（3-23）可知铸型通过整个铸件表面积 S 在凝固时间 t_f 内吸收的总热量 Q_M 为

$$Q_M = \frac{2b_M}{\sqrt{\pi}}(T_i - T_{M0})S\sqrt{t_f} \tag{3-30}$$

在同一时间内，铸件放出的总热量 Q_C 可由式（3-24）求得，即

$$Q_C = V\rho_C[\Delta H + c_C(T_P - T_S)] \tag{3-31}$$

因为 $Q_M = Q_C$，得

$$\frac{V}{S} = \frac{2}{\sqrt{\pi}}\frac{(T_i - T_{M0})}{\rho_C[\Delta H + c_C(T_P - T_S)]}b_M\sqrt{t_f} \tag{3-32}$$

将凝固系数 K 的定义式（3-26）代入式（3-32），可得出铸件凝固时间 t_f 为

$$t_f = \frac{1}{K^2}\left(\frac{V}{S}\right)^2 \tag{3-33}$$

令 $B = 1/K^2$，由于模数 $M = V/S$，则式（3-33）可变为

$$t_f = BM^2 \tag{3-34}$$

铸件的模数 M 也称为折算厚度、换算厚度或当量厚度。式（3-34）即为计算实际铸件凝固时间的"折算厚度法则"。此式最早由丘里诺夫（Chvorinov）提出，故也称为 Chvorinov

法则或丘里诺夫法则。显然，折算厚度法则也可以直接从"平方根定律"导出。对比式（3-34）与式（2-6）可知，二式含义完全相同。

折算厚度法则表明，铸件凝固时间只由模数决定。相同模数的铸件凝固时间相近。图 3-15 是实际测定的各种形状的铸钢件（质量从 10kg 到 65t）的凝固时间与模数的关系。可见，无论铸件的质量如何，只要它们的模数相等，其凝固时间就相等或相近。例如，尺寸为 80mm × 400mm × 600mm 的平板，直径为 150mm、高 800mm 的圆柱体和直径为 229mm 的球形铸件，其质量分别为 150kg、110kg、50kg，由于它们的模数大致相等，凝固时间也大致相等。

式（3-34）中的 B 为凝固常数，与铸件的凝固系数 K 直接相关。模数 M 为铸件的体积 V 与其与铸型接触的表面积 S 之比。铸件的体积 V 代表凝固时需要通过铸型排出的热量，表面积 S 则代表铸件传热面积的大小。折算厚度法则考虑了铸件结构和传热条件。折算厚度法则也表明，在相同的铸造条件下，小体积、大表面积铸件的冷却速度高，凝固时间短。显然，对于体积和质量相同但结构形状不同的铸件，由于散热表面积不相等即模数不同，铸件的凝固时间相差很大。如在体积相同的条件下，球形铸件散热面积最小，模数最大，其凝固时间最长，而平板形铸件的凝固时间最短。因此，球形冒口是一种最合理的冒口形状，在造型条件允许的情况下，应采用球形冒口。

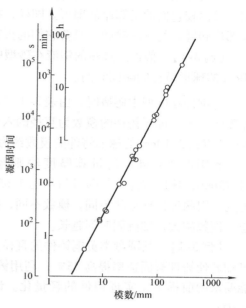

图 3-15　各种形状铸钢件的实测
凝固时间与模数的关系

由于"折算厚度法则"考虑了铸件形状这个主要影响因素，所以更加接近实际，是对"平方根定律"的发展。折算厚度法则把铸件模数与凝固时间联系起来，其准确性已得到验证，它为解决铸件补缩，确保其质量提供了一个强有力的通用方法。图 3-16 所示为不同铸型中，不同合金平板铸件的凝固时间与其模数的关系。

折算厚度法是通过模数计算来确定冒口尺寸的依据。应用折算厚度法则计算铸件凝固时间时，可将复杂的铸件划分为简单的平板、圆柱、球体、长方体、立方体的组合，分别计算各简单体的折算厚度，其中模数最大的简单体的凝固时间即为铸件的凝固

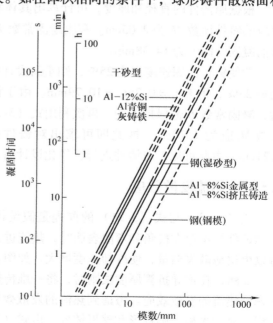

图 3-16　不同合金平板铸件的
凝固时间与其模数的关系

时间。

在实际生产中，为了控制铸件的凝固方向，并不需要计算出铸件结构上各部分的凝固时间，只比较它们的折算厚度即可。同样，在利用模数计算法设计冒口时，也不需要计算被补缩部位和冒口的凝固时间，只要它们的折算厚度满足一定的比例关系即可。

【例3-1】 假设无过热的钢液在砂型中凝固。试对比厚度为10cm的板形铸件与直径为10cm的球形铸件的凝固时间。

铸钢件在砂型中铸造时，由表3-3可查得凝固系数$K = 1.3\text{cm/min}^{\frac{1}{2}}$。板形铸件的模数为厚度的一半，球形铸件的模数为直径的六分之一。因而，厚度为10cm的板形铸件的模数为5cm，直径为10cm的球形铸件的模数约为1.67cm。

利用式（3-34）的折算厚度法则经过简单计算可知，板形铸件的凝固时间约为14.79min，球形铸件的凝固时间约为1.65min。板形铸件比球形铸件的凝固时间长约9倍。可见，因两种铸件形状不同，模数不同，凝固时间相差很大。模数是衡量凝固时间的一个标志。模数越大，则凝固时间越长。

【例3-2】 某圆盘类黄铜铸件的直径为46cm，厚度为5cm。凝固常数$B = 3.41\text{min/cm}^2$。已知若使铸件凝固速率提高25%，利用铸件强度的提高，即可在不改变铸件直径并满足性能要求的前提下，实现铸件的轻量化。试问对铸件进行轻量化设计后，铸件的厚度应为多少？

对铸件进行重新设计，减小铸件壁厚，在不改变铸造条件的前提下，通过缩短铸件的凝固时间、加快铸件的凝固速度，以力学性能的提高来补偿厚度减小的影响。利用Chvorinov法则，计算出重新设计后的凝固时间，即可求出对应的铸件厚度。

根据原铸件的直径和厚度，可计算出其体积V_o和表面积S_o分别为8305cm³和4044cm²，对应的铸件模数M_o为2.05cm。利用凝固常数B和模数M_o，根据式（3-34）可计算出原铸件的凝固时间t_o为14.38min。

欲使铸件凝固速度提高25%，则重新设计后铸件的凝固时间t_r应比原铸件的凝固时间t_o缩短25%，即有$t_r = 0.75t_o = 10.79\text{min}$。由于铸造条件未改变，因而对铸件进行重新设计后，凝固常数B值保持不变。再次利用式（3-34），根据凝固时间t_r得出重新设计后铸件的模数M_r应为1.78cm。据此即可求出对铸件进行轻量化设计后，圆盘铸件的厚度应为4.21cm。由此可见，对铸件进行轻量化设计后，可减重约16%。

3.5.3　热流发散效应

式（3-23）与式（3-24）的前提是假设铸件为半无限大平板，凝固为一维传热过程。实际铸件结构存在棱角和弯曲表面时，热流进入凹面铸型时是发散的，因而与一维情况相比可以更快地散失热量，使冷却速度增大，如图3-13所示。

显然，在推导折算厚度法则时，将一维传热理论直接推广应用到三维实际铸件上，没有考虑到热流的发散效应。考虑到热流的发散效应，应采用式（3-7）来表征实际铸件的传热过程。对于平板、圆柱形和球形铸件，由式（3-7）得到的铸件模数与凝固时间的关系为

$$M = \frac{V}{S} = \left[\frac{(T_i - T_{M0})}{\rho_C[\Delta H + c_C(T_P - T_S)]}\right]\left(\frac{2}{\sqrt{\pi}}b_M\sqrt{t_f} + \frac{n\lambda_M t_f}{2r}\right) \tag{3-35}$$

式中，r 为铸件半径。对于平板，$n=0$；对于圆柱形，$n=1$；对于球形，$n=2$。当 $n=0$ 时，式（3-35）与式（3-32）完全相同。

对于无过热度的纯金属的砂型铸造（图3-9），$T_i = T_m$，$T_P - T_S = 0$，式（3-35）可写为

$$M = \frac{V}{S} = \frac{(T_m - T_{M0})}{\rho_C \Delta H} \left(\frac{2}{\sqrt{\pi}} b_M \sqrt{t_f} + \frac{n\lambda_M t_f}{2r} \right) \tag{3-36}$$

由此可见，对于一定模数的铸件，考虑热流发散效应后，则球体铸件凝固最快，其次是圆柱形铸件，最后是平板形铸件。因而，折算厚度法则也是一种近似的计算方法，对于大平板、球体和长的圆柱体比较准确。对于短而粗的杆和立方体铸件，由于边缘和棱角散热效应的影响较大，计算结果一般要比实际凝固时间长 10% ~ 20%。如果被金属包围的型芯，其直径或厚度较小时，因型芯很快就达到热饱和，与型芯接触的铸件表面，可不纳入铸件散热面积。

实际上，对于平板形铸件，其凝固速度根据平方根定律按抛物线规律逐渐减缓［式（3-29）］。而对于诸如圆柱体、球体、立方体等形状紧凑的铸件，由于热流发散效应，铸件在凝固过程中并非自始至终遵循平方根定律，而在凝固末期凝固速度存在加速现象（图3-17）。这是因为在凝固末期，热量将向三维方向散失，此时铸件中心剩余的金属液体积与其散热表面积之比远远小于凝固初期的比值。由图3-17可见，圆柱体和球体铸件凝固到半径的40%后，凝固速度加快。

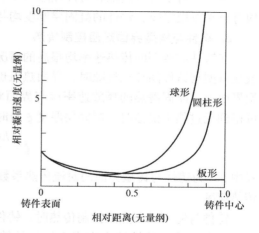

图 3-17 铸件凝固速度随凝固层厚度的变化

【例3-3】 用砂型铸造一直径为15cm的钢锭，钢锭高度远大于其直径。浇注温度为1490℃。设在铸造过程中砂型和钢锭的物性参数保持不变，求解钢锭的凝固时间。给定砂型的热导率 $\lambda_M = 0.63 J/(m \cdot K \cdot s)$，密度 $\rho_M = 1.61 \times 10^3 kg/m^3$，比热容 $c_M = 1.05 \times 10^3 J/(kg \cdot K)$，钢锭密度 $\rho_C = 7.8 \times 10^3 kg/m^3$，凝固潜热 $\Delta H = 2.72 \times 10^5 J/kg$；室温为23℃。

对于无过热纯金属的砂型铸造，铸件凝固时间可用式（3-36）来求解。由于钢锭高度远大于其直径，因此在计算铸件散热表面积时，可不考虑钢锭两端的散热。钢锭的模数为其直径的 1/4，即 $M=3.75cm$。钢锭的浇注温度1490℃即为其熔点 T_m。对于圆柱形铸件，$n=1$。铸型的蓄热系数 $b_M = \sqrt{c_M \rho_M \lambda_M}$，铸型初始温度 $T_{M0} = 23℃$。将钢锭和铸型的物性参数代入式（3-36），经过简单计算，可求得钢锭的凝固时间 t_f 约为28min。

3.5.4 不同热阻条件下铸件的凝固时间

1. 铸型热阻控制传热

对于砂型铸造、熔模铸造、石膏型铸造和陶瓷型铸造，铸型热阻为凝固系统的传热控制环节。铸型的热扩散率是决定整个凝固系统传热过程的主要参数。此时，凝固潜热的释放速

率与铸型传热速率相等。当无过热下浇注时，凝固层厚度 ξ 与时间 t 的关系为

$$\xi = \frac{2}{\sqrt{\pi}}\left(\frac{T_m - T_{M0}}{\rho_C \Delta H}\right)\sqrt{\lambda_M \rho_M C_M}\sqrt{t} \tag{3-37}$$

铸件的完全凝固时间 t_f 如式（2-3）所示。

2. 铸件热阻控制传热

对于水冷金属型铸造、蜡模制造、熔模金属型注塑以及钢液浇入铜铸型中时，铸件热阻是主要热阻，是传热控制环节。铸件的热扩散率是决定传热过程的主要参数。此时，凝固潜热的释放速率应与铸件的传热速率相等。当无过热下浇注时，凝固层厚度 ξ 与时间 t 的关系为

$$\xi = 2\gamma\sqrt{\alpha_C}\sqrt{t} \tag{3-38}$$

式中，α_C 为铸件的热扩散率；γ 是系数。对于给定的金属和铸型，γ 是常数。

可见，对于铸型热阻和铸件热阻为传热控制环节的两种不同凝固条件下，铸件凝固过程均符合平方根定律，铸件的凝固层厚度均与凝固时间呈平方根关系。

3. 铸件与铸型界面热阻控制传热

在铸件和铸型的传热速率均很高的情况下，界面热阻便成为主要热阻。当施加绝热涂层或在铸型与铸件间存在气隙时，界面热阻也对传热起主导作用，如压铸。此时，在铸件与铸型界面上，凝固潜热的释放速率应与界面对流传热速率相等。根据式（3-4）和式（3-5），可得到无过热下浇注时，凝固层厚度 ξ 与时间 t 的关系为

$$\xi = \frac{h(T_m - T_{M0})}{\rho_C \Delta H}t \tag{3-39}$$

式中，h 为铸件与铸型界面的对流传热系数，其含义为单位界面温差下通过单位面积界面的传热速率。

铸件与铸型界面热阻控制传热时，铸件的完全凝固时间 t_f 参见式（2-4）。

【例3-4】 纯铁液在有表面涂层的铸铁铸型中单向凝固时，铸件凝固层厚度与浇注后时间的关系曲线如图3-18中的实线所示。试分析铸件凝固层厚度与凝固时间的关系。

由图3-18可以看出，铸件凝固层厚度与浇注后时间的关系曲线由凝固初期的弧线和之后的直线两部分构成。考虑到横坐标是时间的平方根，则可以清楚地看到，在浇注后的凝固初期，凝固层厚度与时间呈线性关系；随后，凝固层厚度与时间呈抛物线关系，试验结果与理论公式（3-38）或式（3-39）完全吻合。

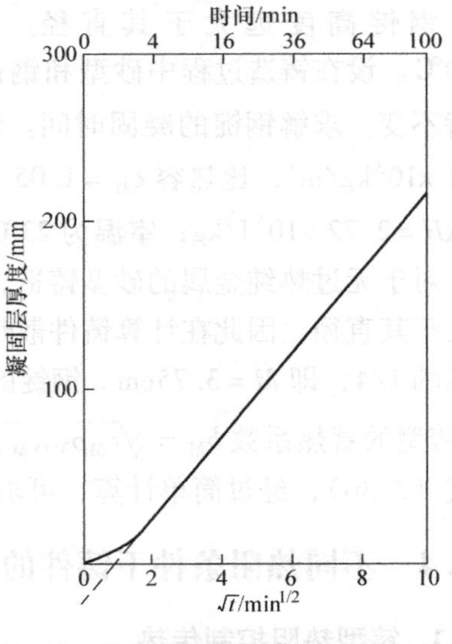

金属液的浇注一般是在有一定过热的情况下进行的。此时铸件凝固层厚度 ξ 与浇注后的时间 t 可表示为

$$\xi = a\sqrt{t} - b \tag{3-40}$$

图3-18 铸件凝固层厚度随时间的变化

式中，a 是与 K 相类似的凝固系数，对于给定的合金和铸型，a 为常数；b 为常数，只与浇

注温度有关。

对图 3-18 所示的实测结果的直线部分利用式（3-40）进行回归拟合，可得出铸件凝固层厚度 ξ（单位为 mm）与浇注后的时间 t（单位为 s）的关系为

$$\xi = 3\sqrt{t} - 25 \tag{3-41}$$

很显然，金属液在一定的过热度下浇注时，在过热通过金属液的对流和铸型散热完全消耗掉之前，凝固不会进行，即在初始阶段凝固明显滞后。这种凝固滞后现象通过式（3-40）的常数 b 来体现，即图中的虚线部分。在实际凝固过程中，铸件外表与铸型接触的金属液在铸型激冷作用下，在浇注完毕后率先凝固，同时过热逐渐丧失，凝固层厚度与时间的关系可用式（3-39）表征；之后的凝固过程中，凝固层厚度与时间呈抛物线关系，可用式（3-40）表征。

3.6 凝固方式

根据铸件温度分布曲线可以绘制出铸件的凝固动态曲线，据此可以预测铸件凝固过程中其断面上各时刻的凝固区域大小及变化，判断铸件凝固进程和凝固方式。凝固方式与铸件质量密切相关。

3.6.1 凝固动态曲线

图 3-3a 所示为直接测量得到的铸件上各测温点的温度 – 时间曲线，下面说明凝固动态曲线的绘制方法与过程。

在温度 – 时间曲线（图 3-3a）上给出合金的液相线温度 T_L 和固相线温度 T_S，如图 3-19a 所示。将 T_L 和 T_S 的温度线与温度 – 时间曲线相交的各点分别标注在以位置 x/R 为纵坐标，时间为横坐标的直角坐标系上。其中纵坐标 x/R 中的 x 是铸件表面向中心方向的距离，R 是铸件壁厚的一半，或圆柱体和球体的半径。$x/R = 1$ 表示铸件中心。因凝固是从铸件壁两侧同时向中心进行的，所以 $x/R = 1$ 表示已凝固至铸件中心。

将相同温度的各点连接起来，可得到两条曲线，如图 3-19b 所示。其中，左边的曲线与铸件断面上各时刻的液相等温线相对应，称为"液相边界"；右边的曲线与固相等温线相对应，称为"固相边界"。液相边界线从铸件表面向中心移动，所到之处凝固就开始；过一段时间，固相边界线离开铸件表面向中心移动，所到之处凝固就完毕。因此，也称液相边界线为"凝固始点"，固相边界线为"凝固终点"。显然，图 3-19b 所示的两条曲线是表示铸件断面上液相等温线和固相等温线由表面向中心推移的动态曲线，反映了铸件断面上某时刻的凝固情况（图 3-19c），因此称其为凝固动态曲线（Dynamitic Solidification Curve）。

从图 3-19b 可以看出，时间为 2min 时，距铸件表面 $x/R = 0.6$ 处合金开始凝固，由该处至铸件中心的合金仍为液态（液相区）；$x/R = 0.2$ 处合金刚刚凝固完毕，从该处至铸件表面的合金为固态（固相区）；二者之间是液固混合态（液固两相区）。到 3.2min 时，液相区消失。经过 5.3min，铸件凝固完毕。

3.6.2 凝固区域及其结构

铸件在凝固过程中，除纯金属和共晶成分合金外，断面上一般都存在三个区域，即固相区、液固两相区（糊状区、凝固区）和液相区。图 3-19c 是根据凝固动态曲线确定的某一

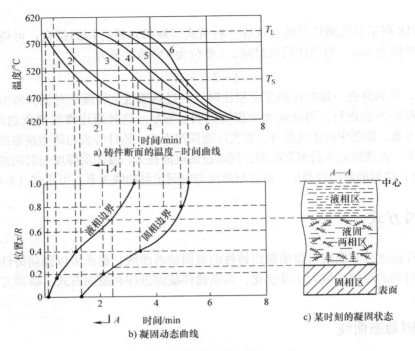

a) 铸件断面的温度-时间曲线

b) 凝固动态曲线

c) 某时刻的凝固状态

图 3-19　铸件凝固动态曲线的绘制

瞬间的铸件凝固区域。

　　凝固区域也可依据铸件断面的温度场确定。图 3-20a 是某合金状态图的一部分，成分为 C_0 的合金的结晶温度范围为 $\Delta T_0 = (T_L - T_S)$。图 3-20b 是在砂型中正在凝固的铸件断面，铸件壁厚为 D，某瞬时的温度场为 T（$abcc'b'a'$ 线）。在此瞬间，铸件断面上的 b 和 b' 点已达到固相线温度 T_S，因此，Ⅰ—Ⅰ 和 Ⅰ′—Ⅰ′ 等温面为"固相等温面"。同时，c 和 c' 点已达到液相线温度 T_L，Ⅱ—Ⅱ 和 Ⅱ′—Ⅱ′ 为"液相等温面"。所以，在Ⅰ和Ⅱ之间、Ⅰ′和Ⅱ′之间的合金都处于凝固状态，即液固共存状态。这个液相等温面和固相等温面之间的区域即为凝固区域。从铸件表面到固相等温面Ⅰ和Ⅰ′之间的合金温度低于固相线温度 T_S，因此，这个区域内的合金已凝固成固相，为固相区。液相等温面Ⅱ和Ⅱ′之间的合金温度高于液相线温度 T_L，为液相区。

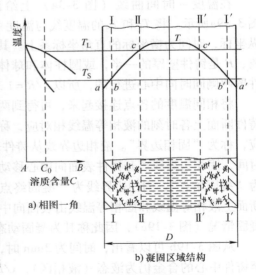

a) 相图一角

b) 凝固区域结构

图 3-20　某瞬间的凝固区域

　　图 3-21 是凝固区域结构示意图。根据凝固区域内液相和固相的相对质量分数，凝固区域可划分为两个部分，即液相占优势的液-固部分和固相占优势的固-液部分。在液-固部分中，晶体处于悬浮状态而未连成一片，液相可以自由移动。用倾出法做试验时，晶体能够

随同熔融金属一起被倾出。因此，液－固部分和固－液部分的边界也称为"倾出边界"。

在固－液部分，固相占优势，晶体连成骨架。根据晶体骨架间的金属液能否自由流动，固－液部分又可以划分为两个带。在右边的带里，金属液能在晶体骨架间移动；在左边的带里，因为已接近固相线温度，固相占绝大部分，晶体骨架连接牢固，存在于骨架之间的少量金属液被分割成一个个互不沟通的小"熔池"（图中的黑点）。当这些小熔池进行凝固而发生体积收缩时，得不到液体的补充。因此，固－液部分中两个带的边界也称为"补缩边界"。

根据铸件的凝固动态曲线可以得到

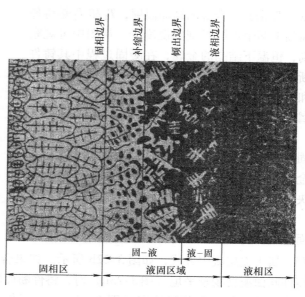

图 3-21　凝固区域结构示意图

凝固过程任一瞬时的凝固区域。在铸件的凝固过程中，随着铸件的冷却，液相等温面、固相等温面和凝固区域按凝固动态曲线所示的规律不断向铸件中心推进。铸件全部凝固后，凝固区域消失。某一瞬间的凝固状况，就是凝固动态曲线图的一个剖面。

3.6.3　凝固方式及其影响因素

1. 凝固方式

凝固区域是液相与固相的混合区，即糊状区。铸件的凝固区域大小决定了铸件的凝固方式，凝固方式对于铸件的致密性和健全性均很重要。一般将铸件的凝固方式分为三种类型：逐层凝固（也称壳状凝固）、体积凝固（也称糊状凝固方式）和中间凝固。铸件的凝固方式与凝固区域的宽度有关。

铸件自外向内的凝固过程中，当凝固区域很窄甚至等于零时，可近似看作液相向固相的过渡是在一个界面上突然完成的凝固过程；随着温度的下降，凝固由表及里进行，凝固层厚度不断增大，逐步到达铸件中心，这种凝固方式为"逐层凝固"（Skin Solidification）或壳状凝固（Shell Solidification）。体积凝固则是铸件自外向内的凝固过程中，当凝固区域很宽时，糊状区从外向内逐渐移动贯穿整个铸件的凝固现象；甚至在铸件凝固的某一段时间内，其凝固区域在某时刻贯穿整个铸件断面。体积凝固也称为糊状凝固（Pasty Solidification，Solidification with Mushy Zone）。当铸件断面上的凝固区域宽度介于逐层凝固和体积凝固之间时，则属于"中间凝固"方式。

凝固区域的宽度可以根据凝固动态曲线上的"液相边界"与"固相边界"之间的纵向距离直接判断（图 3-19）。因此，这个距离的大小是划分凝固方式的一个准则。如果两条曲线重合在一起或其间距很小，则趋向于逐层凝固方式。如果两条曲线的间距很大，则趋向于体积凝固方式。如果两条曲线的间距较小，则为中间凝固方式。

图 3-22a 所示为恒温下结晶的纯金属或共晶合金某瞬间的凝固情况。T_m 是纯金属的熔

点，T_E 是共晶合金的结晶温度，T_1 和 T_2 是铸件断面上两个不同时刻的温度场。从图中可观察到，恒温下结晶的金属，在凝固过程中其铸件断面上的凝固区域宽度等于零。断面上的固体和液体由一条界线（凝固前沿）清楚地分开，属于典型的逐层凝固方式。

对于具有一定结晶温度范围的合金的凝固，凝固区域的宽度和铸件的凝固方式均由合金的结晶温度范围和温度梯度两个参量共同决定。

如果合金的结晶温度范围 ΔT_0 很小，或断面温度梯度很大时，铸件断面的凝固区域则很

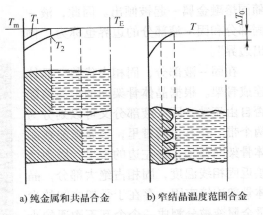

a) 纯金属和共晶合金   b) 窄结晶温度范围合金

图 3-22 "逐层凝固"方式示意图

窄，属于逐层凝固方式，如图 3-22b 所示。如果合金的结晶温度范围很宽（图 3-23a），或铸件断面温度场较平坦（图 3-23b）时，铸件断面的凝固区域很宽，属于体积凝固方式。如果合金的结晶温度范围较窄（图 3-24a），或者铸件断面的温度梯度较大（图 3-24b）时，铸件断面的凝固区域宽度介于逐层凝固方式和体积凝固方式之间，则属于中间凝固方式。

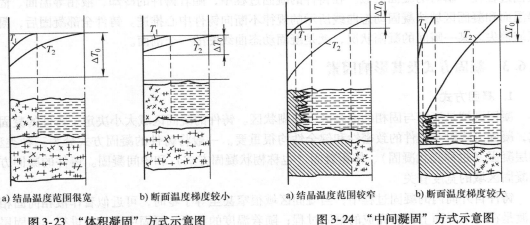

a) 结晶温度范围很宽   b) 断面温度梯度较小   a) 结晶温度范围较窄   b) 断面温度梯度较大

图 3-23 "体积凝固"方式示意图   图 3-24 "中间凝固"方式示意图

2. 影响因素

显然，铸件的凝固方式取决于铸件断面凝固区域的宽度，而凝固区域的宽度由合金的结晶温度范围和温度梯度两个参量决定，凝固区域的宽度等于合金结晶温度范围除以温度梯度。

（1）合金结晶温度范围 在铸件断面温度梯度相近的情况下，无论何种合金，其结晶温度范围的宽窄对凝固方式的影响有共同的规律性。此时，凝固区域的宽度取决于合金的结晶温度范围，这是铸件凝固方式的决定性因素。根据结晶温度范围的大小可将合金分为窄结晶温度范围合金、宽结晶温度范围合金和中等结晶温度范围合金三种类型。一般认为，当合金结晶温度范围超过 80℃，就认为该合金是宽结晶温度范围的合金；而当结晶温度范围小于等于 40℃ 时，可认为是窄结晶温度范围的合金；当结晶温度范围为 40～80℃ 时，该合金

称为中等结晶温度范围的合金。

1）窄结晶温度范围的合金。这类合金包括纯金属、共晶合金、近共晶成分合金和其他窄结晶温度范围的合金，如低碳钢、铝青铜等。

图 3-25a 所示为纯金属和共晶合金的凝固过程示意图，铸件断面上没有液 - 固共存的凝固区域，以逐层凝固方式凝固。熔融纯金属浇入铸型后，首先在型壁处形核结晶，形成一薄层激冷晶，产生平滑的凝固前沿，即固 - 液界面；方向有利的晶体沿垂直于型壁的方向生长为紧密排列着的柱状晶。随着温度的下降，凝固前沿逐步向铸件中心推进。在凝固过程中，铸件断面的固体和液体由固 - 液界面分开。用倾出法试验证实了纯金属和共晶成分合金的这种凝固方式。窄结晶温度范围的合金在凝固过程中，铸件断面上的凝固区域很窄，也是逐层凝固方式。它与纯金属的不同之处是凝固前沿不平滑，而呈锯齿形（图 3-25b）。

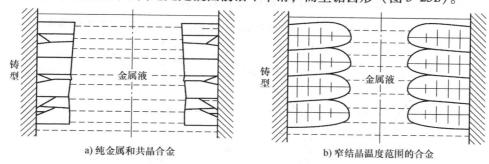

a) 纯金属和共晶合金　　　　　　b) 窄结晶温度范围的合金

图 3-25　纯金属、共晶合金以及窄结晶温度范围合金的凝固过程示意图

2）宽结晶温度范围的合金。这类合金铸件的凝固易于以体积凝固的方式进行。在较小的正温度梯度下，这类合金从铸型壁开始长成发达的定向树枝晶，并横贯整个型腔中的液相，如图 3-26a 所示；当金属液中存在过冷时，合金凝固时金属液各处都有晶粒的形核和长大，发达的等轴树枝晶在整个型腔内的液相中生长，容易发展成为树枝发达的粗大等轴晶组织（图 3-26b）。表 3-4 列出了常用的宽结晶温度范围的合金。

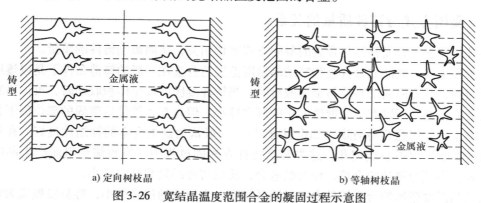

a) 定向树枝晶　　　　　　　　b) 等轴树枝晶

图 3-26　宽结晶温度范围合金的凝固过程示意图

表 3-4　常用的宽结晶温度范围的合金

铝、镁合金	铜合金	铁碳合金
铝铜合金	锡青铜	高碳钢
铝镁合金	铝青铜	球墨铸铁
镁合金	结晶温度范围大的黄铜	—

3）中等结晶温度范围的合金。中等结晶温度范围合金的凝固方式属于逐层凝固和体积凝固方式之间的中间凝固方式。这类合金在工业上常用的有中碳钢、高锰钢、一部分特种黄铜和白口铸铁等。

（2）温度梯度　铸件的凝固方式取决于糊状区的宽度。合金的结晶温度范围大小与其成分有关。当合金成分确定后，合金的结晶温度范围固定不变，铸件断面的凝固区域宽度则仅取决于温度梯度。因此铸件的温度梯度越大，凝固区域宽度越小；而温度梯度越小，凝固区域宽度越大。图3-27所示为温度梯度对铸件凝固方式的影响。梯度很大的温度场，可以使宽结晶温度范围的合金按中间凝固方式凝固，甚至按逐层凝固方式凝固；很平坦的温度场，可以使窄结晶温度范围的合金按体积凝固方式凝固。由此可见，温度梯度是凝固方式的重要调节因素，也是铸造工作者控制铸件凝固方式的主要手段。

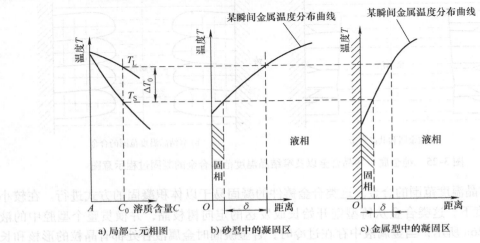

图3-27　温度梯度对铸件凝固方式的影响

3.6.4　凝固方式与铸件质量的关系

铸件的致密性和完整性与合金的凝固方式密切相关，从而影响铸件的质量。

由于纯金属、共晶成分合金和窄结晶温度范围的合金在一般的铸造条件下是以逐层凝固方式凝固的，其凝固前沿直接与金属液接触。当铸件凝固而发生体积收缩时，可以不断地得到金属液的补充，所以产生分散性缩松的倾向性小，但是在铸件最后凝固的部位留下集中的缩孔。由于集中缩孔容易消除（如设置冒口），一般认为这类合金的补缩性良好。在板状和棒状铸件上会出现中心线缩孔。这类合金铸件在凝固过程中，当收缩受阻而产生晶间裂纹时，也容易得到金属液的充填，使裂纹愈合，所以铸件的热裂倾向性小。

宽结晶温度范围的合金铸件由于凝固区域宽，金属液的过冷很小，容易发展成为树枝发达的粗大等轴晶组织。当粗大的等轴晶相互连接以后（固相约占70%），便将尚未凝固的金属液分割为一个个互不沟通的熔池，最后在铸件中形成分散性的缩孔，即缩松。对于这类合金铸件采用普通冒口消除其缩松是很困难的，而往往必须采取其他措施，如增加冒口的补缩压力、加速铸件冷却等方法，以增加铸件的致密性。宽结晶温度范围的合金凝固时，粗大的等轴晶比较早地连成晶体骨架，在铸件中产生热裂的倾向性很大。这是因为，等轴晶越粗大，高温强度就越低；此外，当晶间出现裂纹时，也得不到熔融金属的充填使之愈合。如果这类合金在充填过程中发生凝固时，其充型性能也很差。

中等结晶温度范围合金的凝固区域为中等宽度。它们的补缩特性、热裂倾向性和充型性能介于窄结晶温度范围合金和宽结晶温度范围合金之间。

3.6.5 凝固方式的控制

研究铸件凝固过程及其规律的目的是利用其规律获得完整、优质的铸件。为此，应对凝固过程进行必要而有效的控制。控制凝固的途径多种多样，基本原理是造成必要的冷却条件以满足铸件温度场要求。当常用方法无效或效果不大，不能满足对凝固控制的要求时，则采用强制控制措施。某些对于铸件组织或性能要求高或要求较特殊的，也常采用强制性凝固控制。

在通常的铸造条件下，合金成分确定后，凝固方式的改变只能通过改变温度梯度的方法达到。铸件生产中，温度梯度的调整可以通过改变铸型的冷却能力来实现，也可以通过放置冷铁和冒口来进行温度场的调控。纯金属、共晶合金在恒定温度下结晶，往往在砂型铸造条件下即可得到逐层凝固。对于具有一定结晶温度间隔的合金，要实现逐层凝固则应设法提高铸件断面温度梯度。最常用的方法是采用蓄热系数大、激冷能力强的铸型材料，如湿砂型、石墨型、金属型等。用水或压缩空气直接冷却铸型，比自然冷却的效果更显著，是一种简便易行的方法。对于金属型或大块冷铁，必要时可制成空心结构，通入冷水或压缩空气冷却，冷却强度可通过流速及流量调节。图 3-28 所示是三种不同碳含量的碳钢在砂型和金属型中铸造时的凝固过程示意图。随着碳含量的增加，碳钢的结晶温度范围扩大。金属型铸造时铸件的温度梯度远高于砂型铸造。在砂型中，低碳钢（$\Delta T_0 = 22℃$）的凝固接近于逐层凝固方

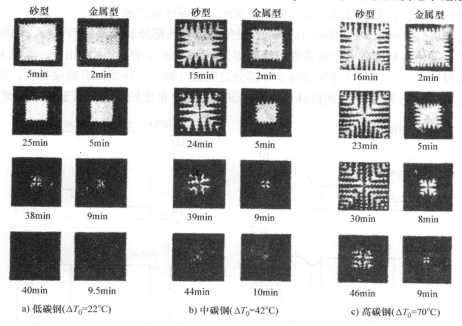

a) 低碳钢（$\Delta T_0 = 22℃$）　　　b) 中碳钢（$\Delta T_0 = 42℃$）　　　c) 高碳钢（$\Delta T_0 = 70℃$）

图 3-28　砂型和金属型中碳钢的凝固过程示意图

式，中碳钢（$\Delta T_0 = 42℃$）为中间凝固方式，高碳钢（$\Delta T_0 = 70℃$）接近于体积凝固方式；而在金属型中，低碳钢、中碳钢和高碳钢均接近于逐层凝固方式。

在逐层凝固无法实现或很难实现时，可以采用体积凝固方式。结晶温度区间大的合金，要实现逐层凝固则需要相当大的温度梯度，一般铸型材料的激冷能力往往不能满足其需要，在不影响铸件使用性能的情况下，多采用体积凝固方式。通常情况下没有必要故意制造体积凝固条件，人为地得到体积凝固。

3.7 凝固方向

第3.6节关于铸件凝固方式的讨论是发生在铸件横断面上的情况，其特征是凝固从铸件与型壁接触的两侧表面开始，逐渐向中心推进，直至凝固结束。而铸件的凝固方向或凝固顺序是指铸件各部位凝固的先后次序及凝固进程。凝固方向分为顺序凝固与同时凝固。

3.7.1 顺序凝固与同时凝固

顺序凝固（Directional Solidification）是使铸件按规定方向从一部分到另一部分依次凝固的原则，即铸件的相邻部位按一定先后次序和方向结束凝固过程。通常，铸件结构上各部分按照远离冒口的部分最先凝固，然后是靠近冒口部分，最后才是冒口本身凝固的次序进行，即在铸件上远离冒口或浇口的部分到冒口或浇口之间建立一个递增的温度梯度，向着冒口或内浇口方向凝固。顺序凝固也称为方向凝固。

图3-29是阶梯式试样轴线方向温度场示意图，属于顺序凝固。远离冒口端冷却较快，始终保持较低温度，先于其他部位凝固，然后逐步向冒口部位推进；冒口附近的金属液保持在高温的时间最长，凝固最晚。凝固依照由左向右的顺序依次进行。

同时凝固（Simultaneous Solidification）是使型腔内各部分金属液温差很小、同时进行凝固的原则，即铸件相邻各部位或铸件各处凝固开始及结束的时间相同或相近，凝固无先后的差异及明显的方向性。这时铸件结构上各部分之间温度梯度很小或没有温度梯度，各部分凝固同时进行。如图3-30所示的阶梯形铸件，纵向温度分布比较均匀，属于同时凝固。

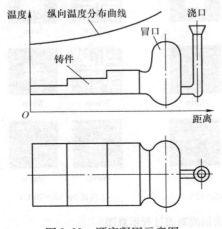

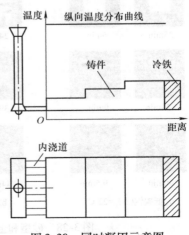

图3-29　顺序凝固示意图　　　　图3-30　同时凝固示意图

对于平板铸件的中段，距离冷端及冒口都较远，因此端面的冷却作用及冒口热金属的作用都很小，只是在铸型两侧的同等激冷条件下凝固，因而表现出无明显方向性的同时凝固特征。许多均匀的薄壁铸件，多属于同时凝固。

凝固方式及凝固方向是两个不同的概念，但又相互联系。凝固方式和凝固方向都是从温度场入手，前者研究铸件从表面向中心凝固的进程及特点；后者研究铸件更为宏观的整体凝固特征。一般来讲，趋于逐层凝固的铸件有可能实现顺序凝固，趋于体积凝固或均匀薄壁的铸件多为同时凝固。

顺序凝固的程度可以用凝固方向上的温度梯度的大小来衡量。微弱的顺序凝固实际意义不大，因为温度梯度应大于某一临界值才能有效地防止缩松的产生。对于不同合金及不同形状的铸件，该值也不相同，以铸钢件为例，板状时为 $0.2 \sim 0.4℃/cm$，杆状为 $1.5 \sim 2℃/cm$；某些宽结晶温度范围的合金铸件，其值达 $5.5 \sim 13℃/cm$。

3.7.2 凝固方向的控制

凝固方向的控制指创造相应的凝固条件以获得顺序凝固或同时凝固。在合金和铸型都已确定的情况下，铸件的结构以及由铸造条件所形成的温度场是决定铸件凝固方向倾向性的主要因素。图 3-29 是由铸件结构决定的顺序凝固。通常，为使铸件实现顺序凝固原则或同时凝固原则，可通过调整浇注系统的引入位置、改变浇注工艺，以及合理应用冒口、冷铁、补贴及保温材料来达到。

同时凝固的优点是铸造应力小、不易产生热裂、节约金属，缺点是铸件不致密，中心往往有缩松，适用于凝固温度范围宽的合金且气密性要求不高的铸件。在许多情况下，同时凝固是必要的。

为了获得同时凝固，可采用以下措施：内浇道开设在铸件薄壁处，大型薄壁件的内浇道应多而小，分布均匀；铸件中过薄的部位采用缓冷措施，如开溢流冒口或溢流槽，也可安放保温材料，而相对厚大的部位以及壁的交接处安放冷铁或激冷能力强的造型材料，以提高冷却速度，还可以采用低温快浇工艺等。图 3-30 是通过调整浇注系统的引入位置以及应用冷铁从而使阶梯形铸件达到同时凝固的。

同时凝固受铸件结构及合金特点制约较大。薄壁件或结晶温度范围大的合金倾向体积凝固时，多采用同时凝固。有些合金如灰铸铁及球墨铸铁，共晶膨胀有利于使铸件致密，可用同时凝固。当铸件的热裂或变形缺陷成为主要问题而难以克服时，往往也采取同时凝固。

习　题

1. 何谓铸件温度场？影响铸件温度场的因素有哪些？研究铸件温度场有何实际意义？

2. 如何绘制凝固动态曲线？凝固动态曲线的意义是什么？能说明哪些问题？

3. 如何应用凝固动态曲线分析铸件的凝固方式？根据铸件的凝固动态曲线能否判断金属液停止流动的过程？

4. 什么是铸型蓄热系数？铸型蓄热系数对铸件凝固方式有何影响？

5. 试分析铸件在砂型、金属型、保温铸型中凝固时的传热过程，并讨论在上述几种情况下影响传热的限制性环节及温度场的特点。

6. 试绘出 L 形、T 形铸件的固相等温线随凝固时间而变化的位置示意图。

7. 试绘出 $w_C = 0.1\%$ 的钢和工业纯铝在砂型铸造条件下的温度场及凝固动态曲线，并说明其特点。

8. 已知某半无限大平板状铸钢件的热物性参数为：热导率 $\lambda = 46.5\text{W}/(\text{m}\cdot\text{K})$，比热容 $c = 460.5\text{J}/(\text{kg}\cdot\text{K})$，密度 $\rho = 7850\text{kg}/\text{m}^3$，取浇注温度为 $1570℃$，铸型的初始温度为 $20℃$。试绘出该铸件在砂型和金属型（铸型壁均足够厚）中浇注后 0.02h 和 0.2h 时刻的温度分布状况，并做分析比较。

9. 试证明纯铁液在熔点浇入纯铝制铸型中，铝铸型内表面不会熔化。已知：铁熔点 $T_m = 1539℃$，热导率 $\lambda = 23.26\text{W}/(\text{m}\cdot\text{K})$，比热容 $c = 921\text{J}/(\text{kg}\cdot\text{K})$，密度 $\rho = 6900\text{kg}/\text{m}^3$；铝熔点 $T_m = 660℃$，热导率 $\lambda = 121.4\text{W}/(\text{m}\cdot\text{K})$，比热容 $c = 1084\text{J}/(\text{kg}\cdot\text{K})$，密度 $\rho = 2315\text{kg}/\text{m}^3$。

10. 何谓铸件凝固系数？受哪些参数影响？影响规律如何？

11. 描绘出下列凝固系统中凝固层厚度与凝固时间的关系曲线：①纯铁液无过热注入砂型；②纯铝液无过热注入砂型；③纯铁液注入 $800℃$ 的保温铸型中；④纯铝液注入石膏型中；⑤试分析影响 $\xi - \sqrt{t}$ 曲线的因素。

12. 用一面为砂型而另一面为某种专用材料制成的铸型铸造厚为 50mm 的铝板，浇注时无过热。凝固后检验其组织，在位于砂型 37.5mm 处发现轴线缩松，计算专用材料的蓄热系数。

13. 在同样条件下浇注平板（$l \times l \times l/4$）、正立方体、正圆柱体和球体等几类质量相同、形状不同的铸件，试比较其凝固时间。

14. 比较同样体积大小的球状、块状、板状及杆状铸件凝固时间的长短。

15. 在下列两种情况下求直径为 100mm 的纯铁球的凝固时间：①无过热，在砂型中凝固；②过热 $100℃$，在砂型中凝固。

16. 已知厚度为 50mm 的板形铸件在砂型中的凝固时间为 6min，在保温铸型中的凝固时间为 20min。如采用复合铸型（即一面为砂型，另一面为保温铸型），欲在切削后得到 47mm 厚的致密板件，铸件厚度至少应为多大？

17. 用砂型铸造一直径为 15cm 的钢锭，钢锭高度远大于其直径。浇注温度为 $1490℃$。设在铸造过程中砂型和钢锭的物性参数保持不变，不考虑热流发散效应。①试利用例 3-3 给出的物性参数，求解钢锭的凝固时间；②分析铸件形状修正前后，铸件凝固时间出现差异的原因。

18. 在砂型中（铸型壁足够厚）铸造尺寸为 $300\text{mm} \times 300\text{mm} \times 20\text{mm}$ 的纯铝板。设铸型初始温度为 $20℃$，浇注后瞬间铸件与铸型界面温度立即升至 $660℃$，且在铸件凝固期间保持不变；浇注温度为 $670℃$。①根据平方根定律计算不同时刻铸件凝固层厚度 ξ 及凝固速度 R，并作出 $\xi - t$ 和 $R - t$ 曲线；②分别用"平方根定律"及"折算厚度法则"计算铸件完全凝固时间 t_f，并分析其差别。纯铝的热物理系数：密度 $\rho = 2.7 \times 10^3\text{kg}/\text{m}^3$，热扩散率 $\alpha = 6.0 \times 10^{-5}\text{m}^2/\text{s}$，热导率 $\lambda = 212\text{W}/(\text{m}\cdot\text{K})$，比热容 $c = 1.2 \times 10^3\text{J}/(\text{kg}\cdot\text{K})$，结晶潜热 $\Delta H = 3.9 \times 10^5\text{J}/\text{kg}$。砂型的热物理系数：密度 $\rho = 1.6 \times 10^3\text{kg}/\text{m}^3$，热扩散率 $\alpha = 2.5 \times 10^{-7}\text{m}^2/\text{s}$，热导率 $\lambda = 0.739\text{W}/(\text{m}\cdot\text{K})$，比热容 $c = 1.84 \times 10^3\text{J}/(\text{kg}\cdot\text{K})$。

19. 从下列三方面讨论折算厚度法则关系式 $t_f = BM^2$：①M、B 和哪些因素有关？物理意义是什么？②上式与实际相符情况怎样？③研究凝固层厚度与凝固时间的关系有何实际意义？

20. 用 Chvorinov 法则计算铸件的凝固时间时有无误差？误差来源于哪几个方面？半径相同的圆柱和球哪个误差大？大铸件与小铸件哪个误差大？金属型和砂型哪个误差大？

21. 试用热流发散效应解释以下现象：①在灰铸铁的棒材或圆柱体铸件中心出现碳化物；②Zn - 4% Al 合金圆柱体铸件心部的枝晶臂间距细化程度反而提高。

22. 铸件凝固时间长短与生产效率密切相关。试分析金属铝和金属镁压铸过程中，哪种金属压铸生产效率更高。其中，铝和镁的结晶潜热分别为 $3.54 \times 10^5\text{J}/\text{kg}$ 和 $2.08 \times 10^5\text{J}/\text{kg}$，密度分别为 $2.69 \times 10^3\text{kg}/\text{m}^3$ 和

$1.74 \times 10^3 \mathrm{kg/m^3}$，熔点分别为 658℃ 和 651℃；室温为 20℃。

23. 有一直径为 100mm 的圆铝棒，5min 后凝固至径向表面下 13mm 处，20min 后凝固至径向表面下 38mm 处。试确定铝棒完全凝固需要多长时间。

24. 铸件凝固方式由哪些因素决定？如何影响其凝固方式？

25. 试阐述金属的凝固方式与铸件质量的关系。

26. 何谓铸件的凝固方向？凝固方向与凝固方式之间有何区别和联系？各是怎样控制的？

凝固形核与晶体生长

　　固态物质按其质点（原子或分子）的聚集形态可划分为晶体、非晶体和准晶体三大类。晶体是由结晶物质构成的、其内部的构造质点呈平移周期性规则排列的固体。其中，在宏观尺度范围内不包含晶界的晶体称为单晶，其内部所有原子排列位向相同，各自的晶体学取向保持基本一致。多晶体是指由两个以上的同种或异种单晶组成的晶体物质。金属通常是由许多位向不同的小单晶（晶粒）组成的，属于多晶体。而准晶体是指不具有平移周期对称性而取向长程有序的晶体。在通常的冷却条件下，几乎所有的熔融金属（包括合金）经过凝固过程都转变成晶体。熔融金属转变成晶体的凝固过程称为金属的结晶（Crystallization）。结晶过程分别经历形核和生长两个阶段，并持续到液相完全转变成固相为止。熔融金属的结晶也称为一次结晶，以区别于固态下的再结晶。

　　铸件凝固后一般得到晶体组织。凝固过程决定着铸件的组织和性能，并影响到结晶过程中的其他伴生现象，如偏析、气体析出、补缩过程、裂纹形成与夹杂等。因此，研究熔融金属的结晶过程和结晶的基本原理，对于优化铸件或铸锭的结晶组织与性能，以及预防某些铸造缺陷的产生都具有十分重要的意义。

　　本章从热力学和动力学的观点出发，通过熔融金属的形核和生长过程，阐述凝固形核与晶体生长的基本规律。

4.1　金属结晶的热力学条件

　　在等温等压或等温等容条件下，系统总是从自由能高的状态自发地向自由能低的状态转变。熔融金属结晶是由近程有序的液相借助于原子在微观尺度范围内的迁移，并堆砌成长程有序的晶态固相的相变过程，是一个降低体系自由能的自发进行的过程。液相金属和固相金属的自由能之差，就是熔融金属结晶的驱动力。

　　根据热力学理论，金属的状态不同，则其自由能也不同。状态的吉布斯自由能 G 为

$$G = H - TS = U + pV - TS \tag{4-1}$$

式中，H 为焓；T 为热力学温度；S 为熵；U 为内能；p 为压力；V 为体积。

　　结晶过程一般在等压下进行，故有

$$\left. \frac{\partial G}{\partial T} \right|_p = -S \tag{4-2}$$

因而状态的吉布斯自由能随着温度的升高而降低，其降低速率取决于熵的大小。

　　设液相和固相的自由能分别为 G_L 和 G_S，则 G_L 和 G_S 随温度而变化的情况如图 4-1 所示。

由于液、固两相的自由能 G 随温度 T 的变化速率不同，G_L 和 G_S 曲线于某一温度 T_m 处相交。当 $T = T_m$ 时，$G_L = G_S$，固、液两相处于平衡状态。T_m 即为平衡结晶温度，即纯金属的熔点。

当 $T > T_m$ 时，$G_L < G_S$，液相处于自由能更低的稳定状态，结晶不可能进行。

当 $T < T_m$ 时，金属液处于过冷状态，过冷度 $\Delta T = T_m - T$。此时 $G_S < G_L$，结晶可能自发进行。这时两相自由能之差 $\Delta G = (G_L - G_S)$ 就构成了相变（结晶）的驱动力。

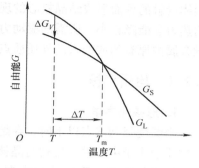

图 4-1　液、固两相自由能随温度的变化示意图

由式（4-1）可知，熔融金属在温度 T 凝固时，由液相向固相转变造成的单位体积自由能变化 ΔG_V 为

$$\Delta G_V = \Delta H - T\Delta S \tag{4-3}$$

式中，ΔH 为凝固潜热；ΔS 为熔化熵。

当液相的实际温度 T 与平衡结晶温度 T_m 相差不大时，可忽略焓与熵随温度的变化，并取 $\Delta S \approx \Delta H / T_m$，则式（4-3）可写为

$$\Delta G_V = \frac{\Delta H \Delta T}{T_m} \tag{4-4}$$

对于给定的金属，ΔH 与 T_m 均为定值，故单位体积液固相变自由能之差 ΔG_V 仅与过冷度 ΔT 有关。过冷度越大，结晶驱动力也就越大；过冷度为零时，驱动力就不复存在。所以熔融金属不会在没有过冷度的情况下结晶。

4.2　形核过程

形核是在过冷金属液中生成晶核的过程，是结晶的初始阶段。在一定过冷度下，由于温度起伏和浓度起伏，熔融金属中的一些原子团或外来质点达到临界尺寸而成为固态质点；当周围原子向上堆砌时将使其自由能进一步降低，这些原子团即成为晶核。在液相产生晶核后，晶核与液相间形成了液 – 固界面，并产生界面自由能。液固界面自由能对形核过程造成能量障碍。

形核的首要条件是液相必须处于过冷状态以提供相变驱动力；其次，需要通过起伏作用克服界面自由能造成的热力学能障，才能形成稳定存在的晶核并确保其进一步生长。熔融金属有两种不同的形核方式，即均质形核和异质形核。

均质形核（Homogeneous Nucleation）是指不借助于任何外来质点，熔融金属仅因过冷，通过自身的结构起伏、浓度起伏和能量起伏形成结晶核心的现象，是在没有任何外来界面的单质过冷熔体中，由液相中的原子团即晶胚自发形成晶核的过程。均质形核又称均匀形核或自发形核。均质形核在熔体各处发生的概率相同。晶核的全部液 – 固界面皆在形核过程中形成。因此热力学能障较大，所需的驱动力也较大。理想熔融金属的形核过程就是均质形核。

异质形核（Heterogeneous Nucleation）是指依附于熔融金属内部的固相质点或者与其他

固体接触的界面形成结晶核心的现象。异质形核也称为非均匀形核或非自发形核。异质形核的热力学能障较小，所需的驱动力也较小。实际金属的形核过程一般都是异质形核，是以熔融金属内原有的或加入的异质质点作为晶核或晶核衬底的形核过程。

4.2.1 均质形核

1. 形核热力学

当温度降到熔点以下时，在熔融金属中存在时聚时散的短程有序原子集团。这些短程有序的原子集团中的原子排列与晶核的规则排列结构相近，可成为均质形核的晶胚。当过冷熔体中出现晶胚时，系统总的吉布斯自由能变化 ΔG 由表面自由能与体积自由能的变化组成，即

$$\Delta G = V \Delta G_V + S\sigma \tag{4-5}$$

式中，V 为晶胚的体积；S 为晶胚与液相的接触面积；ΔG_V 为结晶过程中单位体积自由能的变化；σ 为液 – 固界面自由能。

设均质形核时的晶胚为球状，其半径为 r，液固界面自由能用 σ_{LS} 表示，如图 4-2 所示。则液相中单独形成一个球形晶胚时，系统总的自由能变化 ΔG_{ho} 为

$$\Delta G_{ho} = -\frac{4}{3}\pi r^3 \Delta G_V + 4\pi r^2 \sigma_{LS} \tag{4-6}$$

可见，系统总的自由能变化量 ΔG_{ho} 与晶胚半径 r 有关，随原子集团尺寸的变化而变化，并在半径 r_{ho}^* 处出现极大值（图 4-3）。

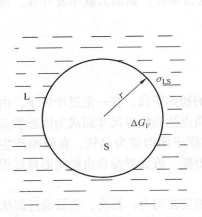

图 4-2 均质形核中的球形晶胚

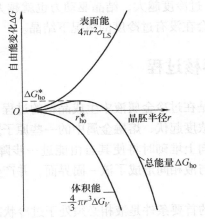

图 4-3 液相中晶胚的表面能和体积自由能以及总自由能随晶胚半径的变化曲线

当 $r < r_{ho}^*$ 时，ΔG_{ho} 随晶胚半径 r 的增大而增大；当 $r > r_{ho}^*$ 时，ΔG_{ho} 随 r 的增大而减小。半径为 r_{ho}^* 的晶胚称为均质形核时的临界晶核，r_{ho}^* 称为临界晶核半径，即在给定过冷度的过冷液相中能够稳定存在的最小晶体颗粒的半径。

临界晶核由过冷熔体中的原子核即晶胚提供。形成临界晶核所需的能量称为临界形核激活能，即临界形核功（简称形核功），用 ΔG_{ho}^* 表示，其值等于与 r_{ho}^* 相对应的总自由能极大值。该值是形成一个可能继续长大的晶核所需克服的激活能。

显然，临界晶核半径 r_{ho}^* 可以通过对式（4-6）求导并令其为零的方法求得

$$r_{ho}^* = \frac{2\sigma_{LS}}{\Delta G_V} = \frac{2\sigma_{LS}T_m}{\Delta H \Delta T} \tag{4-7}$$

将 r_{ho}^* 值代入式（4-6），即得形核功 ΔG_{ho}^*：

$$\Delta G_{ho}^* = \frac{16}{3} \cdot \frac{\pi \sigma_{LS}^3 T_m^2}{(\Delta H \Delta T)^2} \tag{4-8}$$

式（4-7）和式（4-8）说明，对给定的金属来说，临界晶核半径 r_{ho}^* 和临界形核功 ΔG_{ho}^* 均由过冷度 ΔT 决定。ΔT 越小，则 r_{ho}^* 和 ΔG_{ho}^* 越大。当 $\Delta T = 0$ 时，r_{ho}^* 和 ΔG_{ho}^* 均趋于无穷大，此时，任何尺寸的晶胚都不能成为晶核。

根据式（4-7），可以求得球形临界晶核的表面积 S_{ho}^* 为

$$S_{ho}^* = 4\pi \left(r_{ho}^*\right)^2 = 16\pi \left(\frac{\sigma_{LS}T_m}{\Delta H \Delta T}\right)^2 \tag{4-9}$$

据此，形核功 ΔG_{ho}^* 也可以用下式表示

$$\Delta G_{ho}^* = \frac{1}{3}\sigma_{LS}S_{ho}^* \tag{4-10}$$

由式（4-10）可见，形核功等于临界晶核界面能的 1/3，它由能量起伏来提供；而界面能中其余的 2/3 由体积自由能的降低来补偿。形核功即为临界晶核表面自由能和体积自由能的差值。

图 1-2 给出了熔融金属中原子集团的平均尺寸 $\bar{r}$ 和最大尺寸 r_{max} 随温度 T 的变化关系。图 4-4 所示是在图 1-2 基础上增加了临界晶核半径 r_{ho}^* 与温度的关系后得到的。可见，r_{ho}^* 随过冷度增大（温度降低）而变小，而熔体中大小不等的原子集团平均半径 $\bar{r}$ 及最大半径 r_{max} 却随过冷度的增大而增大。

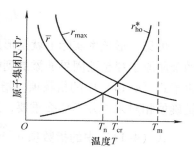

图 4-4　临界过冷度与有效过冷度示意图

r_{max} 曲线与 r_{ho}^* 曲线的交点 T_{cr} 所对应的过冷度即为临界过冷度 ΔT_{cr}。当 $\Delta T < \Delta T_{cr}$ 时，晶胚尺寸均小于临界晶核半径，晶胚不能转变成为晶核；当 $\Delta T = \Delta T_{cr}$ 时，晶胚半径达到临界晶核半径，晶胚有可能转变成为晶核；当 $\Delta T > \Delta T_{cr}$ 时，大于临界晶核半径的晶胚均成为晶核。过冷度越大，则超过 r_{ho}^* 的晶胚数量越多，晶核越多。

$\bar{r}$ 曲线与 r_{ho}^* 曲线的交点 T_n 所对应的过冷度称为有效过冷度 ΔT_n。过冷度达到 ΔT_n 后，晶胚平均半径 $\bar{r}$ 已达到临界晶核半径 r_{ho}^*，开始大量形核。因而，有效过冷度 ΔT_n 是临界晶核大量出现，即大量形核时所需的过冷度。

2. 形核率与形核时间

（1）形核率　形核率是指在一定过冷度下，单位体积金属液中在单位时间内形成的晶核数目。形核率通常用每秒钟产生的晶核数来表示，它代表了金属液的形核能力。显然，形核率与金属液中临界晶核的数目有关。由图 4-3 可知，当临界晶核内的原子数发生增减引起

半径变化时，均会引起系统总的自由能下降。但只有在临界晶核上增加原子使 $r > r_{ho}^*$ 时，才能使临界晶核稳定存在，成为有效晶核并最终生长成晶体；而临界晶核失去原子后会导致其消溶。因此，只有当临界晶核吸附原子的速率 $dn/dt > 0$ 时，临界晶核才能成为有效晶核，其形核率与单个晶核的原子吸附速率 dn/dt 成正比。若单位体积熔体中的临界晶核数为 N_n，则均质形核时的形核率 I_{ho} 可表示为

$$I_{ho} = N_n \frac{dn}{dt} \tag{4-11}$$

单位体积熔体中的临界晶核数 N_n 与形核功 ΔG_{ho}^* 和熔体温度 T 有关。根据有关理论推导结果，N_n 可以表示为

$$N_n = N_V \exp\left(-\frac{\Delta G_{ho}^*}{k_B T}\right) \tag{4-12}$$

式中，N_V 为单位体积熔体中的原子数；k_B 为玻耳兹曼常数。

根据相关理论分析，临界晶核吸附原子的速率 dn/dt 为

$$\frac{dn}{dt} = n_a p \nu \exp\left(-\frac{\Delta G_A}{k_B T}\right) \tag{4-13}$$

式中，n_a 为临界晶核上可供吸附的位置密度；p 为临界晶核表面对原子有效吸附的概率；ν 为熔体中原子的振动频率；ΔG_A 为液态原子通过液固界面时的扩散激活能；T 为熔体温度。

将式（4-12）和式（4-13）代入式（4-11），并令 $K_V = N_V n_a p \nu$，则

$$I_{ho} = K_V \exp\left(-\frac{\Delta G_{ho}^*}{k_B T}\right) \exp\left(-\frac{\Delta G_A}{k_B T}\right) \tag{4-14}$$

可见，形核率实际上就是形成临界晶核所必需的能量起伏（提供形核功）的概率与熔融金属原子穿越液固界面添加到临界晶核上以形成一个稳定晶核的概率组合，其大小主要取决于式（4-14）中的指数项。指数项中自变量的微小变化对形核率 I_{ho} 极其敏感，因此 K_V 的精确值相对来说并不那么重要，通常取 K_V 为常数。

式（4-14）中的指数项 $e^{-\frac{\Delta G_{ho}^*}{k_B T}}$ 关系到临界晶核数 N_n，是相变驱动力的量度，它受形核功 ΔG_{ho}^* 和温度 T 的影响；由式（4-8）可知，ΔG_{ho}^* 与 ΔT^2 呈反比，因此指数项 $e^{-\frac{\Delta G_{ho}^*}{k_B T}}$ 随温度下降而急剧增大。$e^{-\frac{\Delta G_A}{k_B T}}$ 关系到临界晶核吸附原子的速率 dn/dt，是原子可动性的量度，它受原子扩散激活能 ΔG_A 和温度 T 的影响；对于金属结晶来说，ΔG_A 随 ΔT 的变化非常小，因此即使在大的过冷度下，指数项 $e^{-\frac{\Delta G_A}{k_B T}}$ 也很难起到主导作用。因而形核率主要受指数项 $e^{-\frac{\Delta G_{ho}^*}{k_B T}}$ 控制。图 4-5 描述了均质形核率随熔体温度的变化规律。

由图 4-5 可见，当熔体温度由熔点 T_m 下降时，最初因过冷度较小而需要较大的形核功，故形核率很小；随着温度的不断下降而使过冷度变大，这时形核功急剧减小，于是形核率急剧增大；当过冷度大到一定程度时，原子向临界晶核的迁移越来越困难，造成临界晶核吸附原子的速率越来越小。这两种相反的趋势导致形核率在某一温度 T_{max} 时出现极大值 I_{max}。倘若熔体温度过冷到 T_{max} 以下，形核率将随温度的降低而减小。需要指出的是，在通常凝固条件下，形核温度远高于 T_{max}，熔体温度不可能低到足以抑制形核的程度，因而形核率总是随过冷度增大而迅速提高。

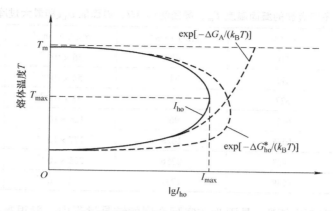

图4-5　形核率与熔体温度的关系

（2）形核时间　形核时间是指单位体积的熔体中形成一个晶核所需的时间。因形核时间与形核率呈反比，从而可根据形核率与温度的关系曲线得到形核时间 t 与熔体温度 T 的关系曲线。将图4-5的横坐标由 $\lg I_{h_o}$ 变成 $\lg t$，即可得到如图4-6所示的 $T-\lg t$ 曲线，也称为等温转变图或形核曲线。图中同时标出了熔体的熔点 T_m 和玻璃化转变温度 T_g。形核曲线和 T_g 线将图4-6分为三个区域：液相区、晶体区和非晶区。

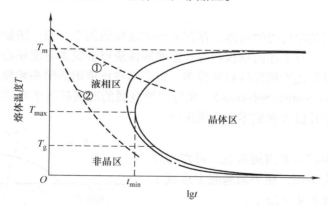

图4-6　形核时间与熔体温度的关系

图4-6表明，存在形核的最短时间 $t_{\min}$，它与最大形核率 $I_{\max}$ 对应，且 $I_{\max}$ 越大，则 $t_{\min}$ 越小。倘若减小形核功，则增大 $I_{\max}$ 而缩小 $t_{\min}$，并且使形核温度向着熔点接近（减小过冷度），从而使曲线向左上方偏移，如图4-6中点画线所示。

熔体以通常的冷却速率冷却时，其冷却曲线①在接近熔点 T_m 的地方与 $T-\lg t$ 曲线相交，这时熔体发生形核，并凝固冷却最终得到固态晶体。但当熔体以很大的冷却速率冷却时，由于其冷却曲线②不能与形核曲线相交，当熔体温度降至玻璃化转变温度 T_g 以下时，熔体黏度很大，最终熔体不经过形核而直接凝固得到非晶态固体。非晶态金属或合金也称为金属玻璃。

3. 均质形核的局限性

克服均质形核过程中的高能量障碍需很大的过冷度。表4-1为当前在不同金属中所得到的最大过冷度。熔体在如此之大的过冷度下的形核过程也不是均质形核过程。

表 4-1　不同金属的凝固温度 T_m、凝固潜热 ΔH、界面能 σ_{LS} 和最大过冷度 ΔT

金属种类	$T_m/℃$	$\Delta H/\text{J} \cdot \text{cm}^{-3}$	$\sigma_{LS}/\text{J} \cdot \text{cm}^{-2}$	$\Delta T/℃$
Ga	30	488	56×10^{-7}	76
Bi	271	543	54×10^{-7}	90
Pb	327	237	33×10^{-7}	80
Ag	962	965	126×10^{-7}	250
Cu	1085	1628	177×10^{-7}	236
Ni	1453	2756	255×10^{-7}	480
Fe	1538	1737	204×10^{-7}	420

均质形核之所以难以实现，是因为在实际金属的结晶过程中一般很难完全排除外来界面的影响，从而无法避免异质形核过程。以提纯后纯度很高的熔融金属为例，假定其中杂质原子的摩尔浓度为 10^{-8} 数量级，则每立方厘米的液体中仍约有 10^{15} 个杂质原子。如果它们都以边长为 1000 个原子的立方体固体质点出现，则在每立方厘米的熔融金属中约有 10^6 个质点。这些固体质点对形核过程起着程度不同的"催化"作用，促使熔融金属在更小的过冷度下进行异质形核，从而使得均质形核过程在一般情况下几乎无法实现。

4.2.2　异质形核

实际的熔融金属是非均质的熔体，存在着许多现成的固态物质，诸如熔体中的夹杂物颗粒、型壁、氧化膜，以及添加的形核剂等。这些固体质点会成为异质核心，使结晶从质点表面开始，因而形核过程比均质形核容易得多。异质形核所依附的固相颗粒或者其他固相的表面称为形核基底（Nucleation Substrate）。实际熔融金属的形核都属于异质形核，金属结晶时的过冷度一般只有十几摄氏度到零点几摄氏度。

1. 形核热力学

设在熔融金属中存在着固相质点，可作为形核基底的质点表面为平面，在平面基底上形成了一个球冠状晶核，如图 4-7 所示。

设 σ_{LS}、σ_{LN} 与 σ_{NS} 分别为液相 - 晶核、液相 - 基底和基底 - 晶核之间的单位界面自由

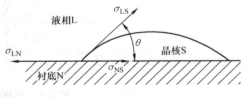

图 4-7　异质形核示意图

能，θ 为晶核与基底之间的润湿角，r 为该球冠对应的圆球半径，也即球冠的曲率半径。当界面能之间处于平衡时，σ_{LS}、σ_{LN} 与 σ_{NS} 之间有如下关系：

$$\sigma_{LN} = \sigma_{NS} + \sigma_{LS}\cos\theta \tag{4-15}$$

在平面基底上形成一个球冠状晶核时，由式（4-5）可知系统总的自由能变化 ΔG_{he} 为

$$\Delta G_{he} = -V_S\Delta G_V + S_{LS}\sigma_{LS} + S_{NS}(\sigma_{NS} - \sigma_{LN}) \tag{4-16}$$

式中，V_S 为球冠状晶核的体积；S_{LS} 为液相与晶核的接触面积；S_{NS} 为基底与晶核的接触面积。

经过简单计算，可知

$$V_S = \frac{\pi r^3}{3}(2 - 3\cos\theta + \cos^2\theta) \tag{4-17}$$

$$S_{LS} = 2\pi r^2 (1 - \cos\theta) \tag{4-18}$$

$$S_{NS} = \pi (r\sin\theta)^2 = \pi r^2 \sin^2\theta \tag{4-19}$$

因此，形成一个球冠状晶核时，系统总自由能变化 ΔG_{he} 可以表示为

$$\Delta G_{he} = \left(\frac{-4\pi r^3}{3}\Delta G_V + 4\pi r^2 \sigma_{LS} \right)\left(\frac{2 - 3\cos\theta + \cos^3\theta}{4} \right) \tag{4-20}$$

令 $f(\theta) = \dfrac{2 - 3\cos\theta + \cos^3\theta}{4}$，并将式（4-20）与式（4-6）对比可知，式（4-20）可以简化为

$$\Delta G_{he} = \Delta G_{ho}f(\theta) \tag{4-21}$$

令 $\dfrac{\partial \Delta G_{he}}{\partial r} = 0$，则可求得异质形核的临界晶核半径 r_{he}^* 为

$$r_{he}^* = \frac{2\sigma_{LS}}{\Delta G_V} \tag{4-22}$$

与式（4-7）比较可知，异质形核和均质形核的临界晶核半径表达式完全相同。将临界晶核半径 r_{he}^* 的表达式代入式（4-20），则可求得异质形核的形核功 ΔG_{he}^* 为

$$\Delta G_{he}^* = \frac{16}{3} \cdot \frac{\pi\sigma_{LS}^3 T_m^2}{(\Delta H\Delta T)^2}f(\theta) \tag{4-23}$$

对比式（4-8）可知，异质形核与均质形核的形核功二者间的关系为

$$\Delta G_{he}^* = \Delta G_{ho}^*f(\theta) \tag{4-24}$$

$f(\theta)$ 是决定异质形核性质的重要参数。$f(\theta)$ 越小，异质形核的形核功就越小，因此形成临界晶核所要求的能量起伏也越小，形核过冷度也就越小。根据 $f(\theta)$ 的定义可知其具体数值取决于润湿角 θ 的大小。由于 $0° \leqslant \theta \leqslant 180°$，因而 $f(\theta)$ 也应在 $0 \sim 1$ 范围内变化。从几何角度考虑，$f(\theta)$ 即为图 4-7 所示的球冠体积与对应的圆球体积之比。

当 $\theta = 180°$ 时，$f(\theta) = 1$，$\Delta G_{he}^* = \Delta G_{ho}^*$。此时，结晶相完全不润湿基底，"球冠"晶核实际上是一个与均质晶核没有任何区别的球体，因此基底不起促进形核的作用，熔融金属只能进行均质形核，形核所需的临界过冷度最大。

当 $\theta = 0°$ 时，$f(\theta) = 0$，$\Delta G_{he}^* = 0$。此时，结晶相与基底完全润湿，球冠晶核已不复存在。基底是现成的晶面，结晶相可以不必通过形核而直接在其表面上生长，故其形核功为零，基底有最大的促进形核作用。

事实上，不存在金属液完全不润湿固体的情况。一般而言，$0° \leqslant \theta < 180°$，$0 \leqslant f(\theta) < 1$，故总有 $\Delta G_{he}^* < \Delta G_{ho}^*$，异质形核比均质形核更易进行。$\theta$ 越小，球冠晶核的相对体积也就越小［参见式（4-17）］，因而所需的原子数也就越少，对应的液相中的原子集团尺寸越小，形核功也越低，异质形核过程也就越易进行。显然，异质形核的临界过冷度 ΔT_{cr} 也随着 θ 的减小而迅速降低，而均质形核则具有最大的临界过冷度。

2. 形核率

异质形核的形核率 I_{he} 的表达式与均质形核的形核率 I_{ho} 的表达式（4-14）在形式上完全相同，即

$$I_{he} = K_u \exp\left(-\frac{\Delta G_{he}^*}{k_B T} \right)\exp\left(-\frac{\Delta G_A}{k_B T} \right) \tag{4-25}$$

式中，K_u 为一些常数项合并的系数。

与均质形核相似，异质形核的形核率主要受式（4-25）中指数项 $e^{-\frac{\Delta G_{he}^*}{k_B T}}$ 的控制，与温度和过冷度密切相关。由于 $\Delta G_{he}^* < \Delta G_{ho}^*$，因而，在一般情况下，总有异质形核率大于均质形核率，即 $I_{he} > I_{ho}$。

结合式（4-14）和式（4-25）可知，异质形核的形核率与均质形核的形核率的影响因素相似，但除了受过冷度和温度的影响外，还受固态杂质的结构、数量、形貌及其他一些物理因素的影响，讨论如下。

（1）过冷度 ΔT　形核率 I_{he} 随过冷度 ΔT 的变化规律与均质形核时相同。形核率先随 ΔT 的增大而增大，当 ΔT 增大到一定值后，形核率又随 ΔT 的增大而减小。但异质形核的形核率 I_{he} 达到最大值时所对应的 ΔT 小于均质形核时所对应的 ΔT。图4-8给出了不同润湿角 θ 时异质形核的形核率与过冷度 ΔT 的关系。在有效过冷度 ΔT_n 范围内，由于形核功数值过大，形核率基本上保持为零；当过冷度达到有效过冷度 ΔT_n 时，晶核几乎以不连续的方式突然出现，然后形核率迅速上升，并且在看不到出现最大值处结晶过程即告结束。

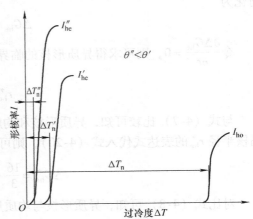

图4-8　形核率 I 与过冷度 ΔT 的变系

当熔融金属中存在多种形核能力不同的基底物质时，过冷度越大，参加异质形核的基底物质越多，同一种基底物质促进形核的能力也越强，故金属液的异质形核能力越强，形核率越高。

（2）润湿角 θ　由于 $\Delta G_{he}^* = \Delta G_{ho}^* f(\theta)$，所以图4-8中 I_{he} 曲线在 I_{ho} 曲线左侧。θ 越小，有效过冷度就越小，I_{he} 曲线就越往左移而接近纵坐标。从图4-8也可看出，异质形核的临界过冷度 ΔT_{cr} 和形核率达到最大值时所对应的 ΔT 均随 θ 的减小而减小；在相同的 ΔT 下，形核率随 θ 的减小而增大。

由式（4-15）可知，润湿角 θ 的大小取决于液相、晶核（结晶相）和基底固相之间界面能的相对大小。如果不考虑温度的影响，对给定的金属而言，σ_{LS} 是一定值，在一般情况下，σ_{LN} 与 σ_{LS} 的值也相近，故润湿角 θ 主要取决于晶核和基底之间界面能 σ_{NS} 的大小。σ_{NS} 越小，基底的异质形核能力就越强。

很明显，σ_{NS} 取决于晶核（结晶相）与基底固相在晶体结构上的相近程度。两个相互接触的晶面结构（原子排列、原子间距、原子大小等）越接近，其界面能就越小。根据界面共格对应理论，在原子排列结构相似的情况下，以点阵错配度 δ 表示晶核（结晶相）的晶格与基底固相晶格的共格情况，即

$$\delta = \frac{|a_N - a_S|}{a_S} \times 100\% \tag{4-26}$$

式中，a_N 和 a_S 分别为形核基底固相与结晶相晶面的原子间距。

点阵错配度 δ 越小，共格情况越好，界面张力 σ_{NS} 就越小，越容易进行异质形核。一般认为，$\delta \leqslant 5\%$ 时，晶核（结晶相）与基底固相之间的界面为完全共格界面，其界面能 σ_{NS} 较低，基底形核的能力强；当 $5\% < \delta < 25\%$ 时，界面部分共格，其界面能稍高，基底具有一定的形核能力；当 $\delta > 25\%$ 时，界面不共格，基底基本上无形核能力。

界面共格对应理论被很多事实所证实，也作为形核剂选择的理论依据之一。形核剂（Nucleant）是加入金属液中能作为晶核，或虽未能作为晶核，但能与液态金属中某些元素相互作用产生晶核或有效形核质点的添加剂。如镁和 α-锆同为密排六方晶格，镁的晶格常数 $a = 0.3209\text{nm}$，$c = 0.5210\text{nm}$，α-锆的晶格常数 $a = 0.3210\text{nm}$，$c = 0.5133\text{nm}$，锆的熔点（1852℃）远高于镁的熔点（650℃），因此 α-锆是镁的非常有效的形核剂。所以，在镁液中加入很少量的锆，就可大大提高镁的形核率，显著细化晶粒。钛和铜虽然晶格结构不同，但钛的密排六方晶格（$a = 0.29506\text{nm}$，$c = 0.4678\text{nm}$）的 $\{0001\}$ 面和铜的面心立方晶格（$a = 0.3615\text{nm}$）的 $\{111\}$ 面具有相似的原子排列方式，其原子间距也相近，因此钛也是铜合金的有效形核剂。VC、TiC、ZrC、NbC 和 W_2C 等碳化物以及 Al_2B 和 TiB_2 等硼化物的密排面与铝的点阵错配度 δ 在 1.4% ~ 14.5% 之间，它们均对铝具有较强的晶粒细化作用。

但也有研究表明，界面共格对应理论具有一定的局限性，选择形核剂的标准也有不符合实际的情况。在某些情况下，影响异质形核的其他因素，如 σ_{LN} 与 σ_{LS} 的大小、形核剂的稳定性，以及表面的几何形状和粗糙度等可能起着更大的作用。例如，Ag 与 Sn 的 δ 值比 Pt 与 Sn 的 δ 值小，但是 Pt 可以作为 Sn 的形核剂，Ag 却不能。所以错配度 δ 不能作为选择形核剂的唯一标准。目前，形核剂的选用往往还要通过试验研究来最终确定，工业上的有效形核剂都是通过试验而获得的。

（3）界面的几何形状　基底的异质形核能力除其与结晶相之间的润湿角 θ 的大小有关外，还与其表面的几何形状有关。图 4-9 所示为曲率半径和润湿角相同的条件下，基底形状对异质形核能力的影响。可见，在三种形状不同的基底上形成的晶核体积不同，相对应的晶核中的原子数也不同。显然，凸面上形成的晶核体积最大，原子数最多，而平面次之，凹面上最少。可见即使是同一种物质的基

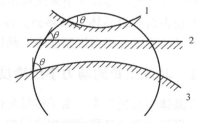

图 4-9　基底形状对异质形核能力的影响
1—凹面基底　2—平面基底　3—凸面基底

底，凹面基底的形核能力比平界面基底强，平面基底的形核能力又比凸面基底强。对凸面基底而言，其异质形核的能力随界面曲率的增大而减小；对于凹面基底，则随界面曲率的增大而增大。

（4）过热度　异质核心的熔点比熔融金属的熔点高。当熔融金属的过热度较大时，可能会改变异质核心的表面状态，使异质形核的核心数目减少。当过热度很大时，熔融金属的温度接近甚至超过异质核心的熔点时，异质核心将会熔化或使其表面的活性消失，失去了夹杂物应有的特性，从而减少了活性夹杂物的数量，使异质形核转变为均质形核，形核率则大大降低。

（5）熔体对流和振动　凝固过程中的熔体对流或振动可使正在生长着的晶体枝晶产生破碎或熔断，在熔体中形成大量与结晶相为同相晶体的游离晶，因而可作为新生晶粒的现成

晶核，从而使结晶核心增多；同时游离晶表面没有能削弱润湿效果的氧化膜。因而熔体对流和振动对促进形核非常有效。在钢的连续铸造时施加电磁搅拌就是利用这一原理。

振动还可有效地破坏金属液表面的氧化膜，使金属液与铸型直接接触，从而使铸型的异质形核作用得以发挥，产生可成为结晶核心的大量激冷游离晶。

【例 4-1】 铜为面心立方结构，其晶格常数 a 为 $3.615 \times 10^{-8} cm^3$。试计算均质形核时铜的临界晶核半径和临界晶核中的原子数。试根据计算结果，分析在推导式（4-7）的临界晶核半径时所做假设的局限性。

由表 4-1 可知，铜的熔点 T_m 为 1085℃，结晶潜热 ΔH 为 $1628 J/cm^3$，液固界面能 σ_{LS} 为 $177 \times 10^{-7} J/cm^2$，均质形核时的典型过冷度 ΔT 为 236℃。利用式（4-7）经过简单计算可知临界晶核半径 r_{ho}^* 为 $12.51 \times 10^{-8} cm$，对应的临界晶核体积 V_{ho}^* 为 $8200 \times 10^{-24} cm^3$。

由于铜为面心立方结构，晶胞体积 $V_c = a^3 = 47.24 \times 10^{-24} cm^3$，每个面心立方晶胞中的原子数是 4。则临界晶核中含有原子数 $n_{ho}^* = 4 \times \dfrac{V_{ho}^*}{V_c} = 696$。

可见，典型的临界晶核中只含有几百个原子。而在推导式（4-7）时假设晶核的特性及其物理参数与宏观晶体的相同。严格来说这种假设与实际情况并不相符，这也是经典形核理论的不足之处。

4.3　生长过程

晶核形成以后，要通过生长完成其结晶过程。晶体生长是液相原子不断向晶体表面堆砌的过程，也是液固界面不断向液相中推移，完成最终凝固的过程。晶体生长时，原子向上堆砌的生长表面称为晶体生长界面，即液固界面，又称为凝固界面（Solidification Interface）。液相原子的堆砌方式与堆砌速率、晶体生长的驱动力大小和液-固界面的结构有关。

4.3.1　晶体生长的动力学过冷度

在晶体生长过程中，由于能量起伏，在液-固界面处始终存在两种方向相反的原子迁移运动，即固相原子迁移到液相中的熔化过程和液相原子迁移到固相中的凝固过程。单位面积液-固界面处熔化过程的原子迁移速率 $(dn/dt)_m$ 和凝固过程的原子迁移速率 $(dn/dt)_f$ 可以分别表示为

$$\left(\frac{dn}{dt}\right)_m = N_S p_S p_m \nu_S e^{-\frac{\Delta G_A + \Delta G_V}{k_B T_i}} \tag{4-27}$$

$$\left(\frac{dn}{dt}\right)_f = N_L p_L p_f \nu_L e^{-\frac{\Delta G_A}{k_B T_i}} \tag{4-28}$$

式中，N_S 和 N_L 分别为单位面积界面处固、液两相的原子数，对于金属的凝固，通常 $N_S \approx N_L = N$；p_S 和 p_L 分别为固、液两相中每个具有足够能量的原子跳向界面的概率，一般地，$p_S = p_L = 1/6$；p_m 和 p_f 分别为原子到达界面后不因弹性碰撞而被弹回的概率，通常 $p_m \approx 1$，$p_f \leqslant 1$；ν_S、ν_L 分别为界面处固、液两相原子的振动频率，$\nu_S \approx \nu_L = \nu$；$\Delta G_A$ 为液相原子越过界面时所需的扩散激活能；ΔG_V 为一个液相原子与一个固相原子所具有的平均体积自由能之差［参见式（4-4）］；k_B 为玻耳兹曼常数；T_i 为液固界面的温度。

图 4-10 所示为熔化速率、结晶速率与之间的关系。可见，在平衡熔点 T_m 处，熔化过程的原子迁移速率 $(dn/dt)_m$ 与凝固过程的原子迁移速率 $(dn/dt)_f$ 相等，生长不能进行。

显然，只有当凝固过程的原子迁移速率高于熔化过程的原子迁移速率时，晶体才能生长，且晶体生长速度 R 应与其差值 $(dn/dt)_f - (dn/dt)_m$ 呈正比，即

$$R \propto \frac{1}{6} N \nu e^{-\frac{\Delta G_A}{k_B T_i}} \left(p_f - e^{-\frac{\Delta G_V}{k_B T_i}} \right) \quad (4-29)$$

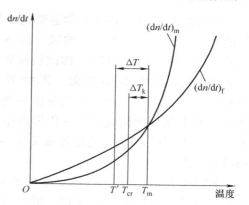

图 4-10　熔化速率、结晶速率与温度之间的关系

由此可见，只有当 $p_f > e^{-\frac{\Delta G_V}{k_B T_i}}$，即 $\Delta G_V > (-\ln p_f) k_B T_i$ 时，才有 $R > 0$。也就是说，只有当液-固界面处于过冷状态且使相变驱动力 ΔG_V 大于 $(-\ln p_f) k_B T_i$ 时，晶体才能生长。与 $\Delta G_V = (-\ln p_f) k_B T_i$ 所对应的过冷度 $\Delta T_k = T_m - T_{cr}$［由式（4-4）确定］为晶体生长所必需的过冷度，称为动力学过冷度。金属晶体生长的动力学过冷度 ΔT_k 一般为 $0.01 \sim 0.05$℃，而非金属晶体生长的动力学过冷度 ΔT_k 一般为 $1 \sim 2$℃。

液固界面温度 $T_i = T'$ 时，界面过冷度 $\Delta T = T_m - T'$，此即晶体生长时的实际动力学过冷度。显然，只有 $\Delta T > \Delta T_k$ 时，晶体才能以一定的速度生长；生长速度受实际过冷度的支配，同时与液-固界面的微观结构以及晶体的生长机理密切相关。

4.3.2　液-固界面的微观结构

在液-固界面上，存在由多层原子构成的界面层。从原子尺度来看，液-固界面的微观结构可分为两大类，即粗糙界面和光滑界面。

粗糙界面：凝固界面层的点阵位置只有 50% 左右被固相原子占据。这些原子散乱地随机分布在液-固界面上，形成一个坑坑洼洼、凹凸不平的界面层（图 4-11a），液相与固相之间没有一个十分明确的边界，故粗糙界面又称为弥散型界面。

光滑界面：凝固界面层上的点阵位置几乎全部为固相原子所占据，只留下少数空位，从而形成了一个总体上平整光滑的液-固界面（图 4-11b），液相与固相之间具有明确的边界。因此光滑界面又称平整界面、分离型界面或突变型界面。

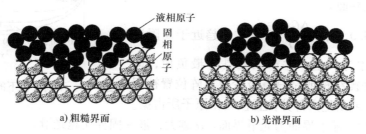

液相原子
固相原子

a) 粗糙界面　　　　　　　b) 光滑界面

图 4-11　液-固界面的微观结构

从宏观上来看（如在光学显微镜下），粗糙界面（图4-12a 下图）的液－固界面是平滑的（图4-12a 上图）；因此粗糙界面又称非小晶面或非小平面。光滑界面（图4-12b下图）从宏观上来看是由一些轮廓分明的小晶面所构成，液－固界面呈锯齿状（图4-12b 上图）。光滑界面又称小晶面或小平面。

凝固生长时，液－固界面结构不同，其生长方式及晶体形态也不同。根据杰克逊的界面微观结构理论，液－固界面的平衡结构应是界面吉布斯自由能最低的结构。如果在光滑界面上随机地添加固相原子而使液－固界面粗糙化时，其界面吉布斯自由能 ΔG_S 的变化为

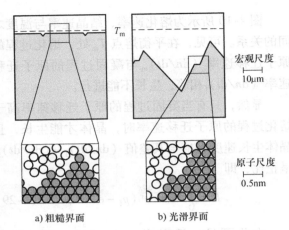

图4-12　宏观尺度与原子尺度下的液－固界面结构示意图

$$\frac{\Delta G_S}{Nk_B T_m} = \alpha x(1-x) + x\ln x + (1-x)\ln(1-x) \tag{4-30}$$

其中，

$$\alpha = \left(\frac{\Delta H}{k_B T_m}\right)\left(\frac{\eta}{\upsilon}\right) \approx \left(\frac{\Delta S_m}{R}\right)\left(\frac{\eta}{\upsilon}\right) \tag{4-31}$$

式中，N 为液－固界面上可供原子占据的全部位置数；x 为在全部位置上被固相原子占据位置的分数，$x = N_A/N$，其中 N_A 为液－固界面被固相原子占据的位置数；ΔH 为单个液相原子的结晶潜热；R 为气体常数；ΔS_m 为熔化熵；υ 为晶体内部一个原子的近邻数，即配位数；η 为原子在界面层内可能具有的最多近邻数。

根据式（4-30），可以做出不同的 α 值时，$\frac{\Delta G_S}{Nk_B T_m}$ 与 x 之间的关系曲线，如图4-13 所示。可见，曲线形状随着 α 的不同而变化。

1）当 $\alpha \le 2.0$ 时，$\frac{\Delta G_S}{Nk_B T_m}$ 为负值，且在 $x = 0.5$ 处具有最负值，即液－固界面的平衡结构应有50%左右的点阵位置为固相原子所占据。因此，$\alpha \le 2.0$ 时，液固－界面为粗糙界面。

2）当 $\alpha \ge 5.0$ 时，$\frac{\Delta G_S}{Nk_B T_m}$ 只有在 x 趋近于 0 附近及接近 1 附近才为负值，并在某处具有最负值，即液－固界面的平衡结构或是只有极少数点阵位置被固相原子所占据，或是绝大部分位置被固相原子所占据。因此，$\alpha \ge 5.0$ 时，液－固界面为光滑界面。α 越大，液－固界面越光滑。

3）当 $2.0 < \alpha < 5.0$ 时，$\frac{\Delta G_S}{Nk_B T_m}$ 在偏离 $x = 0.5$ 处一定距离的两侧为负值，且在距离 $x = 0$

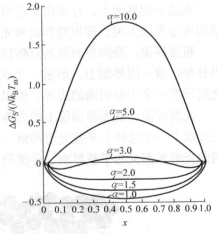

图4-13　不同 α 值下的 $\frac{\Delta G_S}{Nk_B T_m} - x$ 曲线

和 $x = 0.5$ 一定距离处具有最负值，即液－固界面的平衡结构或是小部分点阵位置被固相原子所占据，或是大部分位置被固相原子所占据。此时，液－固界面为混合型界面。

可见，参数 α 的大小可作为液－固界面微观结构的判据。由式（4-31）可知，α 由 $\dfrac{\Delta S_m}{R}$ 和 $\dfrac{\eta}{\nu}$ 两项因子构成。$\dfrac{\Delta S_m}{R}$ 取决于系统两相的热力学性质，由熔化熵所决定。$\dfrac{\eta}{\nu}$ 称为界面取向因子，反映了晶体在结晶过程中的各向异性，其大小与晶体结构及界面处的晶面取向有关，其值小于 1。密排面的 $\dfrac{\eta}{\nu}$ 比非密排面的要大。对于绝大多数结构简单的金属晶体来说，$\dfrac{\eta}{\nu} \leqslant$ 0.5；对于结构复杂的非金属、亚金属和某些化合物晶体来说，$\dfrac{\eta}{\nu}$ 可能大于 0.5。

绝大多数金属的熔化熵均小于 2。因此，α 值也必小于 2，故在其结晶过程中，液－固界面是粗糙界面。多数无机化合物的 α 值大于 5，结晶时其液－固界面为由基本完整的晶面所组成的光滑界面。铋、铟、锗、硅等亚金属的 α 值在 $2 \sim 5$ 之间，情况则介于两者之间，这时 $\dfrac{\eta}{\nu}$ 的大小对界面类型起着决定性的作用。如硅的 $\{111\}$ 面取向因子最大 $\left(\dfrac{\eta}{\nu} = \dfrac{3}{4}\right)$，$\alpha = 2.67$，如以该面作为生长界面则为平整界面，而在其余情况下皆为粗糙界面。所以这类物质结晶时，其液－固界面往往具有混合结构。

需要指出的是，实际的凝固过程往往是非平衡的，晶体生长的液－固界面微观结构不仅与热力学因素及晶面属性有关，还会受到其他动力学因素的影响，如凝固过冷度及结晶物质在液体中的浓度等。

4.3.3 液－固界面的生长机理和生长速度

根据液－固界面微观结构的不同，晶体可以通过多种不同的机理进行生长。晶体生长速度受过冷度的支配，但它们之间的依赖关系却随生长机理的不同而不同。因此，生长动力学规律与界面的微观结构及其具体的生长机理密切相关。

1. 粗糙界面的连续生长

如前所述，粗糙界面是一种各向同性的非晶体学的弥散型界面。界面处始终存在着 50% 左右随机分布的空闲位置（图 4-11）。这些空闲位置构成了晶体生长所必需的台阶，从而使得液相原子能够连续、无序而等效地往上堆砌。进入台阶的原子由于受到较多固相近邻原子的作用，因此比较稳定，不易脱落或弹回，于是液－固界面便连续、均匀地生长，且生长方向与液固界面相垂直。因此这种生长被称为连续生长（Continuum Growth），也称为垂直生长或正常生长。

连续生长时，晶体生长速度 R 与界面过冷度 ΔT 成正比，即

$$R = \mu_1 \Delta T \tag{4-32}$$

$$\mu_1 = \frac{D_L \Delta S_m}{aRT_m} \tag{4-33}$$

式中，D_L 为液相中原子的扩散系数；a 为当界面上增加一个原子时，液－固界面向前推进的距离。

连续生长过程能障较小，易为较小的动力学过冷所驱动，并能得到较高的生长速度。连

续生长时的动力学过冷度 $\Delta T_k \approx 10^{-4} \sim 10^{-2}$ K。

连续生长时晶体生长速度 R 与界面过冷度 ΔT 的关系曲线如图 4-14 所示。当扩散系数 D_L 与温度无关时，μ_1 为常数，$\mu_1 = 10^{-2} \sim 10^{0}$ m/(s · K)。此时，生长速度与过冷度呈线性关系，在很小的过冷度下就可以获得极高的生长速度，一般金属多属于这种情况。当 D_L 随温度改变较大时，生长速度在一定过冷度下增加到极大值，然后随过冷度增大而减小（图 4-14 中虚线）。非金属黏性液体如氧化物、有机物等多属于这种情况。

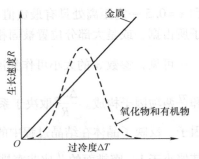

图 4-14　连续生长时晶体的生长速度与界面过冷度的关系曲线

2. 完整光滑界面的二维形核生长

完整光滑界面具有很强的晶体学特性，一般都是特定的密排面。晶面内原子排列紧密，结合力较强。由于界面缺少现成的台阶，液相中的原子在晶面上直接堆砌很困难。堆砌上去的原子也很不稳定，极易脱落或弹回。完整光滑界面利用二维晶核的方法进行生长。如图 4-15 所示，首先通过在平整光滑的界面上形成二维晶核而产生台阶，然后通过原子在台阶上的堆砌而使生长层沿界面横向铺开。当长满一层后，界面就前进了一个晶面间距 a。此后又必须借助于二维形核产生新的台阶，新一层才能开始生长，如此重复形核和侧向生长。所以

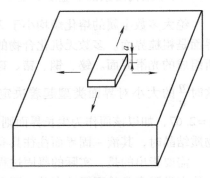

图 4-15　二维形核生长示意图

这种生长是不连续的，故二维形核生长（Two - Dimensional Disc - Shaped Nucleus Growth）又称为侧面生长或不连续生长。

二维形核生长时，晶体生长速度 R 与界面过冷度 ΔT 的关系为

$$R = \mu_2 e^{-\frac{b}{\Delta T}} \tag{4-34}$$

式中，μ_2 和 b 均为动力学系数。

指数项对 ΔT 的变化极其敏感，μ_2 的精确值相对来说不那么重要，因此，可忽略 ΔT 对 μ_2 的影响，而将 μ_2 和 b 均看成常数。

二维形核生长过程能障较大，生长过程需要较大的动力学过冷来驱动，生长速度也比连续生长时的低。二维形核生长时的动力学过冷度 ΔT_k 为 $1 \sim 2$ K，至少是连续生长所必需的动力学过冷度的一百余倍。当界面过冷度 $\Delta T < \Delta T_k$ 时，其生长速度几乎为零，表明晶体生长在小过冷度下不能进行。当过冷度超过 ΔT_k 后，生长速度随过冷度的增大而迅速增大。继续增大过冷度到一定数值后，其生长速度随过冷度的变化规律变得与连续生长时的相同，晶体的生长由二维形核生长方式变为连续生长方式。

3. 从缺陷处生长——非完整光滑界面的生长

二维形核生长是对理想的完整光滑界面而言的。光滑界面上的晶体缺陷，如位错和孪晶形成的台阶（图 4-16），也可为界面不断地提供生长台阶，台阶在生长过程中不会消失。因而，在通常情况下，光滑界面晶体的生长速度比按二维形核方式生长的晶体快得多。很多合金中的非金属相都是通过该机理进行生长的。

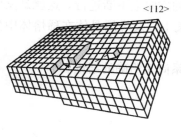 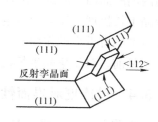

a) 螺型位错及其生长台阶　　　　b) 旋转孪晶及其生长台阶　　　　c) 反射孪晶及其生长台阶

图 4-16　晶体缺陷提供的生长台阶及晶体生长方式示意图

（1）螺型位错生长（Growth by Screw Dislocation）　当生长着的光滑界面上存在螺型位错露头时，就在生长界面上形成台阶（图 4-16a）。通过原子在台阶上的不断堆砌，晶面便围绕位错露头而沿侧面旋转生长，从而在晶体表面上形成螺旋形的蜷线。螺旋式的台阶在生长过程中不会消失。这样就避免了二维形核的必要性，从而大大地减小了生长过程中的能障，并使生长速度加快。

螺型位错生长时，晶体生长速度 R 与界面过冷度 ΔT 之间呈抛物线关系，即

$$R = \mu_3 (\Delta T)^2 \tag{4-35}$$

式中，μ_3 为动力学系数，其大小与界面位错台阶密度有关。通常 $\mu_3 \approx 10^{-6} \sim 10^{-4}$ m/(s·K)。

可见，螺型位错生长时，晶体生长速度与界面过冷度的平方呈正比。当过冷度较小时，生长速度随过冷度的增大而缓慢增大；当过冷度增大到一定数值后，生长速度随过冷度的增大而快速增大。但当过冷度相当大时，超过一临界值后，其生长速度曲线与连续生长的速度曲线相重合，如图 4-17 所示。图中①、②、③三条曲线分别表示位错台阶密度由高到低时引起界面微观"粗糙度"的差别而使生长速度有所不同。位错台阶密度越大时，螺型位错台阶生长与连续生长在相同过冷度下的生长速度差别越小，由螺型位错台阶生长变为连续生长方式的过冷度也越小。当位错台阶很密时（曲线

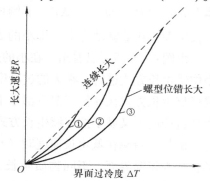

图 4-17　螺型位错生长的
生长速度变化曲线

①），实际生长界面的"粗糙度"已较高，接近于连续生长方式。

（2）孪晶生长　旋转孪晶一般容易产生在层片状结晶的晶体中。在石墨晶体的生长中起着重要的作用。石墨晶体具有以六角形晶格为基面的层状结构，基面之间的结合较弱。在结晶过程中原子排列的层错如同使上下层之间产生了一定角度 α 的旋转，构成了旋转孪晶，如图 4-16b 所示。孪晶的旋转边界上存在着许多台阶可供碳原子堆砌，使石墨晶体沿着侧面 $[10\bar{1}0]$ 方向生长而成为片状。这就是旋转孪晶生长机理（Growth Mechanism by Twin）。

由反射孪晶面构成的凹角也是晶体生长的一种台阶源。图 4-16c 所示为面心立方晶体反射孪晶面与生长界面相交时，由孪晶的两个（111）面在界面处构成凹角的情况。此凹角为晶体生长提供了现成的台阶，且凹角始终存在。液相原子可以直接在凹角沟槽的根部向孪晶

面两侧的晶面上堆砌，从而保证了生长能够在与孪晶面平行的方向上不断进行。这就是反射孪晶生长机理。反射孪晶生长机理在 Ge、Si 和 Bi 晶体的生长中以及金属晶体在稀熔体中生长时都具有重大的作用。

目前，对于孪晶生长机理的生长速度与界面过冷度的关系尚无明确的结论。

4.3.4　过冷度对界面性质及动力学过程的影响

由前文讨论可见，晶体的生长界面微观结构、生长机理及其动力学规律不仅与热力学参数 α 有关，而且还受到界面动力学过冷度的影响。图 4-18 所示为对连续生长、螺型位错生长和二维形核生长三种生长机理的生长速度与界面过冷度之间关系的比较。生长速度最快的是粗糙界面的连续生长，螺型位错生长的速度小于前者，二维形核生长的速度最低。当界面过冷度增大到一定数值后，界面结构实际已经成为粗糙界面，因而螺型位错生长、二维形核生长与连续生长的动力学规律趋于一致，于是生长机理便从二维形核生长过渡到连续生长。这表明，晶体在高驱动力（即大的 ΔT）下倾向于粗糙界面的生长机理，在低驱动力下（即小的 ΔT）则倾向于光滑界面的生长机理。

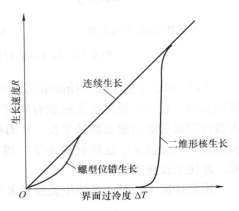

图 4-18　三种晶体生长机理的
生长速度与界面过冷度的关系

由图 4-18 还可以看出，在小的过冷度下，具有光滑界面结构的物质，其生长易于按螺型位错生长方式进行；在大的过冷度下，其生长变为按粗糙界面的连续生长方式进行；而二维形核生长方式在任何情况下都是不可能的。原因是在小的过冷度下二维晶核难以形成，在大的过冷度下又易于按连续生长方式进行。因而，晶体实际生长一般很少按二维形核机制进行。例如，白磷在低生长速度时（小过冷度 ΔT）为光滑界面，在生长速度增大到一定值时却转变为粗糙界面。不同物质生长方式转变时，存在不同的过冷度临界值，当 α 接近于 2 时，这种转变容易通过试验观察到；α 值越大的物质其临界过冷度越大，转变就越不易进行。试验表明，在一般的铸件凝固速度所能达到的过冷度范围内，ΔT 的变化对熔融金属结晶过程中晶体生长动力学规律影响不大，因此在这种情况下判据 α 仍然有效。

此外，熔融熵值较大的物质，其液－固界面为光滑界面，由于其生长方向强烈的各向异性，在较小过冷度下长大的晶体往往为粗大板条状或多角形的特定形态，这些形态会使材料的力学性能变差。为此，可以通过增大过冷度，使其凝固按连续生长方式进行，使晶体获得细小球状或粒状形态，从而达到改善材料力学性能的目的。

4.3.5　晶体的生长方向和生长界面

晶体的生长方向和生长界面的特性与界面的性质有关。粗糙界面是各向同性的非晶体学界面，液相原子在界面各处堆砌的能力相同；因此在相同的过冷度下，界面各处的生长速度均相等。晶体的生长方向与热流方向相平行；在显微尺度下有着光滑的生长表面，由于存在微弱的生长各向异性，致使晶体在特定的晶体学方向上形成枝晶臂，如图 4-19a 所示。因而，在原子尺度上，原子在粗糙界面上堆砌的晶体生长方式也称为非小平面型生长（Non-faceted Growth）。大多数金属晶体的生长属于非小平面型生长。

光滑界面具有很强的晶体学特性。由于不同晶面族上原子密度和晶面间距的不同，故液相原子向上堆砌的能力也各不相同。因此在相同的过冷度下，各簇晶面的生长速度也必然不同。一般而言，液相原子比较容易向排列松散的晶面（高指数晶面）上堆砌，因而在相同的过冷度下，生长速度有明显的各向异性，松散面的生长速度比密排面（低指数晶面）的生长速度快。这样生长的结果是快速生长的松散面逐渐消失，晶体表面逐渐被生长最慢的密排面覆盖（图 4-20）。故在显微尺度下，晶体的生长表面由一些棱角分明的密排小晶面组成（图 4-19b）。由于密

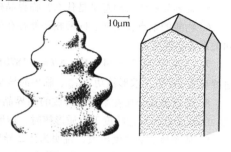

a) 粗糙界面　　　　b) 光滑界面

图 4-19　不同固 - 液界面结构
的晶体宏观形态

排面的侧向生长速度最大，因此当过冷度不变时，晶体的生长方向是由密排面相交后的棱角方向所决定的。因而，在原子尺度上，原子在光滑界面上堆砌的晶体生长方式也称为小平面型生长（Faceted Growth）。光滑面是晶体的密排面。

由于低指数面一般都是生长最慢的面，因此，它们决定着晶体的生长特性。图 4-21 所示为立方晶体的光滑界面晶体生长形态的演变过程。立方晶体开始时以（100）晶面为外表面生长。不同晶面的生长特性差异会使晶体结构呈现出不同的生长形态。当（111）面生长最慢时，晶体将会变成以（111）面为外表面生长（图 4-21a）。当（110）面生长得最慢时，将会形成菱形十二面体（图 4-21b）。

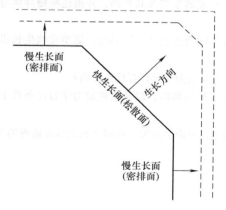

图 4-20　光滑界面晶体生长表面
逐渐被密排面覆盖的过程

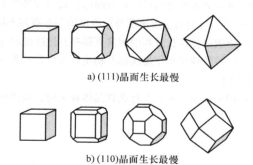

a)(111)晶面生长最慢

b)(110)晶面生长最慢

图 4-21　立方晶体的光滑界面
晶体生产形态的演变过程

习　　题

1. 何谓熔融金属的结晶？它对铸件质量有何影响？
2. 为什么等压时物质自由能 G 随温度上升而下降？为什么液相自由能 G_L 随温度变化的曲线斜率大于

固相自由能 G_S 随温度变化的曲线斜率？

3. 结合图 4-1 及式（4-4）说明过冷度 ΔT 是影响凝固相变驱动力 ΔG 的决定因素。

4. 结合图 4-3 解释临界晶核半径 r_{ho}^* 和形核功 ΔG_{ho}^* 的含义。为什么形核要有一定的过冷度？

5. 临界晶核的物理意义是什么？临界晶核半径与过冷度的定量关系如何？

6. 物质的熔点就是液、固两相平衡存在的温度。试从这个观点出发，阐述式（4-7）中的 r_{ho}^* 与 ΔT 之间关系的物理意义。

7. 已知 Ni 的 $T_m = 1453℃$，$\Delta H = -1870 J/mol$，$\sigma_{LS} = 2.25 \times 10^{-5} J/cm^2$，摩尔体积为 $6.6 cm^3$，设最大过冷度为 $319℃$，求形核功 ΔG_{ho}^*、临界晶核半径 r_{ho}^* 和临界晶核中所含的原子数。

8. 假设液体金属在凝固时形成的临界晶核是边长为 a 的立方体：①求均质形核时的 a 与 ΔG_{ho}^* 的关系式；②证明在相同过冷度下均质形核时，球形晶核比立方形晶核更易形成。

9. 从形核功的角度出发，说明为什么异质形核比均质形核容易？影响异质形核的主要因素是什么？

10. 试分别从临界晶核半径、形核功两个方面阐述外来基底的湿润能力对临界形核过冷度的影响。

11. 试述均质形核与异质形核有何联系与区别。

12. 基底曲率对异质形核过程有何影响？

13. 熔融金属形核率曲线有什么特点？如何理解曲线的特点？在实际的异质形核过程中，曲线特点又有哪些变化？

14. 界面共格理论的主要内容是什么？局限性是什么？原因何在？

15. 什么样的界面才能成为异质结晶核心的基底？

16. 怎样从相变理论理解金属结晶过程中的形核、生长机理？

17. 根据液 - 固界面的微观结构，可将液 - 固界面分成哪两类？它们的生长界面和生长方向各有什么特点？

18. 从原子尺度看，决定液 - 固界面微观结构的条件是什么？各种界面结构与其生长机理和生长速度之间有何联系？

19. 讨论两类液 - 固界面结构（粗糙界面和光滑界面）形成的本质及其判据，并阐述粗糙界面与光滑界面间的关系。

20. 液 - 固界面结构如何影响晶体生长方式和生长速度？同为光滑液 - 固界面，螺型位错生长机制和二维晶核生长机制的生长速度与过冷度的关系有何不同？

21. 影响晶体生长过程的因素有哪些？过冷度对界面性质及动力学过程有什么影响？

22. 比较铸铁中初生奥氏体及初生石墨生长过程中各向异性的倾向，以及仅在动力学过冷条件下的各自生长方向。

23. 用平面图表示，为什么在晶体长大时，快速长大的晶体平面会消失，而留下长大速度较慢的平面？

第 5 章

合金的凝固

第 4 章所讨论的凝固形核及晶体生长的内容多以纯金属为对象，但在铸造生产及金属凝固研究中，涉及对象大多为合金。按照液态金属结晶过程中晶体形成的特点，合金可分为单相合金和多相合金两大类。单相合金是指在一次结晶过程中只析出一个固相的合金，如固溶体、金属间化合物等。纯金属结晶时析出单一成分的单相组织，可视作单相合金结晶的特例。多相合金是指在一次结晶过程中同时析出两个以上新相的合金，如具有共晶、包晶或偏晶转变的合金等。

除纯金属外，单相合金的结晶过程一般是在一个固、液两相共存的温度区间内完成的。在区间内的任一温度，共存两相都具有不同的成分。因此，结晶过程必然要导致凝固界面处固、液两相溶质成分的分离；同时，由于界面处两相成分随着温度的降低而变化，故晶体生长与传质过程必然相伴而生。这样，从形核开始直到凝固结束，在整个结晶过程中，溶质元素在液、固两相中不断进行着重新分布。这种由于凝固界面的溶质分凝，以及固相和液相中的溶质扩散造成的晶体中成分的非均匀分布现象称为溶质再分配（Solute Redistribution）。溶质再分配对结晶过程影响极大，决定着界面处固、液两相成分变化的规律；与液相中的温度分布一样，也是控制晶体生长行为的重要因素。

合金凝固组织大多为多相组织，多相合金的凝固也通常是从单相固溶体开始的。为了深入理解凝固组织的形成过程，本章以溶质再分配作为出发点和基础，讨论单相合金和多相合金的凝固过程。

5.1 单相合金的平衡凝固

5.1.1 平衡分配系数

单相合金凝固过程中，由于溶质再分配，凝固界面两侧液、固两相的成分与原来母相熔体的成分不同。在液 - 固界面上，溶质元素在固相一侧的浓度与在液相一侧的浓度的比值即为分凝系数（Solute Partition Coefficient），又称为分凝因数，通常用 k 表示。

如果在合金凝固的每一阶段，固、液两相都能通过充分传质而使成分始终完全均匀，则合金的凝固过程完全按照平衡相图所示的规律进行，液相成分沿液相线（Liquidus）变化，固相成分沿固相线变化。这种凝固过程称为平衡凝固。显然，平衡凝固时，在凝固过程中的任何时刻，凝固体系中的所有相均处于热力学平衡状态。平衡凝固是在接近平衡凝固温度的低过冷度下进行的凝固过程，发生于凝固速度极端缓慢的情形下。其凝固组织几乎完全按照平衡相图预测的规律变化，溶质也可以充分地扩散。

如图 5-1 所示，以成分为 C_0 的合金为例，假定液、固相线均为直线，在任一固液界面温度 T^* 下，处于平衡的液、固两相中溶质浓度之比为常数，即

$$k_0 = \frac{C_S}{C_L} \tag{5-1}$$

式中，k_0 为平衡分配系数，C_S 与 C_L 分别为固相与液相的平衡成分（溶质浓度）。

平衡分配系数 k_0 描述了在固、液两相共存的条件下，溶质原子在凝固界面两侧的平衡分配特征。对于给定的合金系统，k_0 为常数。在图 5-1a 中，合金的液相线温度随溶质浓度的增加而降低，$C_S < C_L$，$k_0 < 1$，液相线斜率 m 为负（$m < 0$）；在图 5-1b 中，合金的液相线温度随溶质浓度的增加而升高，$C_S > C_L$，$k_0 > 1$，$m > 0$。对大多数单相合金而言，$k_0 < 1$，$m < 0$。本章只讨论 $k_0 < 1$ 的情形，其结论对 $k_0 > 1$ 的情形也同样适用。

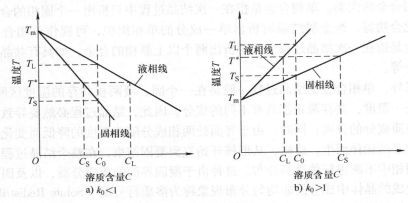

图 5-1　单相合金的平衡分配系数

5.1.2　平衡凝固时的溶质再分配

设原始成分为 C_0 的合金试样自左端向右端单向凝固。固 – 液界面前方为正温度梯度，界面始终以宏观的平面形态向前推进（图 5-2）。当液态金属左端温度到达液相线温度 T_L 时析出成分为 $k_0 C_0$ 的固相，液相成分近似为 C_0（图 5-2a）。随着温度下降，凝固界面不断向右推进，固、液两相成分也不断沿固相线和液相线发生变化。在冷却和凝固过程中，液相和固相的溶质浓度均越来越高。

设在某一界面温度 T^* 时，凝固界面处液、固相的平衡溶质浓度分别为 C_L^* 和 C_S^*（图 5-2b）。由于平衡凝固，溶质原子扩散完全，液相和固相的成分均匀，液、固两相瞬间的平衡成分 C_L 和 C_S 分别等于 C_L^* 和 C_S^*，即有 $C_L = C_L^*$，$C_S = C_S^*$。设液、固两相瞬间的质量分数分别为 f_L 与 f_S，则二者的相对含量可由杠杆定律确定，即

$$C_S f_S + C_L f_L = C_0 \tag{5-2}$$

结合式（5-1），可以求得

$$C_S = \frac{k_0 C_0}{1 - (1 - k_0) f_S} \tag{5-3}$$

$$C_L = \frac{C_S}{k_0} = \frac{C_0}{1 - (1 - k_0) f_S} = \frac{C_0}{k_0 + (1 - k_0) f_L} \tag{5-4}$$

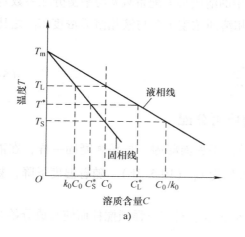 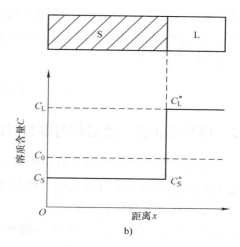

a)   b)

图 5-2 平衡凝固时的溶质再分配

开始凝固时，$f_S \approx 0$，$f_L \approx 1$，因而 $C_S = k_0 C_0$，$C_L = C_0$；在凝固的任一瞬间，$f_S = 1 - f_L$，则 $C_S = k_0 C_L$；凝固将结束时，$f_S = 1$，$f_L \approx 0$，因而 $C_S \approx C_0$，$C_L \approx C_0/k_0$。与图 5-2a 平衡相图所示规律完全相同。可见平衡凝固过程中虽然存在着溶质再分配现象，但凝固完成以后将得到与金属液原始成分完全相同的单相均匀固溶体组织。

5.2 单相合金的非平衡凝固

在单相合金的凝固过程中，如果固、液两相的均匀化来不及通过传质而充分进行，则两相的平均成分势必要偏离平衡相图所确定的数值，这种凝固过程称为非平衡凝固（Non - Equilibrium Solidification）。由于一般凝固条件下热扩散系数约为 $5 \times 10^{-4} \, \text{m}^2/\text{s}$ 数量级，而溶质原子在金属液中的扩散系数为 $5 \times 10^{-9} \, \text{m}^2/\text{s}$ 数量级，在固相中的扩散系数仅为 $5 \times 10^{-12} \, \text{m}^2/\text{s}$ 数量级。故原子扩散进程远远落后于热扩散过程，因此平衡凝固是极难实现的。在实际生产条件下，合金凝固不是极端缓慢的过程，因而凝固过程都是非平衡凝固过程。由于溶质原子在固相中的扩散系数比在液相中的扩散系数小 3 个数量级，因此在工程上常把固相中的原子扩散忽略不计。非平衡凝固时的溶质再分配规律主要取决于液相传质条件。

5.2.1 凝固界面区域平衡假设

对于非平衡凝固过程，固 - 液界面不可能处于绝对的平衡状态。由于单相合金的固 - 液界面绝大多数是连续生长的粗糙界面，生长能障极小，因此可以近似地认为，单相合金的凝固仅取决于传热和传质，而原子通过界面的阻力则小到可以忽略不计，界面处固、液两相始终处于局部平衡状态之中，可以直接利用平衡相图确定界面处固、液两相在任一瞬间的成分。即在凝固界面处，如果界面温度 T^*、液相溶质浓度 C_L^* 和固相溶质浓度 C_S^* 中有一个参数固定，则其他两个参数可由平衡相图确定，此即所谓凝固界面局域平衡假设。界面局域平衡假设是讨论常规凝固问题的重要基础。

根据凝固界面局域平衡假设，常规凝固过程中的溶质再分配系数 k 与平衡分配系数 k_0 相同。即在任一给定的界面温度 T^* 下，界面处固相溶质浓度 C_S^* 与液相溶质浓度 C_L^* 之比仍等于平衡分配系数，即

$$k = k_0 = \frac{C_S^*}{C_L^*} \tag{5-5}$$

5.2.2　固相无扩散、液相均匀混合时的溶质再分配

设原始成分为 C_0 的合金试样自左端向右端单向平界面凝固。与平衡凝固一样，在液相线温度 T_L 时析出的固相成分为 $k_0 C_0$，液相成分近似为 C_0（图 5-3b）。随着温度下降，凝固界面处两相的成分不断发生变化。

在凝固过程中，液相在任何时刻都能通过充分扩散、对流或强烈搅拌而使其成分始终完全均匀（图 5-3c），其平均成分 $\overline{C_L}$ 与界面处的液相成分 C_L^* 相等。但由于固相无扩散，因而其内部成分是不均匀的（图 5-3c），从而使其平均成分 $\overline{C_S}$ 偏离平衡相图所示状态而沿虚线 ab 变化（图 5-3a）。但在凝固的任一时刻，均有

$$\overline{C_S} f_S + \overline{C_L} f_L = C_0 \tag{5-6}$$

根据质量守恒定律，可以推导出凝固界面上任一时刻固相成分 C_S^* 与液相成分 C_L^* 随固相质量分数 f_S（或液相质量分数 f_L）的变化关系。设在凝固的某一瞬间，界面处的固相增量为 $\mathrm{d}f_S$，则凝固排出的溶质量为 $(C_L^* - C_S^*)\mathrm{d}f_S$。排出的溶质进入质量分数为 $(1 - f_S - \mathrm{d}f_S)$ 的液相中，使其浓度升高 $\mathrm{d}C_L^*$（图 5-3c），则

$$(C_L^* - C_S^*)\mathrm{d}f_S = (1 - f_S - \mathrm{d}f_S)\mathrm{d}C_L^* \tag{5-7}$$

由于 $C_L^* = C_S^*/k_0$，故式（5-7）可写成

$$\frac{(1 - k_0)C_S^* \mathrm{d}f_S}{k_0} = \frac{(1 - f_S - \mathrm{d}f_S)\mathrm{d}C_S^*}{k_0} \tag{5-8}$$

由于 $\mathrm{d}f_S \ll (1 - f_S)$，可以认为 $1 - f_S - \mathrm{d}f_S \approx 1 - f_S$。因此，有

$$\frac{\mathrm{d}C_S^*}{C_S^*} = \frac{(1 - k_0)\mathrm{d}f_S}{(1 - f_S)} \tag{5-9}$$

对式（5-9）两端进行积分得 $\ln C_S^* = (k_0 - 1)\ln(1 - f_S) + \ln C$

式中，C 为积分常数。由于 $f_S = 0$ 时，$C_S^* = k_0 C_0$，故 $C = k_0 C_0$，因此

$$C_S^* = k_0 C_0 (1 - f_S)^{k_0 - 1} \tag{5-10}$$

$$C_L^* = C_0 f_L^{k_0 - 1} \tag{5-11}$$

式（5-10）和式（5-11）即为夏尔公式或夏尔方程（Scheil Equation），也称为非平衡杠杆定律。非平衡杠杆定律在比较广泛的试验条件范围内描述了固相无扩散、液相均匀混合下的溶质再分配规律，有着广泛的用途。

另外，将式（5-6）与式（5-2）比较可知，由于在相同的温度下，$\overline{C_S} < C_S$，$\overline{C_L} = C_L$，因此非平衡凝固时剩余液相量必然大于平衡凝固时的相应量，以致在平衡凝固结束温度 T_S

时还剩余有一定量的液相，有待在更低的温度下完成其凝固过程（图 5-3a）。如果虚线 ab 所示成分在共晶温度 T_E 时仍小于 C_0，则最后将残留一部分共晶成分（C_E）的液体，以共晶方式凝固成共晶组织（图 5-3d）。显然，当凝固临近结束，即当 $f_S \rightarrow 1$ 时，非平衡杠杆定律不适用。

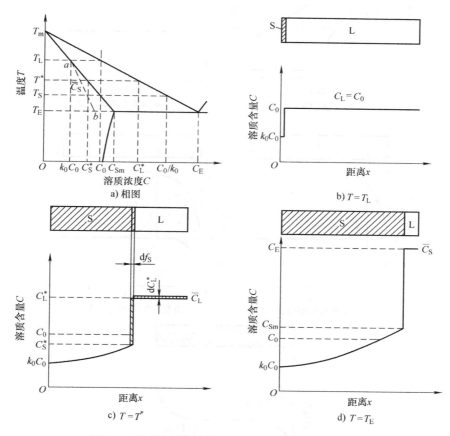

图 5-3 溶质在液相中均匀混合时的溶质再分配过程

5.2.3 固相无扩散、液相只有有限扩散而无对流或搅拌时的溶质再分配

设合金试样单向平界面凝固过程中，液相只有扩散传质而不存在对流或搅拌。此时，凝固界面上排出的溶质原子只能通过扩散缓慢地向金属液内部深处运动，液相得不到充分的均匀化。这种由于溶质分凝和扩散不均匀而在液相局部形成的溶质浓度升高的现象称为溶质富集（Solute Enrichment）。如图 5-4a 所示，当金属液左端温度降到 T_L 时，凝固开始进行，析出成分为 k_0C_0 的固相；界面前沿排出的溶质原子富集在界面上，并以扩散规律向金属液内部传输（图 5-4b）。根据凝固过程中溶质原子的变化，可将凝固过程分为起始瞬态、稳态和终止瞬态 3 个阶段。

1. 凝固过程的 3 个阶段

设 R 为凝固界面的生长速度，x 是以界面为原点沿其法向伸向熔体的动坐标，$C_L(x)$

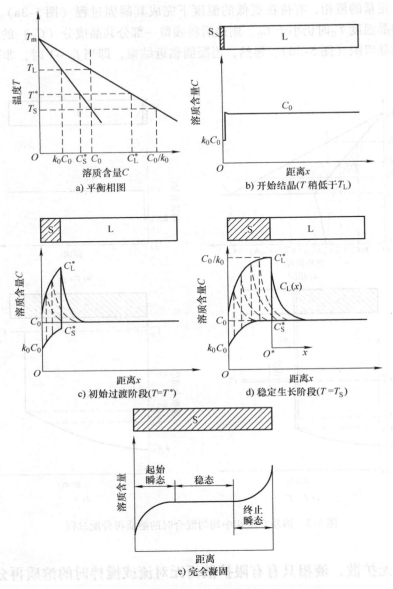

图 5-4　液相中只有有限扩散时的溶质再分配过程

为沿 x 方向上液相的溶质浓度分布，$\dfrac{dC_L(x)}{dx}\bigg|_{x=0}$ 为界面处液相的浓度梯度。则单位时间内单位面积凝固界面处排出的溶质量 q_1 和扩散走的溶质量 q_2 分别为

$$q_1 = R(C_L^* - C_S^*) = RC_L^*(1 - k_0) \tag{5-12}$$

$$q_2 = -D_L \frac{dC_L(x)}{dx}\bigg|_{x=0} \tag{5-13}$$

在凝固初期，$q_1 > q_2$。因此生长的结果是溶质原子在界面前沿富集。溶质的富集降低了界面处的液相线温度，只有界面温度进一步降低时，界面才能继续生长。因而伴随着界面的

向前推进，固、液两相平衡浓度 C_S^* 与 C_L^* 持续上升，界面温度不断下降。这一时期称为生长的起始瞬态阶段（图 5-4c）。在该阶段，由于液相浓度梯度随 C_L^* 的增大而急速地上升，因此 q_2 增大的速率比 q_1 更快。故 q_1 与 q_2 之间的差值随生长的进行而迅速地减小。

当 $q_1 = q_2$ 时，界面上排出的溶质量与扩散走的溶质量相等，凝固便进入稳态生长阶段。这时界面溶质富集不再继续增大，界面处固、液两相将以恒定的平衡成分向前推进，界面保持等温，界面前方液相中也维持着稳定的溶质分布状态（图 5-4d）。稳态生长的结果，可以获得成分为 C_0 的均匀固相。

上述稳态生长过程一直进行到生长临近结束，富集的溶质集中在残余液相中无法向外扩散，于是界面前沿溶质富集又进一步加剧，界面处固、液两相的平衡浓度又进一步上升，形成了凝固的终止瞬态阶段。凝固完成以后的固相浓度分布情况如图 5-4e 所示。

2. 稳态生长阶段液相中的溶质浓度分布规律

凝固过程中，界面前方液相中任一时刻的溶质浓度分布 $C_L(x)$ 取决于以下两个因素的综合作用：一个是由扩散所引起的浓度变化；另一个是凝固界面推进造成液相浓度的变化，如图 5-4d 所示。

扩散所引起的浓度变化由菲克第二定律所确定，即有

$$\frac{\partial C_L(x)}{\partial t} = -D_L \frac{d^2 C_L(x)}{dx^2} \tag{5-14}$$

凝固界面以速度 R 向前推进所引起的液相浓度变化为

$$\frac{\partial C_L(x)}{\partial t} = R \frac{dC_L(x)}{dx} \tag{5-15}$$

这样，液相内溶质浓度随时间的变化可以写成下式

$$\frac{\partial C_L(x)}{\partial t} = -D_L \frac{d^2 C_L(x)}{dx^2} + R \frac{dC_L(x)}{dx} \tag{5-16}$$

在稳态生长阶段，液相成分动态稳定，不随时间变化，即 $\partial C_L(x)/\partial t = 0$。则有

$$-D_L \frac{d^2 C_L(x)}{dx^2} + R \frac{dC_L(x)}{dx} = 0 \tag{5-17}$$

此方程的通解为

$$C_L(x) = A + Be^{-\frac{R}{D_L}x} \tag{5-18}$$

其边界条件为：① $x = \infty$ 时，$C_L = C_0$；② $x = 0$ 时，$q_1 = q_2$，$C_L = C_L^*$。

根据边界条件①，可由式（5-18）求得积分常数 $A = C_0$。

根据边界条件②，$q_1 = q_2$ 时，由式（5-12）和式（5-13），有 $RC_L^*(1 - k_0) = -D_L \frac{dC_L(x)}{dx}\Big|_{x=0}$，即

$$\frac{dC_L(x)}{dx}\Big|_{x=0} = -\frac{R}{D_L}C_L^*(1 - k_0) \tag{5-19}$$

对式（5-18）求导，可求得界面处（$x = 0$）的浓度梯度为

$$\frac{dC_L(x)}{dx}\Big|_{x=0} = -\frac{R}{D_L}B \tag{5-20}$$

由式（5-19）和式（5-20）可知

$$B = C_{\mathrm{L}}^*(1 - k_0) \tag{5-21}$$

根据边界条件②，$x = 0$ 时，$C_{\mathrm{L}} = C_{\mathrm{L}}^*$。由式（5-18）可知

$$C_{\mathrm{L}}^* = C_0 + B \tag{5-22}$$

求解由式（5-21）和式（5-22）组成的方程组，很容易可求得 $B = C_0(1 - k_0)/k_0$，$C_{\mathrm{L}}^* = C_0/k_0$。因此有

$$C_{\mathrm{L}}(x) = C_0\left(1 + \frac{1 - k_0}{k_0}\mathrm{e}^{-\frac{R}{D_{\mathrm{L}}}x}\right) \tag{5-23}$$

式（5-23）即为固相无扩散、液相只有有限扩散而无对流和搅拌的条件下，稳态生长阶段时界面前方液相中的溶质浓度分布规律。它是一条指数衰减曲线，$C_{\mathrm{L}}(x)$ 随着 x 的增大而迅速地下降为 C_0，从而在界面前方形成了一个急速衰减的溶质富集层。当 $x = D_{\mathrm{L}}/R$ 时，$C_{\mathrm{L}}(x) - C_0 = (C_0/k_0 - C_0)/\mathrm{e}$，此处液相溶质浓度与原始浓度的差值降低到最大富集程度的 $1/\mathrm{e}$。通常称 D_{L}/R 为溶质富集层的特征距离，表征了溶质富集的厚度。显然，此厚度也为终止瞬态阶段的特征长度 D_{L}/R。

由此可见，在起始瞬态阶段，界面处固、液两相的平衡成分分别从 $C_{\mathrm{S}}^* = k_0 C_0$ 和 $C_{\mathrm{L}}^* = C_0$ 逐渐上升到 $C_{\mathrm{S}}^* = C_0$，$C_{\mathrm{L}}^* = C_0/k_0$；然后便进入稳态生长阶段，界面两侧以不变的成分 $C_{\mathrm{S}}^* = C_0$ 与 $C_{\mathrm{L}}^* = C_0/k_0$ 向前推进，一直到终止瞬态阶段为止。实际上，起始瞬态阶段很短，其特征长度为 $D_{\mathrm{L}}/(k_0 R)$，但比终止瞬态阶段的长度大得多，这是因为 $k_0 \ll 1$。一般情况下，起始瞬态阶段长度为 $0.1 \sim 1\mathrm{mm}$。

3. 溶质浓度分布的影响因素

由式（5-23）可见，在相同的原始成分 C_0 下，$C_{\mathrm{L}}(x)$ 曲线的形状与生长速度 R、溶质在液相中的扩散系数 D_{L} 以及平衡分配系数 k_0 有关。在稳态生长阶段，随 R、D_{L} 或 k_0 发生变化，溶质富集层厚度和浓度梯度均发生相应变化（图5-5）。R 越大，D_{L} 或 k_0 越小，则曲线 $C_{\mathrm{L}}(x)$ 就越陡，界面前溶质富集越严重。

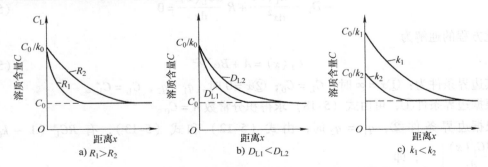

图5-5 R、D_{L} 和 k_0 对稳定生长阶段 $C_{\mathrm{L}}(x)$ 曲线的影响

如果在稳态生长阶段，凝固速度 R 发生突变，则还会使液、固相的成分发生波动，如图5-6a 所示。当凝固速度由 R_1 提高至 R_2 时，起初由于凝固加快使排出并进入溶质富集层的溶质量多于扩散走的溶质量，从而使界面液相成分含量升高（$C_{\mathrm{L}}^* > C_0/k_0$），原来的稳定态

变为不稳定态；随后，由于液相浓度梯度增大，扩散排出的溶质量也增加；经过一段时间后，界面处液相浓度下降至原来的成分（C_0/k_0），凝固重新恢复到稳定状态。在新、旧稳定状态之间，由于界面液相成分先升高后下降，因而导致固相成分也出现先高后低的波动（图5-6a）。同理，当凝固速度由 R_1 突然降低至 R_2 时，会造成固相成分出现先低后高的波动（图5-6b）。

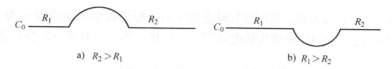

图 5-6　凝固速度 R 发生突变时固相成分的变化

5.2.4　固相无扩散、液相存在部分混合时的溶质再分配

　　这种情况介于前述两种不平衡凝固条件之间，其溶质再分配特点同样也介于二者之间。前面讨论的只是两种极端的情况，实际上液相既不可能达到完全均匀的混合，同时也必然存在着流动传质。故实际的凝固过程总是介于两者之间：在紧靠界面的前方，存在着一薄层流速作用不到的液体区域，称为扩散边界层，厚度为 δ。在边界层外，液相则可借助流动（对流或搅动）而达到完全混合，使液相成分均匀化；在边界层内，溶质原子只能通过扩散进行原子传输，因而存在溶质原子的富集，如图5-7所示。在界面处液、固两相瞬时保持局域平衡，具有 $C_S^* = k_0 C_L^*$ 的关系，界面处溶质原子富集使 C_L^* 提高，相应与之平衡的固相浓度 C_S^* 也提高。

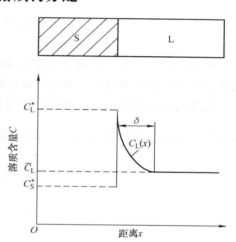

图 5-7　液相存在部分混合时的
溶质再分配过程

凝固刚开始时，随界面推进，排出的溶质从界面进入边界层，造成溶质的聚集，使界面处液相浓度 C_L^* 和固相成分 C_S^* 逐步提高，边界层外液相的平均浓度 $\overline{C_L^*}$ 也在凝固过程中不断提高；溶质聚集后，其在边界层中的浓度梯度增大，于是通过扩散穿越边界层的传输速度也增大，直到在边界层中溶质输入和输出之间建立起平衡为止，此为起始瞬态阶段；之后，凝固排出的溶质量等于扩散走的溶质量，溶质停止聚集，液相浓度不再变化，凝固达到动态稳定，于是在边界层中 $\partial C_L(x)/\partial t = 0$。

1. 稳态时边界层中液相的溶质浓度分布

　　与液相只有有限扩散时的稳态生长阶段类似，凝固达到动态稳定时，$\partial C_L(x)/\partial t = 0$，即有

$$-D_L \frac{\mathrm{d}^2 C_L(x)}{\mathrm{d}x^2} + R \frac{\mathrm{d}C_L(x)}{\mathrm{d}x} = 0 \tag{5-24}$$

其边界条件为：$x = 0$ 时，$C_L = C_L^*$；$x = \delta$ 时，$C_L = \overline{C_L}$。求解式（5-24）可以得出边界层内溶质分布规律的表达式为

$$\frac{C_L(x) - \overline{C_L}}{C_L^* - \overline{C_L}} = 1 - \frac{1 - e^{-\frac{R}{D_L}x}}{1 - e^{-\frac{R}{D_L}\delta}} \tag{5-25}$$

下面分析 C_L^* 与 $\overline{C_L}$ 的关系。凝固达到动态稳定后，凝固排出的溶质量 q_1 等于扩散走的溶质量 q_2，此时界面处（$x = 0$）的浓度梯度可用式（5-19）表示。对式（5-25）求导，则有

$$\left.\frac{dC_L(x)}{dx}\right|_{x=0} = -\frac{R}{D_L} \cdot \frac{C_L^* - \overline{C_L}}{1 - e^{-\frac{R}{D_L}\delta}} \tag{5-26}$$

联立式（5-19）和式（5-26），可以求得

$$C_L^* = \frac{\overline{C_L}}{k_0 + (1 - k_0)e^{-\frac{R}{D_L}\delta}} \tag{5-27}$$

可见，在 k_0、D_L、R 和 δ 一定的条件下，凝固达到动态稳定后，比值 $C_L^*/\overline{C_L}$ 为常数，即界面处液相溶质浓度与边界层外液相的平均溶质浓度比值保持不变。

如果液相容积很大，边界层以外液相将不再受已凝固相的影响而保持原始成分 C_0，即 $\overline{C_L} = C_0$。由式（5-25）和式（5-27）可知，此时边界层内溶质分布的表达式为

$$\frac{C_L(x) - C_0}{C_L^* - C_0} = 1 - \frac{1 - e^{-\frac{R}{D_L}x}}{1 - e^{-\frac{R}{D_L}\delta}} \tag{5-28}$$

$$C_L^* = \frac{C_0}{k_0 + (1 - k_0)e^{-\frac{R}{D_L}\delta}} \tag{5-29}$$

可见，在液相容积很大的情况下，此时，凝固过程中液、固相中的溶质分布如图 5-8 所示。凝固达到动态稳定后，界面处液相浓度 C_L^* 保持不变，因而固相成分 C_S^* 也将保持不变，只是这时 $C_L^* < C_0/k_0$，$C_S^* < C_0$。

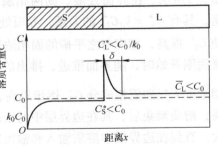

图 5-8 液相容积足够大时，液相存在部分混合时的溶质再分配过程

2. 有效分配系数

由 $k_0 = C_S^*/C_L^*$，式（5-27）也可表示为

$$\frac{C_S^*}{\overline{C_L}} = \frac{k_0}{k_0 + (1 - k_0)e^{-\frac{R}{D_L}\delta}} \tag{5-30}$$

定义

$$k_e = \frac{C_S^*}{\overline{C_L}} \tag{5-31}$$

k_e 为有效分配系数或有效分凝系数，表示凝固过程中界面上固相浓度 C_S^* 与此时边界层

外液相的平均浓度 $\overline{C_L}$ 之比。在 k_0、D_L、R 和 δ 一定的条件下，k_e 为常数。

边界层厚度 δ 随着金属液流动作用的增强而减小。对于液相均匀混合的情况，可以认为 $\delta \rightarrow 0$，此时 $k_e = k_0$；对于液相只有有限扩散而无对流或搅拌时的情况，可以认为 $\delta \rightarrow \infty$，此时 $k_e = 1$；在液相存在部分混合的情况下，$k_0 < k_e < 1$。

可见，在合金成分一定的情况下，边界层厚度 δ 和生长速度 R 对溶质再分配规律起着决定性作用。当熔体流动作用非常强或晶体生长速度很慢时，$\exp(-R\delta/D_L) \rightarrow 1$，则 $k_e = k_0$，这时溶质再分配规律与液相充分混合时相同；相反，当流动作用极其微弱或生长速度很快时，$\exp(-R\delta/D_L) \rightarrow 0$，则 $k_e = 1$，则其溶质再分配规律接近于液相仅有有限扩散传质时的情况。

图 5-9 所示为前述所讨论的平衡凝固和 3 种非平衡凝固情况下原始成分为 C_0 的合金试样单向凝固后的浓度分布规律，其中曲线 a 为平衡凝固时的情况，曲线 b 为液相只有有限扩散而无对流或搅拌时的情况，曲线 c 为液相均匀混合的情况，曲线 d 为液相存在部分混合的情况。可以看出，随着液相混合程度的增大，界面前沿溶质富集层减小，固相成分的上升速度降低，固相成分曲线也降低。

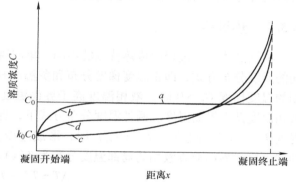

图 5-9　凝固后试样中的溶质浓度分布

【例 5-1】　Al – Cu 合金相图富铝端如图 5-10 所示。设 Al – 1% Cu 合金在强烈对流条件下凝固，不考虑固相扩散。试计算：①固相质量分数 $f_S = 0.5$ 时凝固界面上固、液相的溶质浓度；②凝固后组织中共晶相所占的比例。

将液相线视为直线。由图 5-10 可知，共晶温度时，液相平衡溶质浓度 $C_L = 33\%$，固相平衡溶质浓度 $C_S = 5.7\%$。据此可求得平衡分配系数 $k_0 = C_S/C_L = 0.17$。

将 $C_0 = 1\%$，$f_S = 0.5$ 以及 $k_0 = 0.17$ 代入式（5-10）和式（5-11），经过简单计算，即可求得固相质量分数 $f_S = 0.5$ 时凝固界面上固、液相的溶质浓度分别为 1.78% 和 0.30%。

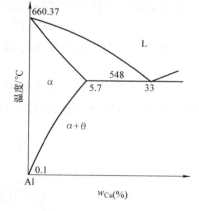

图 5-10　Al – Cu 合金相图富铝端

由于凝固后的共晶相是由共晶温度时的残余液相转变而来的，则凝固后组织中共晶相所占的比例即为共晶温度时液相在凝固体系中所占的比例，即共晶温度时的液相质量分数 f_L。此时，$C_L^* = 33\%$，根据式（5-11）可以求得共晶相的体积分数为 1.5%。

5.3 单相合金固 – 液界面前沿液相的过冷状态

固 – 液界面前方熔体内的过冷状态影响着界面的生长方式和晶体的形态。在纯金属和一般单相合金晶体生长过程中，根据是否有溶质原子的作用，在固 – 液界面前方熔体内可能产生两种形式不同的过冷。过冷（Supercooling，Undercooling）是熔融金属或合金冷却到平衡的凝固点或液相线温度以下而没有发生凝固的现象。这是一种不稳定的平衡状态，比平衡状态的自由能高，有转变成固态的自发倾向。

对纯金属而言，由于其在固定温度下结晶，因而其过冷状态仅与界面前方的局部温度分布有关。对于一般单相合金，由于其结晶过程中存在着溶质再分配，因此，固 – 液界面前方熔体的过冷状态取决于其局部温度的分布形式和具体的溶质再分配规律。

5.3.1 热过冷

根据晶体生长过程中传热特点的不同，单向凝固时固 – 液界面前方液相中存在着两种不同的温度分布方式，即正温度梯度分布和负温度梯度分布。如图 5-11 所示，当界面前方液相的温度梯度 $G_L > 0$ 时，液相温度高于界面温度；当界面前方液相的温度梯度 $G_L < 0$ 时，液相温度低于界面温度。两种温度分布方式下，界面及其前方液相的实际温度低于平衡凝固温度 T^*（对于纯金属，$T^* = T_m$）时，形成过冷。设 x 是以界面为原点沿其法向伸向熔体的动坐标，界面前方液相的局部温度分布为 $T(x)$，此时熔体中不同位置处的过冷度为

$$\Delta T = T^* - T(x) \tag{5-32}$$

如把 $T(x)$ 近似地看成直线，则其可表达为

$$T(x) = T^* - \Delta T_k + G_L x \tag{5-33}$$

故界面前方熔体内的过冷状态可以表示为

$$\Delta T = T^* - (T^* - \Delta T_k + G_L x) = \Delta T_k - G_L x \tag{5-34}$$

界面处的动力学过冷度 ΔT_k 通常很小。当忽略 ΔT_k 时，熔体中不同位置处的过冷度为

$$\Delta T = -G_L x \tag{5-35}$$

可见，对于纯金属，在不考虑 ΔT_k 时，只有当界面液相一侧形成负温度梯度时，才能在凝固界面前方熔体内获得过冷（严格地说是获得大于 ΔT_k 的过冷）。这种仅由熔体实际温

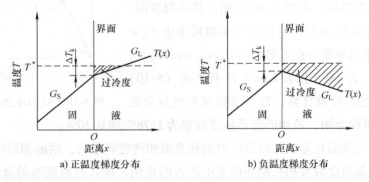

a) 正温度梯度分布　　　　　　　　b) 负温度梯度分布

图 5-11　固 – 液界面前方液相中的过冷状态

度分布所决定的过冷状态称为热过冷，通常用 ΔT_t 表示，其大小为界面温度 T^* 与液相实际温度 $T(x)$ 之差，如式（5-34）或式（5-35）所示。

5.3.2 成分过冷

成分过冷与热过冷不同，它是在合金凝固过程中，由于溶质再分配使凝固界面前沿液相中溶质分布不均匀，导致液相线温度变化而引起的凝固过冷。

1. 成分过冷的形成

纯金属由于在固定温度下结晶，因而其过冷状态仅与界面前方的局部温度分布有关。单相合金凝固过程中，在固-液界面前方熔体中会形成溶质富集，如图 5-12a 所示。由于合金的液相线温度随其成分而变化，故界面前方溶质分布的不均匀必然引起熔体各部分液相线温度（开始结晶的温度）的不同。如果近似地把液相线看作直线，则其斜率 m 必为常数。设纯金属熔点为 T_m，则液相线温度 $T_L(x)$ 与其相应成分 $C_L(x)$ 之间必然存在如下关系

$$T_L(x) = T_m + mC_L(x) \tag{5-36}$$

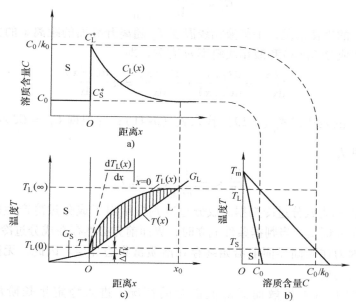

图 5-12 界面前方熔体中成分过冷的形成

以固相无扩散、液相只有有限扩散而无对流或搅拌时的凝固过程为例，由式（5-36）和式（5-23）可得出界面前方熔体中液相线温度的变化规律，即

$$T_L(x) = T_m + mC_0\left(1 + \frac{1-k_0}{k_0}e^{-\frac{R}{D_L}x}\right) \tag{5-37}$$

$T_L(x)$ 曲线如图 5-12c 所示，显然

$$x = 0 \text{ 时，} T_L(0) = T_m + m\frac{C_0}{k_0} = T_S \tag{5-38}$$

$$x \to \infty \text{ 时，} T_L(\infty) = T_m + mC_0 = T_L \tag{5-39}$$

故 $T_L(x)$ 的变化范围是 $T_L \sim T_S$，即合金的平衡结晶温度范围。显然，尽管 $k_0 > 1$ 时会在

界面前沿造成与图 5-12a 相反的溶质分布状态，但液相线温度曲线 $T_L(x)$ 在界面前方的分布规律仍与图 5-12c 相同。

显然，由于单相合金凝固界面前方熔体中的液相线温度随其成分而变化，其过冷状态要由界面前方液相的实际温度（即局部温度分布）和熔体内的液相线温度分布两者共同确定。在这种情况下，不仅负温度梯度能导致界面前方熔体产生过冷，即便在正温度梯度下，如图 5-12c 所示，当界面前方液相温度分布为 $T(x)$ 时，熔体局部区域的实际温度 $T(x)$ 低于液相线温度 $T_L(x)$，也能在界面前方熔体中获得过冷（图中斜线区域）。这种由溶质再分配导致界面前方熔体成分及其凝固温度发生变化而引起的过冷称为成分过冷（Constitutional Supercooling，Constitutional Undercooling），通常用 ΔT_c 表示。

2. 成分过冷判据

由图 5-12c 可见，产生成分过冷的条件是界面上液相一侧的温度梯度 G_L 必须小于液相线温度曲线 $T_L(x)$ 在界面处的斜率，即

$$G_L < \frac{dT_L(x)}{dx}\bigg|_{x=0} \tag{5-40}$$

对于平界面上的平衡情况，平衡液相线温度 T_L 随离开界面的距离 x 的关系曲线的斜率 $dT_L(x)/dx$ 与液相成分 $C_L(x)$ 和液相线斜率 m 有关，即

$$\frac{dT_L(x)}{dx} = \frac{dT_L(x)}{dC_L(x)} \cdot \frac{dC_L(x)}{dx} = m\frac{dC_L(x)}{dx} \tag{5-41}$$

将 $\dfrac{dC_L(x)}{dx}\bigg|_{x=0}$ 的表达式式（5-19）代入式（5-41）；并根据 $C_L^* = C_S^*/k_0$，即可得到产生成分过冷的条件为

$$\frac{G_L}{R} < -\frac{mC_S^*}{k_0 D_L}(1-k_0) \tag{5-42}$$

式（5-42）也称为成分过冷判据。成分过冷判据给出了成分过冷产生的临界条件，并已经大量试验和研究证实。当判据条件成立时，界面前方必然存在成分过冷；反之，则不会出现成分过冷。因为在凝固界面前沿始终存在溶质富集边界层。因此，无论液相中有无对流，成分过冷判据均成立。

对于液相中仅有有限扩散而无对流混合的情况，进入稳定生长阶段后，$C_S^* = C_0$，式（5-42）变为下式

$$\frac{G_L}{R} < -\frac{mC_0(1-k_0)}{k_0 D_L} \tag{5-43}$$

根据式（5-38）和式（5-39），成分为 C_0 的合金结晶温度区间 ΔT_0 可以表示为

$$\Delta T_0 = T_L - T_S = (T_m + mC_0) - \left(T_m + \frac{mC_0}{k_0}\right) = \frac{-mC_0(1-k_0)}{k_0} \tag{5-44}$$

因此，式（5-43）也可表述为如下的形式

$$\frac{G_L}{R} < \frac{\Delta T_0}{D_L} \tag{5-45}$$

3. 成分过冷的大小

凝固界面前沿液相不同位置处的成分过冷 ΔT_c 大小不同，其值为该处熔体的液相线温

度与实际温度之差，$\Delta T_c = T_L(x) - T(x)$，其中凝固界面前方液相的局部温度分布 $T(x)$ 由式（5-33）给出。

对于液相中仅有有限扩散而无对流混合情形的稳定生长阶段，界面温度 T^* 由式（5-38）确定，即

$$T^* = T_L(0) = T_S = T_m + m \frac{C_0}{k_0} \tag{5-46}$$

界面前方熔体中液相线温度的变化规律 $T_L(x)$ 见式（5-37）。因此，成分过冷值 ΔT_c 可表示为

$$\begin{aligned} \Delta T_c &= T_m + mC_0\left(1 + \frac{1-k_0}{k_0}e^{-\frac{R}{D_L}x}\right) - \left[\left(T_m + \frac{mC_0}{k_0}\right) - \Delta T_k + G_L x\right] \\ &= -\frac{mC_0(1-k_0)}{k_0}\left(1 - e^{-\frac{R}{D_L}x}\right) + \Delta T_k - G_L x \end{aligned} \tag{5-47}$$

忽略 ΔT_k 时

$$\Delta T_c = -\frac{mC_0(1-k_0)}{k_0}\left(1 - e^{-\frac{R}{D_L}x}\right) - G_L x \tag{5-48}$$

令 $\Delta T_c = 0$，则可求得成分过冷区的宽度 x_0 为

$$x_0 = \frac{2D_L}{R} + \frac{2k_0 G_L D_L^2}{mC_0(1-k_0)R^2} \tag{5-49}$$

对式（5-48）求导，并令 $\mathrm{d}\Delta T_c/\mathrm{d}x = 0$，将所对应的 x 代入，可求出成分过冷的最大值 ΔT_{cmax} 为

$$\Delta T_{cmax} = -\frac{mC_0(1-k_0)}{k_0} - \frac{G_L D_L}{R}\left[1 + \ln\frac{-mC_0(1-k_0)R}{k_0 G_L D_L}\right] \tag{5-50}$$

由式（5-43）、式（5-45）、式（5-47）和式（5-49）可见，成分过冷的产生以及成分过冷值与成分过冷区宽度的大小既取决于凝固过程中的工艺条件如液相温度梯度和生长速度，也与合金本身的性质如合金成分、平衡分配系数、液相线斜率、液相扩散系数和结晶温度区间的大小有关。合金溶质含量和生长速度越高，液相线斜率越大，液相温度梯度和液相扩散系数越小，平衡分配系数偏离 1 越远，则成分过冷值越大，成分过冷区越宽，反之亦然。在相同的条件下，宽结晶温度范围的合金更易获得大的成分过冷；反之，成分过冷就小，甚至不形成成分过冷。

热过冷与成分过冷之间的根本区别是前者仅受传热过程控制，后者则同时受传热过程和传质过程制约。如令式（5-48）中 $C_0 = 0$，则 ΔT_c 的表达式则变成为 ΔT_t 的表达式 [参见式（5-35）]。可见，热过冷与成分过冷在本质上是一致的。

5.4 液相过冷对单相合金凝固过程的影响

5.4.1 热过冷对纯金属界面稳定性、界面形貌及结晶形态的影响

1. 无热过冷下的平面生长

当 $G_L > 0$ 时，纯金属凝固界面前方不存在热过冷（忽略 ΔT_k 时）（图 5-11a）。这时界

面能最低的宏观平坦的界面形态是稳定的，凝固界面形貌为平面。界面上偶然产生的任何突起必将伸入过热熔体中而被熔化，界面最终仍保持其平坦状态（图 5-13a），凝固界面始终为平面液-固界面。只有当固相不断散热而使界面前沿熔体温度进一步降低时，晶体才能得以生长，而界面本身则始终处于 $(T_m - \Delta T_k)$ 的等温状态之下。这种生长方式称为平面生长。生长中，每个晶体逆着热流平行向液相内伸展成一个个柱状晶。如果开始只有一个晶粒，则可获得理想的单晶体。

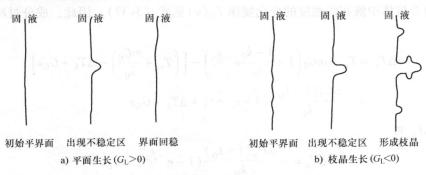

初始平界面　出现不稳定区　界面回稳　　　　　初始平界面　出现不稳定区　形成枝晶

a) 平面生长（$G_L > 0$）　　　　　　　　　　b) 枝晶生长（$G_L < 0$）

图 5-13　热过冷对纯金属结晶过程的影响

2. 热过冷作用下的枝晶生长

当 $G_L < 0$ 时，界面前方存在着一个大的热过冷区（图 5-11b）。这时宏观平坦的界面形态是不稳定的。一旦界面上偶然产生一个凸起，它必将与过冷度更大的熔体接触而很快地向前生长，形成一个伸向熔体的主杆。主杆侧面析出结晶潜热使温度升高，远处仍为过冷熔体，也会使侧面面临新的热过冷，从而生长出二次分枝。同样，在二次分枝上还可能长出三次分枝（图 5-13b），从而形成树枝晶。这种生长方式称为枝晶生长。如果 $G_L < 0$ 的情况产生于单向生长过程中，得到的将是柱状晶（Columnar Crystal）；如果 $G_L < 0$ 的情况发生在晶体的自由生长过程中，则将形成等轴晶（Equiaxed Crystal）。

5.4.2　成分过冷对单相合金界面稳定性、界面形貌及结晶形态的影响

对于单相合金，当 $G_L < 0$ 时，与纯金属一样，合金按枝晶生长方式进行凝固。当 $G_L > 0$ 时，随成分过冷大小不同，合金呈现不同的生长方式：在无成分过冷的情况下，与纯金属一样，晶体以平面生长方式长大；随着成分过冷的出现和增大，生长方式由平面生长依次转变为胞状生长、柱状枝晶生长和等轴枝晶生长。下面对此逐一进行分析。

1. 无成分过冷时的平面生长

由图 5-12c 和式（5-42）可知，当一般单相合金晶体生长符合以下条件时

$$\frac{G_L}{R} \geq -\frac{mC_S^*}{k_0 D_L}(1 - k_0) \tag{5-51}$$

此时，凝固界面前方液相中不存在成分过冷（图 5-14a 中的温度梯度 G_1 的情形），平界面保持稳定，凝固界面将以平面生长方式长大，如图 5-14b 所示。因此，式（5-51）也被称为平界面稳定性判据。

对于液相中仅有有限扩散而无对流混合的稳定生长阶段，平界面稳定性判据可以表示为

$$\frac{G_L}{R} \geqslant -\frac{mC_0(1-k_0)}{k_0 D_L} \quad \text{或} \quad \frac{G_L}{R} \geqslant \frac{\Delta T_0}{D_L} \tag{5-52}$$

在稳定生长阶段，其生长过程与纯金属的平面生长没有本质的区别。宏观平坦的界面是等温的，生长的结果将会在稳定生长区内获得成分完全均匀的单相固溶体柱状晶甚至单晶体。由于界面等温（$T_S - \Delta T_k$），界面上金属液温度下降和凝固析出结晶潜热的总热量等于固相导出的热量，即

$$G_S \lambda_S = G_L \lambda_L + R\rho \Delta H \tag{5-53}$$

式中，λ_S、λ_L 分别为固、液两相的热导率；G_S、G_L 分别为固、液两相在界面处的温度梯度；ρ 为合金密度；ΔH 为结晶潜热。

由此可得纯金属和一般单相合金在稳定生长阶段时的界面生长速度 R 为

$$R = \frac{G_S \lambda_S - G_L \lambda_L}{\rho \Delta H} \tag{5-54}$$

对纯金属晶体的平面生长，$G_L > 0$，故其生长速度 $R \leqslant \dfrac{G_S \lambda_S}{\rho \Delta H}$；对一般单相合金晶体的平面生长，$G_L$ 应受式（5-52）的约束，故其生长速度

$$R \leqslant \frac{G_S \lambda_S}{\rho \Delta H + \dfrac{\Delta T_0}{D_L}\lambda_L} \tag{5-55}$$

可见，由于平面生长应以界面前方不出现过冷为前提，其生长速度不能超过某一极限值。显然，在 G_S、λ_S、ρ、ΔH 与 λ_L 相同的情况下，确保一般单相合金平面生长的极限生长速度要比纯金属小得多。单相合金只有在更高的温度梯度 G_L 和更低的界面生长速度 R 下，才能实现稳定的平面生长。合金的结晶温度范围 ΔT_0 越宽（或者说 C_0、m 越大，k_0 偏离 1 越远）、扩散系数 D_L 越小，实现平面生长的工艺控制要求就越严。

【例 5-2】 Al -1% Cu 合金在正常凝固情况下以 3×10^{-4} cm/s 的生长速度平界面生长，对流完全被抑制。设 k_0 和 m 为常数，$D_L = 3 \times 10^{-5}$ cm^2/s。试计算在稳定生长阶段时：①液固界面的温度；②保持平界面凝固所需的温度梯度。

由 Al $-$ Cu 合金相图（参见图 5-10）可知，纯铝熔点 $T_m = 660.4℃$，共晶温度 $T_E = 548℃$，共晶点成分 $C_E = 33\%$，最大固溶度 $C_{Sm} = 5.7\%$，据此可求得液相线斜率 $m = -(T_m - T_E)/C_E = -3.41℃/\%$，$k_0 = 0.17$。由式（5-46）可求得稳定生长阶段时的液 $-$ 固界面温度 $T^* = 640.3℃$。由平界面稳定性判据式（5-51）可计算得出，保持平界面凝固时的温度梯度至少应为 166.5℃/cm。

【例 5-3】 Ge $-$ Ga 晶体以正常凝固生长，原始熔体成分为 10×10^{-6} Ga，生长速度为 8×10^{-3} cm/s，设 $k_0 = 0.1$，$m = -4℃/\%$，$D_L = 5 \times 10^{-5}$ cm^2/s，试计算在完全没有对流与对流相当激烈两种不同的情况下，铸锭凝固 50% 时保持平界面凝固所需要的温度梯度。

对于完全没有对流的情况，当铸锭的凝固分数为 50% 时，凝固过程为稳定态。保持平界面凝固时的最低温度梯度可直接由式（5-52）求得，即 $G_L \geqslant 5.76℃$/cm。

当对流相当激烈时，平界面凝固的稳定性判据为式（5-51）。当铸锭的凝固分数 $f_S = 0.5$ 时，凝固界面上的固相成分 C_S^* 可由式（5-10）求得。将 $C_S^* = 1.87 \times 10^{-4}\%$ 代入式（5-51），即可得到铸锭凝固 50% 时保持平界面凝固所需要的温度梯度 $G_L \geqslant 1.08℃$/cm。

由此例可以看出，液相无对流时，为了保持平界面凝固，G_L 值需要大些；而在完全对流时，G_L 值可小些。

2. 窄成分过冷区的胞状生长

由图 5-14a 可知，当凝固界面前沿液相中的温度梯度为 G_2 时，单相合金晶体生长符合成分过冷的产生条件〔式（5-43）〕。此时，界面前方存在着一个狭窄的成分过冷区，破坏了平界面的稳定性。这时平界面偶然扰动而产生的任何凸起都必将面临过冷而以更快的速度长大，同时不断向周围熔体中排出溶质。由于相邻凸起之间的凹入部位的溶质浓度比凸起前

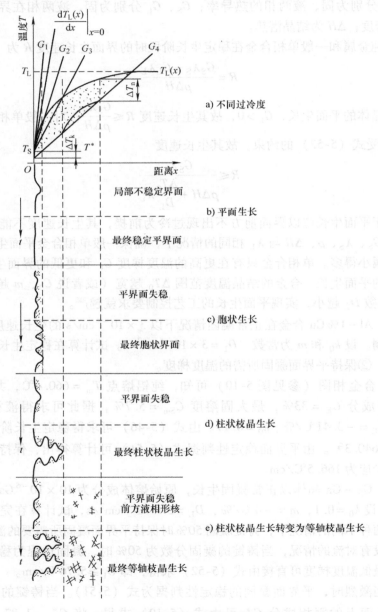

图 5-14　成分过冷对凝固过程的影响

端增加得更快，而凹入部位的溶质扩散到熔体深处比凸起前端更加困难，因此，凸起快速长大的结果导致凹入部位溶质的进一步浓集。溶质浓集降低了凹入部位熔体的液相线温度和过冷度，抑制着凸起的横向生长速度并形成一些由低熔点溶质汇集区所构成的网络状沟槽。而凸起前端的生长则由于成分过冷区宽度的限制，不能自由地向熔体前方伸展。当由于溶质的浓集而使界面各处的液相成分达到相应温度下的平衡浓度时（严格地说，是相应温度比液相成分所确定的平衡温度低 ΔT_k 时），界面形态趋于稳定，如图 5-14c 所示。这样，在窄成分过冷区的作用下，不稳定的平坦界面就发展成一种稳定的、由许多近似于旋转抛物面的凸出圆胞和网络状的凹陷沟槽所构成的界面形态，称为胞状界面（Cellular Interface）。以胞状界面向前推进的生长方式称为胞状生长。胞状生长形成了胞状晶。将这种凝固过程中平面固－液界面失稳而向胞状界面转变的过程称为平－胞转变（Planar－Cellular Interface Transition）。

利用快淬法中断凝固过程，在凝固冷却后的金相试样纵截面上可显示出胞状组织（图 5-15b）；利用在凝固进行过程中倒出金属液的倾出法，也可直接观察液－固界面，清晰地看到胞状界面的结构形态（图 5-15c）。

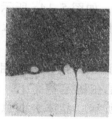 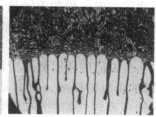 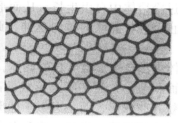

a) 近似的平界面组织   b) 胞状组织   c) 规则的胞状界面

图 5-15 平界面组织和胞状组织

由胞状生长而成的每一簇胞状晶都是一些平行排列的亚结构。它们分别由同一个晶体分裂而成，彼此间被小角度晶界分离。在晶胞四周的沟槽处溶质大量浓集，甚至在 C_0 不高的情况下也可能出现少量的共晶相。

小晶面生长的胞状界面的形成过程与上述情况完全相同。只不过凸起前端不是近似于旋转抛物面的圆胞，而是棱角分明的多面体。

实践表明，胞状生长特别是平面生长只存在于严格控制生长条件 G_L/R 和合金成分 C_0 的单向结晶或单晶生长过程中。

3. 宽成分过冷区的枝晶生长

（1）柱状枝晶生长   在胞状生长中，晶胞凸起垂直于等温面生长，其生长方向与热流方向相反而与晶体学特性无关（图 5-16a）。随着界面前方的成分过冷区逐渐加宽（图 5-14a 中温度梯度为 G_3 时），晶胞凸起伸入熔体更远。凸起前端界面由于溶质析出形成新的成分过冷而逐渐变得不稳定：凸起前端逐渐偏向于某一择优取向（立方晶体为 <100>），而界面也开始偏离原有的形状并出现具有强烈晶体学特性的凸缘结构（图 5-16b 和 5-16c）；当成分过冷区进一步加宽时，凸缘上开始形成短小的锯齿状二次分枝（图 5-16d），胞状生长就转变为柱状枝晶生长，如图 5-14d 所示。这种以胞状生长的固－液界面失稳而向枝状界面转变的过程称为胞－枝转变（Cellular－Dendrite Interface Transition）。

如果成分过冷区足够大，二次分枝在随后的生长中又会分裂出三次分枝。与此同时，继续伸向熔体的主干前端又会有新的二次分枝形成。这样不断分枝的结果，在成分过冷区内迅速形成了树枝晶的骨架。在构成枝晶骨架的固液两相区内，随着分枝的生长，剩余液相中溶质不断富集，熔点不断降低，致使分枝周围熔体的过冷很快消失，分枝便停止分裂和延伸。由于没有成分过冷的作用，分枝侧面往往以平面生长的方式完成其凝固过程。

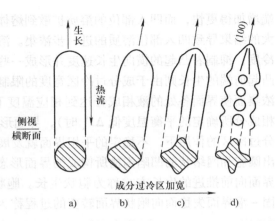

图 5-16　立方晶体胞状生长向枝晶生长的转变

（2）等轴枝晶生长　如图 5-14a 所示，当凝固界面前沿液相中的温度梯度为 G_4 时，成分过冷区进一步加宽，成分过冷的极大值 ΔT_{cmax} 将大于熔体中异质形核时的最有效衬底形核所需的有效过冷度 ΔT_n，于是在柱状枝晶生长的同时，界面前方发生新的形核过程，导致晶体在过冷熔体中自由生长，从而形成了方向各异的等轴晶，如图 5-14e 所示。等轴晶的存在阻止了柱状晶区的单向延伸，此后的结晶过程便是等轴晶区不断向液体内部推进的过程。

在液体内部自由形核生长的晶体，从自由能的角度考虑应该是球体，因为相同体积时球体的表面积最小，而实际上形成的晶体却为树枝晶，原因是在稳定状态下，晶体的平衡结晶形貌并非球形，而是近似于球形的多面体，如图 4-21 所示。晶体表面总是由界面能较小的晶面所组成，所以，多面体晶体上那些宽而平的表面是界面能较小的晶面，而窄小的棱和角则为界面能较大的晶面。非金属晶体界面具有强烈的晶体学特性，其平衡态的晶体形貌具有清晰的多面体结构；而金属晶体的方向性较弱，其平衡态的初生晶体近于球形。在实际凝固条件下，凝固是非平衡的，多面体的棱角前沿液相中的溶质扩散速度较快，大平面前沿液相中的溶质扩散速度较慢。这样，晶体的棱角处生长速度快，大平面处生长速度慢。因此，初始近似于球形的多面体晶体（图 5-17a）逐渐长成星形（图 5-17c），又从星形再生出分枝而成树枝状（图 5-17d）。

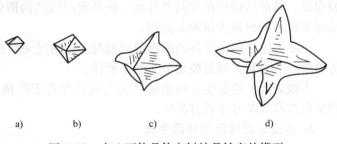

图 5-17　由八面体晶体向树枝晶转变的模型

就合金的宏观结晶状态而言，平面生长、胞状生长和柱状枝晶生长皆属于一种晶体自型壁形核，然后晶体由已形成的固－液界面向金属液内生长。这种晶体由外向内单向延伸的生长方式，称为外生生长（Exogenous Growth）。熔融金属或合金结晶过程中，在界面前方的熔体内自己形核和生长的方式，称为内生生长（Endogenous Growth）。显然，等轴晶在熔体内部自由生长的方式属于内生生长。可见成分过冷区的加大使生长着的界面前方熔体内出现新的晶核并不断长大，促使合金的宏观结晶状态由外生生长向内生生长转变。显然，大的成分过冷和强形核能力的外来质点都有利于内生生长和等轴晶的形成。

大多数合金在一般铸造条件下总是以枝晶生长方式结晶，并且往往呈现出高度分枝的形态。枝晶结构对铸件的力学性能有显著的影响，而残存于枝晶间、饱含溶质的液相的行为则是导致铸件产生偏析、缩松、夹杂和热裂等缺陷的重要原因。因此，枝晶生长与铸件质量有着十分密切的关系。

综上所述，在正的温度梯度下，单相合金的生长方式和晶体形貌取决于工艺条件和成分条件共同作用下的成分过冷。随成分过冷增大，晶体生长的方式依次为平面生长、胞状生长、柱状枝晶生长和等轴枝晶生长，与此对应的晶体形貌为平面晶、胞状晶、柱状树枝晶和等轴树枝晶。合金成分 C_0、液相温度梯度 G_L 和生长速度 R 对晶体生长方式和晶体形貌的综合影响如图 5-18 所示。

（3）枝晶的生长方向　枝晶生长具有鲜明的晶体学特征，其主干和各次分枝的生长方向均与特定的晶向相平行。枝晶的生长方向依赖于晶体结构特性，如立方晶系的生长方向为 <100>，密排六方晶系为 $<10\bar{1}0>$，体心正方为 <110>。

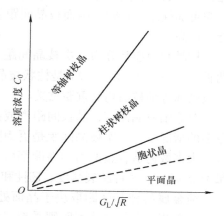

图 5-18　C_0、G_L 和 R 对晶体
形貌的综合影响

图 5-19 所示为立方晶系枝晶生长方向的示意图。对于小晶面生长的枝晶结构，立方晶系的生长表面均由慢速生长的密排面（111）所包围，由四个（111）面相交而成的锥体尖顶所指的方向就是枝晶的生长方向 <100>（图 5-19a）。对于非小晶面生长的粗糙界面的非晶体学性质与其枝晶生长中鲜明的晶体学特征之间的联系（图 5-19b），迄今尚无完善的理论解释。

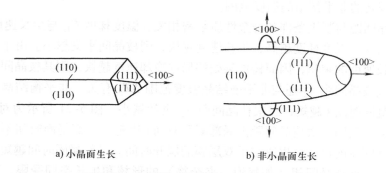

a) 小晶面生长　　　　　　　　　　b) 非小晶面生长

图 5-19　立方晶系枝晶生长方向的示意图

值得指出的是，以小晶面生长的非金属晶体只有在凝固速度很快时才可能长成树枝晶，其界面始终是界面能最小的平面，从而形成有棱角的树枝晶。

5.4.3　枝晶间距

枝晶臂间距（Dendrite Arm Spacing，DAS）简称枝晶间距，指的是树枝晶相邻同次分枝

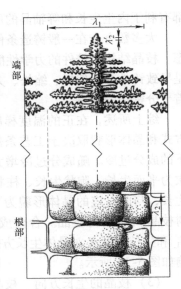

之间的垂直距离，通常用测得的各相邻同次分枝之间距离的统计平均值表示。它是树枝晶组织细化程度的表征。枝晶间距越小，组织就越细密，分布于其间的元素偏析范围也就越小，故铸件越容易通过热处理而均匀化；同时第二相、显微缩松、双层膜和其他非金属夹杂物也更加细小分散，枝晶间组织更加纯净、致密，因而枝晶间距越小就越有利于铸件性能的提高。

枝晶间距通常分为一次枝晶间距 λ_1 和二次枝晶间距 λ_2 两种，如图 5-20 所示。λ_1 是柱状枝晶的重要参数，λ_2 对柱状枝晶和等轴枝晶均有重要意义。

对等轴枝晶而言，晶核间距离或晶粒尺寸很重要，但在更多的情况下，二次枝晶间距是更为重要的微观结构尺寸参数。大多数铸造合金的力学性能都取决于二次枝晶间距。如果 DAS 减小，铸件断裂强度、韧性和伸长率均会提高。

纯金属的枝晶间距取决于晶面处结晶潜热的散失条件，而一般单相合金的枝晶间距则受控于溶质元素在枝晶间的扩散行为。枝晶间距由下列因素决定：

图 5-20 柱状枝晶的形态及其枝晶间距

$$\lambda_1 = C_1 G_L^{-0.5} R^{-0.25} \qquad (5\text{-}56)$$

$$\lambda_2 = C_2 \sqrt[3]{t} \qquad (5\text{-}57)$$

式中，C_1 和 C_2 均为与合金性质有关的常数；G_L 为温度梯度；R 为枝晶的生长速度；t 为测量枝晶间距部位的凝固时间，即铸锭或铸件某个特定的位置上从凝固开始到凝固终了所需的时间，其大小可表示为

$$t = \Delta T_S / (G_L R) \qquad (5\text{-}58)$$

式中，ΔT_S 为该处的非平衡结晶温度范围。

可见，枝晶间距与凝固条件和合金性质紧密相关。温度梯度 G_L 与生长速度 R 是决定枝晶间距的首要因素。温度梯度越高，生长速度越快，则枝晶间距就越小。由于冷却速度等于温度梯度与生长速度的乘积，因而铸件某处的局部冷却速度越快，则其枝晶间距越小。

另外，二次枝晶间距 λ_2 还与非平衡结晶温度范围 ΔT_S 有关。非平衡结晶温度范围 ΔT_S 越小，或局部凝固时间 t 越短，二次枝晶间距 λ_2 也就越小。图 5-21 所示为对 Al – 4.5% Cu 合金的研究结果，表明二次枝晶间距由局部凝固时间 t 决定。局部凝固时间不仅控制着二次枝晶间距和枝晶间相的尺寸，也决定了双层膜的展开时间。局部凝固时间越短，不仅导致二次枝晶间距减小，使枝晶间相（如气泡、夹杂物）的形核和生长空间受限，而且使得枝晶间第二相的生长时间和双层膜的展开时间缩短，从而也有利于材料性能的提高。图 5-22 所示为 Al – 7Si – 0.4Mg 合金铸件的二次枝晶间距对力学性能的影响。

值得注意的是，局部凝固时间对枝晶间距有重要的影响。由式（5-58）可知，t 反比于在该处的平均冷却速度。而且，枝晶间距不是简单地由开始长大状态所决定的，随后的粗化作用的影响也很重要，即随着凝固的进行，其中小的枝晶轴消失而大的枝晶轴长得更粗（图 5-20），这导致枝晶间距随冷却速度的 1/3 次方而变化，见式（5-57）和式（5-58）。

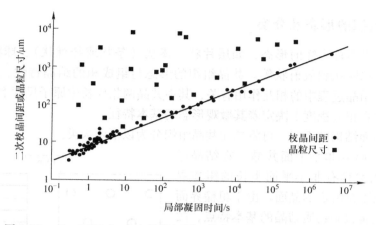

图 5-21　Al－4.5% Cu 合金枝晶间距、晶粒尺寸和局部凝固时间的关系

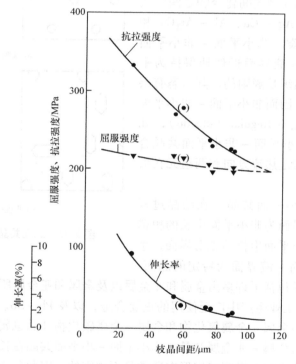

图 5-22　Al－7Si－0.4Mg 合金铸件的二次枝晶间距对力学性能的影响

5.5　共晶合金的凝固

共晶合金（Eutectic Alloy）一般指处于共晶点成分，凝固组织全部由共晶体组成的合金。将共晶转变形成的两相或多相组织称为共晶组织（Eutectic Structure）。共晶转变的产物称为共晶体。从液相中同时析出两种或两种以上固相的凝固过程即为共晶凝固（Eutectic Solidification）。

5.5.1 共晶组织的形态及分类

共晶组织具有多种多样的形态，如层片状、棒状（条状或纤维状）、球状（短棒状）、针状、螺旋状、蛛网状和放射状等。共晶组织的形态与组成相的结晶特性、结晶条件、含量，以及它们在结晶过程中的相互作用有关，其中共晶两相生长中原子尺度上的固－液界面结构及生长方式在很大程度上决定着其微观形态的基本特征。

根据凝固界面结构的不同，可将二元共晶组织分为以下两大类。

（1）非小平面－非小平面共晶　在结晶过程中，共晶两相均具有非小平面生长的粗糙界面，固－液界面不是特定的晶面。由于粗糙界面的连续生长是金属状态物质结晶的基本特点，故又称为金属－金属共晶。它包括了所有的金属与金属之间以及许多金属与金属间化合物之间的共晶合金。如 Pb － Sn、Ag － Cu、Al － Al_2Cu 和 Al － Al_3Ni 等都属于此类。非小平面－非小平面共晶生长过程中，固－液界面近似地保持为平面，因此，所生成的组织是规则的，其形态有层片状及棒状两种类型。因而非小平面－非小平面共晶也称为规则共晶（Regular Eutectic），如图 5-23a 所示。影响非小平面－非小平面共晶合金生长过程的决定因素是热流方向和两组元在液相中的扩散。

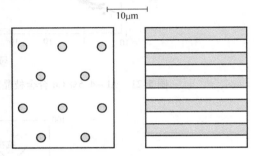

a) 规则共晶

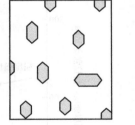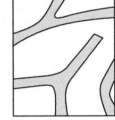

b) 非规则共晶

图 5-23　二元共晶组织的基本形态

（2）非小平面－小平面共晶　在结晶过程中，一个相的固－液界面为非小平面生长的粗糙界面；另一个相则为小平面生长的光滑界面，生长的各向异性很强，固－液界面为特定的晶面。非小平面－小平面共晶包括了许多由金属和非金属以及金属和亚金属所组成的共晶合金，如 Fe － C、Al － Si 这两种工业生产中广泛使用的重要合金，以及 Pb － Sb、Sn － Bi 和 Al － Ge 等共晶合金。此外，许多金属－金属氧化物和金属－金属碳化物共晶也属于此类。因而非小平面－小平面共晶又称为金属－非金属共晶。非小平面－小平面共晶在长大过程中，其固液界面的形态是不规则的非平面，微观组织形态通常是不规则的，因此非小平面－小平面共晶也称为非规则共晶（Non － Regular Eutectic），如图 5-23b 所示。

图 5-24 所示为定向凝固的 Mg － 32.3% Al 共晶合金的组织。每个相互平行的柱状晶由沿凝固方向生长的规则层片共晶 α － Mg 相和 β － $Mg_{17}Al_{12}$ 相组成。

5.5.2 共生区

在平衡结晶条件下，只有共晶成分的合金才能获得完全的共晶组织。由图 5-25 可见，当合金液过冷到两条液相线的延长线所包围的阴影线区域内时，熔体内两相组元达到过饱和，从而为共晶结晶提供了驱动力，两相倾向于同时结晶析出、共同生长，从而得到共晶组

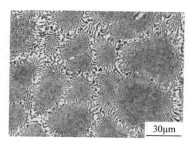
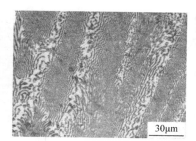

a) 垂直于生长方向的截面　　　　　　　b) 平行于生长方向的截面

图 5-24　定向凝固的 Mg－32.3% Al 共晶合金的组织

织。通常将形成全部共晶组织的成分和温度范围称为伪
共晶区或理论共生区，如图中的阴影线区所示。单从热
力学观点来看，只要把合金液过冷到伪共晶区内，则都
能发生共晶结晶，获得 100% 共晶组织。通常将非共晶
成分的合金在一定的过冷度下所得到的完全共晶组织称
为伪共晶组织或伪共晶体。能够获得伪共晶组织的成分
区域即为共生区（Coupled Growth Zone）。由图 5-25 可
见，理论共生区随过冷度的增大而变大。

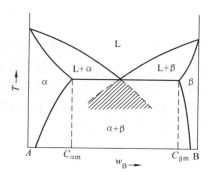

图 5-25　共晶合金的理论共生区

　　共晶的结晶过程不仅与热力学因素有关，而且在很
大程度上还取决于两相在结晶动力学上的差异，因而，
共晶合金的实际共生区与单从热力学观点考虑的理论共生区之间存在着一定程度的偏离。由
于过冷度增大、结晶速度加快，液相成分来不及均匀化，其平均成分偏离液相线，造成实际
共生区与理论共生区的大小不同；同时由于共晶的两组成相的结晶速度差异，使得实际共生
区的对称性产生变化。实际共生区根据偏离程度的不同可分为以下两大类。

　　（1）对称型共生区　当组成共晶的两个组元熔点相近、两条液相线形状彼此对称时，
共晶两相性质相近，两相在共晶成分附近析出能力相当，因而易于形成彼此依附的双相核
心；同时两相在共晶成分附近的扩散能力也接近，因而也易于保持等速的合作生长。因此其
共生区也以共晶成分为轴线而左右对称（图 5-26a）。过冷度越大，则共生区越宽。大部分
非小平面－非小平面共晶合金的共生区属于此类型。

　　（2）非对称型共生区　共晶两组元的熔点相差较大，两条液相线不相对称，而共晶点
偏向于低熔点组元一侧时，共晶两相的性质则相差较大，结晶速度相差也很大。由于浓度起
伏和扩散的原因，共晶成分附近的低熔点相在非平衡结晶条件下较高熔点相更易于析出，其
生长速度也更快。因此，结晶时易出现低熔点组元一侧的初生相，合金液只有在含有更多高
熔点组元成分的条件下进行共晶转变，这样其共生区便偏向于高熔点组元一侧。两相性质差
别越大，则偏离越甚。大部分小平面－非小平面共晶合金的共生区属于此类型。图 5-26b 阴
影线区域所示为 Al－Si 合金的实际共生区范围。

　　实际上，共晶共生区的形状也受液相温度梯度 G_L 的影响。图 5-26 所示的共生区针对的
是 $G_L \leqslant 0$ 时的情形。当 $G_L > 0$ 时，金属－金属共晶呈现出如图 5-27a 所示的铁砧式对称型共
晶共生区（阴影部分），金属－非金属共晶的非对称型共晶共生区如图 5-27b 所示。可见在

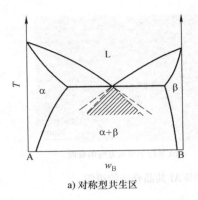

a) 对称型共生区

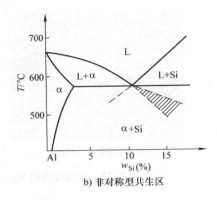

b) 非对称型共生区

图 5-26　共晶合金的实际共生区（$G_L \leq 0$）

单向凝固的情况下，当晶体生长温度稍低于共晶温度，晶体生长速度较小时，合金可以获得以平界面生长的共晶组织，其获得共晶组织的成分范围很宽，凡处于共晶相图上 $C_{\alpha m} \sim C_{\beta m}$ 的成分（图 5-25），均可获得共晶组织。随着生长温度的降低或生长速度的增大，共晶组织将依次转变为胞状、树枝状甚至粒状（等轴）共生共晶，晶体形态从柱状晶（共晶群体）转变为等轴晶（共晶团）。

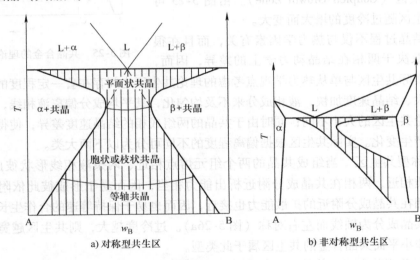

a) 对称型共生区

b) 非对称型共生区

图 5-27　共晶合金的实际共生区（$G_L > 0$）

　　由以上分析可见，共生区的形成是非平衡凝固的结果。由于共生区的存在，使得实际凝固过程中，非共晶成分的合金可以结晶成 100% 的共晶组织，而共晶成分的合金结晶时反而有可能得不到 100% 的共晶组织。

5.5.3　共晶合金的结晶方式

　　共晶结晶起因于合金液在平衡共晶温度以下的过冷。共晶结晶时两相析出实际上总是有先有后。共晶合金凝固过程中首先形核的相称为领先相，该相对共晶组织形貌起着决定作用。因而共晶凝固过程通常是先析出一个领先相，然后再在其表面上析出另一个相。于是便开始出现两相竞相析出的共晶结晶过程。根据共晶两相在竞相析出过程中所表现出的相互关系的不同，共晶合金可以采取共生生长或离异生长这两种不同的方式进行结晶。而领先相的结晶特性、另一相在其表面上的形核能力，以及两相的生长速度对共晶合金的结晶方式起着决定性的作用。

1. 共生生长

共晶合金结晶时，后析出相依附于领先相表面而析出，形成具有两相共同生长界面的双相核心；然后依靠溶质原子在界面前沿两相间的横向扩散，互相不断地为相邻的另一相提供生长所需的组元而使两相彼此合作地一起向前生长。两相共同生长的固－液界面称为共生界面。形成具有共生界面的双相核心的过程是共晶合金的形核过程。共晶合金结晶时，两相交替析出，具有共同的生长界面，然后共同生长，这种共晶的生长过程称为共生生长（Coupled Growth）。共生生长的结果是，形成了两相交迭、紧密掺和的共晶体。领先相独立形核，并在自由生长条件下长大的共晶体具有球团形的辐射状结构，称为共晶团（图 5-28a）；如果领先相属于初生相的一部分，则共晶团为近似于扇形的半辐射状结构；共晶体也可在约束生长条件下形成（如共晶合金的单向结晶等），这时得到的是柱状共晶体组织（图 5-28b）。

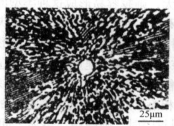 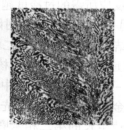

a) 辐射状组织　　　　　　　　b) 柱状共晶组织

图 5-28　Al－CuAl$_2$ 共晶组织

如上所述，共生生长应该满足两个基本条件，其一是共晶两相应有相近的析出能力，并且后析出相应易于在领先相的表面形核，从而便于形成具有共生界面的双相核心；其二是界面前沿溶质原子的横向扩散应能保证共晶两相的等速生长，使共生生长得以继续进行。可见，只有当合金液过冷到共生区，才能进行共生生长。合金液可以在一定的成分条件下通过直接过冷而进入共生区，也可以在一定的过冷条件下通过初生相的生长使液相成分发生变化而进入共生区。合金液一旦进入共生区，两相就能借助于共生生长的方式进行共晶结晶，从而形成共生共晶组织。

2. 离异生长与离异共晶

共晶转变中，在合金液不能进入共生区的情况下，共晶两相没有共同的生长界面，它们各以不同的速度独立生长；两相的析出在时间上和空间上都是彼此分离的，因而在形成的组织中没有共生共晶的特征。这种非共生生长的共晶结晶方式称为离异生长，所形成的组织称离异共晶或分离共晶体（Divorced Eutectic），如图 5-29 所示。在下述两种情况下，共晶合金将以离异生长的方式进行结晶，并形成形态不同的离异共晶组织。

1）在合金偏离共晶成分的亚共晶或过共晶凝固过程中，共晶两相中的一相大量析出，

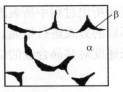
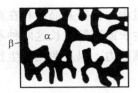
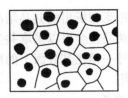

a) 晶间偏析型(一)　　　　b) 晶间偏析型(二)　　　c) 领先相呈球团状结构

图 5-29　几种离异共晶组织

而另一相尚未开始结晶时，将形成晶间偏析型离异共晶组织，不存在共晶团或共晶群体结构。晶间偏析型离异共晶组织可能是由系统本身的原因造成的：当合金成分偏离共晶点很远，初生相长得很大，初生相间残留的共晶成分液相很少时，类似于薄膜分布于枝晶之间；当发生共晶转变时，其中一相直接就在初生相的枝晶上继续长出，与初生相生长为一体，而另一相则单独在初生固溶体的枝晶间隙中生长（图 5-29a）。此外，晶间偏析型离异共晶组织也可能是由另一相的形核困难所引起：合金偏离共晶成分，初生相长得较大；如果另一相不能以初生相为衬底而形核，或因液体过冷倾向大而使该相析出受阻时，初生相就继续长大而把另一相留在枝晶间（图 5-29b）。这样形成的组织就看不到共晶组织。显然，合金偏离共晶成分越远、共晶反应所需的过冷度越大，则越容易形成这种类型的离异共晶。

2）当领先相被另一相的"晕圈"封闭时，将形成领先相呈球团状结构的离异共晶组织（图 5-29c）。在共晶结晶过程中，将第二相环绕着领先相表面生长而形成的镶边外围层称为"晕圈"。晕圈的形成是由共晶两相在形核能力和生长速度上的差别造成的。故在两相性质差别较大的非小平面 – 小平面共晶合金中能更经常地见到这种晕圈组织。这时领先相往往是高熔点的非金属相，金属相则围绕着领先相而形成晕圈。如果领先相的固 – 液界面全部是慢生长面，从而能被快速生长的第二相晕圈封闭时，则两相与熔体之间就没有共同的生长界面，而只有形成晕圈的第二相与熔体相接触（图 5-30a），所以领先相的生长只能依靠原子通过晕圈的扩散进行，最后形成领先相呈球团状结构的离异共晶组织（图 5-29c）。一个领先相的球体连同包围它的第二相晕圈即可看作一个共晶团。此类离异生长的典型例子就是球墨铸铁的共晶转变。如果领先相的固 – 液界面是各向异性的，第二相只能将其慢生长面包围住，而其快生长面仍能突破晕圈的包围并与熔体相接触，则晕圈是不完整的。这时两相仍能组成共同的生长界面而以共生生长的方式进行结晶（图 5-30b）。灰铸铁中的片状石墨与奥氏体的共生生长则属于此类。

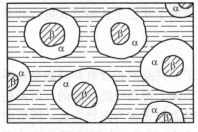

a) 封闭晕圈下的离异生长　　　　　　　b) 不完整晕圈下的共生生长

图 5-30　共晶结晶时的晕圈组织

5.5.4 非小平面-非小平面规则共晶的凝固

在共晶凝固时，两相以层片状或其中之一呈棒状，等间距排列的共晶组织称为规则共晶体。这类共晶合金两相性质相近，具有大致对称的共生区，在一般情况下均按典型的共生生长方式进行结晶，形成两相规则排列的层片状、棒状或介于两者之间的条带状共生共晶组织。

1. 共晶的形核

层状共晶体（Lamellar Eutectic）是最常见的一类非小平面-非小平面共生共晶组织，其共晶两相呈层片状相间交替排列并沿生长方向延伸。现以层片状共晶为例，讨论共晶合金凝固时的形核和生长过程（图 5-31）。设共晶由 α 相和 β 相组成，两相均为固溶体。α 相富含组元 A，β 相富含组元 B，α 相为共晶转变的领先相，通过独立形核在熔体中析出（图 5-31a）；α 相的析出一方面使凝固界面前沿熔体中 B 组元原子不断富集，另一方面又为新相的析出提供了有效的衬底，从而导致 β 相在 α 相表面上析出；β 相的析出和生长又使其固液界面前沿的熔体富集 A 组元的原子，促使 α 相依附于 β 相的侧面产生分枝，并通过图 5-31a 所示的搭桥形核方式在 β 相表面上形成 α 相，α 相生长又反过来通过搭桥形核方式在 α 相层片表面形成 β 相。这就是共生共晶的形核过程。如此两相交替地形核和长大，就形成了共晶组织（图 5-31b）。在层片状共晶生长过程中，新的层片不需要形核，而是通过前一个层片绕过另一相发展，此即所谓的搭桥形核生长机制。显然，领先相表面一旦出现第二相后，就不需要每个层片重新形核，而可通过上述这种彼此依附、交替生长的方式产生新的层片来构成所需的共生界面。这种形核方式谓之搭桥，这也是一般非小平面-非小平面共生共晶所共有的形核方式。

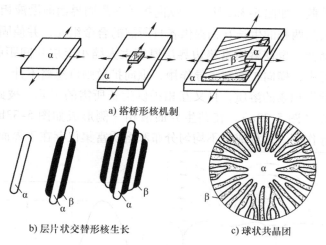

a) 搭桥形核机制

b) 层片状交替形核生长　　　c) 球状共晶团

图 5-31　层片状共晶的形核与生长

在自由生长条件（非定向凝固）下，领先相独立形核，并通过搭桥形核方式交替生长形成球形共生界面双相核心，如图 5-31c 所示。两相沿着径向并排生长，最终长成具有球团形辐射状结构的共晶团，如图 5-28a 所示。

由此可见，共晶体内部两个组成相是各自连接在一起的。每一个相的许多层片都是由同一个晶体所长出的种种分枝。或者说，一个共晶体是由两个高度分枝的晶体互相依附、互相掺和而生成的。

2. 层状共晶的生长

设共晶合金生长时的固－液界面具有规则层片状共晶生长时所对应的形态，同一相层片距离即层片间距为 λ。如图 5-32 所示，层片间距在数值上等于相邻两相层片厚度之和。在稳态条件下，共晶合金共生生长时的固－液界面温度 T_i 应低于合金共晶反应温度 T_E，界面过冷度为 ΔT，如图 5-32b 所示。

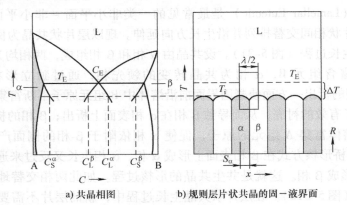

a) 共晶相图   b) 规则层片状共晶的固－液界面

图 5-32　共晶相图及规则层片状共晶的固－液界面

在生长过程中，两相各自向其界面前沿排出另一组元的原子。只有将这些原子及时扩散开，界面才能不断生长。溶质原子可以向液体内部的 y 方向进行纵向扩散，也可以沿着界面的 x 方向进行横向扩散，如图 5-33a 所示。纵向扩散在凝固界面前沿液相中形成溶质富集边界层；横向扩散为共晶两相的生长互相提供各自所需的合金组元，并使固－液界面前沿的溶质富集程度大幅度降低，也使溶质富集边界层厚度大大缩小至层片间距的一半（$\lambda/2$）。因而，在共生生长过程中，横向扩散起主导作用，纵向扩散则可忽略不计。共晶两相通过横向扩散不断排走界面前沿积累的溶质，且又互相提供生长所需的组元，彼此合作、相互促进，并排地快速向前生长（图 5-33a）。在共生界面液相一侧形成如图 5-33b 所示的成分分布。由于横向扩散的主导作用，这种成分不均匀分布和溶质富集仅存在于界面前沿极薄的一层熔

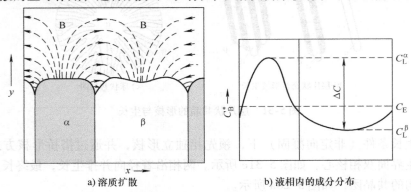

a) 溶质扩散   b) 液相内的成分分布

图 5-33　层片状共晶界面前沿的溶质扩散及液相内的成分分布

体中，其数量级与层片的平均厚度 $\lambda/2$ 相当。在此范围内，成分沿 y 方向波动的幅度随着离开界面距离的增大而迅速地减小。当 $y \geq \lambda/2$ 时，液相成分仍然保持着均匀的共晶成分 C_E。显然，与单相固溶体的凝固一样，共晶合金凝固时，界面前沿液相中的浓度变化也会导致界面处熔体液相线温度产生变化。

共晶间距（Eutectic Spacing）是度量共晶组织细化程度的参量，对于层状共晶体，共晶间距即为层片间距 λ。λ 的大小与生长速度 R 和过冷度 ΔT 有关。为了保持共生界面的稳定生长，共生两相在任一瞬间向固-液界面前沿排出溶质的量应该等于同时间内通过扩散而传输走的量。因此一定的生长速度必然对应着一定的横向扩散速度。当生长速度发生变化时，横向扩散速度也必须进行相应的调整。这种调整是通过改变横向扩散距离，也就是通过改变层片间距 λ 的大小来进行的。生长速度越快，排出的溶质量就越多，因而所要求的横向扩散速度也就越快，故此层片间距 λ 也就越小。理论研究与试验结果均表明，λ、R 和 ΔT 之间存在着下述关系

$$\lambda = K_L/\sqrt{R} \tag{5-59}$$

$$\Delta T = K_1\sqrt{R} \tag{5-60}$$

式中，ΔT 为界面过冷度，$\Delta T = T_E - T_i$；K_L 和 K_1 均为与合金性质有关的参数。式（5-59）和式（5-60）说明共晶凝固时，层片间距随着生长速度加快和过冷度的增大而减小。

3. 棒状共晶的生长

棒状共晶是另一类常见的非小平面-非小平面共生共晶组织。在该组织中一个组成相以棒状或纤维状形态沿着生长方向规则地分布在另一相的连续基体中。棒状共晶与层状共晶的结晶过程基本上相似，决定其组织形态的基本因素是两个固相之间的总界面能及第三组元。

（1）共晶组织中两相间总界面能的影响　相间总界面能是支配棒状共晶与层状共晶组织形态的重要因素。在相同条件下，共晶合金总是倾向于结晶成总界面能最低的组织形态。总界面能等于两相间各界面的面积与其相应的单位界面能的乘积之和。

当界面各向同性时，两相间单位界面能为常数，则总界面能完全取决于两相间的界面总面积。由于界面总面积的大小与两相的相对体积有关，因而共晶组织的形态将由两相所占的体积分数决定。当某一相的体积分数小于 $1/\pi$ 时，该相呈棒状结构时的界面总面积小于呈层片状结构时的界面总面积，则棒状组织的相间总界面能将低于层片状组织的相间总界面能，因而结晶时倾向于形成棒状共晶组织；反之，当某一相的体积分数大于 $1/\pi$ 时，则由于层片状组织具有更小的界面总面积，其总界面能也较低，因而结晶倾向于形成层状共晶组织；当某一相的体积分数约等于 $1/\pi$ 时，则可能形成介于上述二者之间的条带状组织或两者同时存在的混合型组织。

必须指出，在不同组织的不同界面处，两相间的晶体学位向关系并不完全相同，因而两相间界面能也不尽相等。一般而言，层状共晶中两相间的位向关系要比棒状共晶更强，因而在两相间的界面总面积相近的情况下，层片状组织两相间的总界面能可能比棒状组织更低。在这种情况下，即使某一相的体积分数小于 $1/\pi$，也可能形成层片状组织。基于同样的原因，在某一相的体积分数大于 $1/\pi$ 时不会出现棒状组织。

（2）第三组元存在的影响　共晶合金中存在第三组元时将会引起共生界面前沿出现成分过冷。如果第三组元在共晶两相中的平衡分配系数相差较大，则可能出现第三组元仅引起

一个组成相产生成分过冷的情况。在这种情况下，如图 5-34 所示，产生成分过冷相的层片在生长过程中将会越过另一相层片的界面而伸入液相中。这样，通过搭桥作用，落后的一相将被生长快的一相分隔成筛网状，并最终发展成棒状组织。通常在层片状共晶团交界处看到的棒状共晶组织就是这样形成的。

（3）棒状共晶的特征尺寸　如图 5-35 所示，设棒状相为 β 相，取 α 相的晶界为正六边形。用与六边形等面积圆的半径 r 取代层状共晶中的层片间距 λ，作为棒状共晶组织的特征尺寸。研究表明，r、R 和 ΔT 之间的关系为

$$r = K_R / \sqrt{R} \tag{5-61}$$

$$\Delta T = K_r \sqrt{R} \tag{5-62}$$

式中，K_R 和 K_r 均是由组成相的物理性质决定的常数。

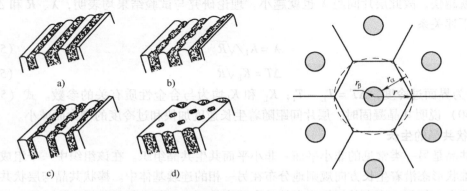

图 5-34　层片状共晶向棒状共晶的演变过程　　图 5-35　棒状共晶的特征尺寸示意图

与式（5-59）和式（5-60）比较可知，棒状共晶的 r、R 和 ΔT 之间的关系式与层片共晶的相似。层片间距 λ 与棒状共晶的特征尺寸 r 均与生长速度 R 的平方根成反比，即生长速度越快，λ 和 r 越小，共晶组织越细小，合金性能越好。

4. 共生界面前沿的成分过冷

层片共晶平界面稳定性判据为

$$\frac{G_L}{R} \geqslant -\frac{2m_L(C_{\alpha m} - C_{\beta m})}{\pi D_L} \sum_{n=1}^{\infty} \left(-\sin \frac{2n\pi}{\lambda} S_\alpha \right) \tag{5-63}$$

式中，$C_{\alpha m}$ 和 $C_{\beta m}$ 分别为 α 相和 β 相的极限固溶度，如图 5-25 所示；λ 为共晶间距；S_α 为 α 相层片厚度的 1/2，如图 5-32 所示。

由式（5-63）可知，$C_{\alpha m}$ 和 $C_{\beta m}$ 间的差值减小时，凝固界面前沿的溶质富集少，有利于减小成分过冷，共晶生长界面的稳定性增强。

如前所述，在纯二元共晶合金结晶时，由于存在着横向扩散的主导作用，固 – 液界面前沿的溶质富集程度大大降低，溶质富集层仅相当于层片厚度数量级。因此，远不会引起共生界面前沿的成分过冷。在单向结晶时容易得到宏观平坦的共生界面，如图 5-36a 所示。

当合金中存在 $k_0 \ll 1$ 的第三组元（杂质），且第三组元在共晶两相中的平衡分配系数相近时，每个相在生长过程中都要排出该组元的原子，并在界面上形成富集层。该富集层无法依靠界面上的横向扩散来消除，只能向熔体内部扩散。与单相合金结晶过程一样，该富集层

将达到几百个层片厚度数量级。在适当的工艺条件下（如 G_L 较小、R 较大时），将使界面前方熔体产生成分过冷，使两相失稳，从而导致界面形态产生改变，宏观平坦的共生界面（图 5-36a）将转变为类似于单相合金结晶时的胞状界面（图 5-36b）。在胞状生长中，共晶两相仍以垂直于界面的方式进行共生生长，故两相的层片或棒将会发生弯曲而形成扇形结构（图 5-36c）。当第三组元浓度较大，或在更大的冷却速度下，成分过冷进一步扩大时，胞状共晶将发展为树枝晶状共晶组织（参见图 5-28b），甚至还会导致共晶合金从外生生长转变为内生生长。

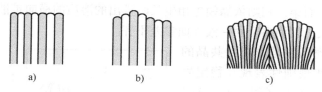

图 5-36　成分过冷引起共生生长界面的双相失稳

当第三组元在两相中的平衡分配系数相差较大时，第三组元仅引起一个组成相产生成分过冷。此时，成分过冷可能引起共生生长中的单相不稳定，导致共晶组织结构发生转变（如图 5-34 所示的层片状向棒状转变）。当成分过冷较大时，引起大的单相不稳定，该相以比共晶体更快的速度生长，将会形成单相的树枝晶，从而破坏两相的共生生长，如图 5-37 所示。

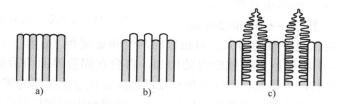

图 5-37　成分过冷引起共生生长界面的单相失稳

5.5.5　非小平面 – 小平面非规则共晶的凝固

非规则共晶体是指凝固时析出的两相排列不规则的共晶组织。这类共晶合金两相性质差别较大，共生区往往偏向于高熔点的非金属组元一侧。小平面相在共晶生长中的各向异性生长行为决定了共晶两相组织结构的基本特征。由于光滑界面本身存在多种不同的生长机理，故这类共晶合金比非小平面 – 非小平面规则共晶合金具有更为复杂的组织形态变化。即使是同一种合金，在不同的条件下也能形成多种形态互异、性能悬殊的共生共晶甚至离异共晶组织。同时对生长条件的变化也高度敏感。最具有代表性的是 Fe – C 和 Al – Si 两种合金。

1. 非小平面 – 小平面共晶合金的共生生长

非小平面 – 小平面共晶合金结晶的热力学和动力学原理与非小平面 – 非小平面共晶合金相同。其根本区别在于由共晶两相在结晶特性上的巨大差异所引起的结构形态上的变化。这类共晶合金的领先相往往是小平面生长的高熔点非金属相。在共生区偏向高熔点组元一侧的情况下，领先相的析出与生长往往引起液相成分进一步偏离共生区。因此，第二相的析出并不能立即引起两相交替搭桥生长，而往往是第二相以镶边的形式迅速地将领先相包围起来形成晕圈状的双相结构（图 5-30）。晕圈结构的特点取决于小平面生长相的生长机理并决定着共晶合金的结晶方式。如果晕圈结构是非封闭的（图 5-30b），则随着第二相的生长，液相成分逐渐回到共生区，并以共生生长的方式进行结晶。

在非小平面-非小平面规则共晶合金的共生生长中，两相的固-液界面都是平衡且等温的，两相齐头并进、相互依存，整个固-液界面是平整的。在非小平面-小平面共晶合金的共生生长中，小平面相的固-液界面是非等温的，呈各向异性生长。共晶两相虽以合作的方式一起长大，但共生界面在局部是不稳定的。小平面相沿快速生长方向伸入到界面前方的熔体中率先进行生长，而第二相则依靠领先相生长时排出的溶质的横向扩散获得生长组元，跟随着领先相一起长大，因而整个固-液界面参差不齐。

凝固组织的非规则性是非规则共晶的主要特征。组织的非规则性表现在稳定生长时，共晶层片间距 λ 在区间 $[\lambda_e, \lambda_b]$ 内不断变化，其中最小值 λ_e 为极值间距，最大值 λ_b 为分枝间距，如图 5-38 所示。非规则共晶在稳定生长过程中，小平面相的两个相邻片层以汇聚（λ 渐小）和背离（λ 渐大）的方式交替进行，从而造成共晶两相的生长界面以凸起和凹陷形态而动态变化。由于小平面相按侧向生长机制以特定晶体学取向生长，其中一些相邻层片在

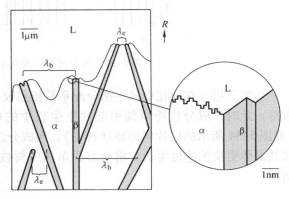

图 5-38　非规则共晶的生长与分枝

生长中将会相互偏离，使 λ 逐渐增大。当相邻的两个非金属相（β 相）层片相互背离长大（层片叉开）时，由于溶质原子扩散距离的增加，将会在固液界面前沿造成较大的溶质富集，从而对共晶的生长产生影响。溶质富集程度的增大会使溶质引起的成分过冷度增大。当成分过冷度增大到一定程度时，会在两相层片的固-液界面中间部位形成凹陷。共晶生长时的界面过冷度随层片间距 λ 的增大而增大，当层片间距 λ 增大到分枝间距 λ_b 时，界面过冷度达到最大，单个小平面相层片将通过分叉形成新的分枝。当新的分枝形成之后，其中一个层片通常会与另一相邻层片之间以相互靠拢的"汇聚"方式向前推进，从而由背离生长转为汇聚生长。随着两相邻层片的汇聚生长，由于溶质原子扩散距离的缩短，固-液界面前沿的溶质原子的富集程度逐渐降低，其间大体积相的界面凹陷的程度也渐次减小，直至曲率由负值转为正值且逐渐增大；在这一过程中，随着 λ 的减小而界面过冷度降低，当 λ 降至 λ_e 时，过冷度达到最小；由于小平面相不能轻易地改变其生长方向，且汇聚生长的两小平面相界面曲率半径不可能完全相同，假如两层片继续生长，曲率半径大的会优先生长，而曲率半径小的会停止生长，从而造成 λ_e 增大。随着曲率半径大的层片继续生长，层片间距又会发生一个变大的过程。由于非规则共晶在生长过程中不容易发生分枝，所以，非规则共晶的平均共晶层片间距比规则共晶的要大得多。

设非小平面-小平面非规则共晶的平均层片间距 $\lambda_a = (\lambda_e + \lambda_b)/2$。研究表明平均层片间距 λ_a 与界面前沿液相的温度梯度 G_L^* 和生长速度 R 的关系为

$$\lambda_a = K_c R^{-a} (G_L^*)^{-b} \tag{5-64}$$

式中，K_c 是由组成相的物理性质决定的常数；a 和 b 分别为速度常数及梯度常数，且均为正

值。因此，随着温度梯度 G_L^* 和生长速度 R 的增大，层片间距 λ_a 均会随之变小。

在非小平面 - 小平面共晶合金的共生生长中，领先相的生长形态决定着共生两相的结构形态。例如，石墨的晶格结构为六方结构（图5-39a），在 Fe - C 合金的共生生长中，领先相石墨以旋转孪晶生长机理顺着 $<10\bar{1}0>$ 方向呈片状生长（图5-39b），而奥氏体则以非封闭晕圈形式包围着石墨片的 {0001} 面跟随着石墨片一起长大（图5-30b）。在生长中，伸入液相的石墨片前端通过旋转孪晶的作用不断改变生长方向而发生弯曲，并不断分枝出新的石墨片。奥氏体则依靠石墨片生长过程中在其周围形成的富 Fe 液层而迅速生长，并不断将石墨片的侧面包围起来。最终形成的共生共晶组织是在奥氏体的连续基体中生长着一簇方向与其热流方向大致相近，但分布却是高度紊乱的石墨片的两相混合体。

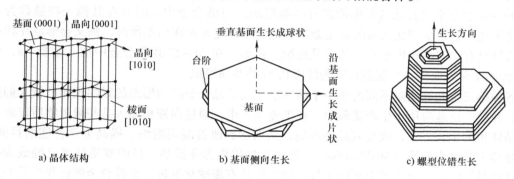

图 5-39 石墨的晶体结构及生长方式示意图

硅为金刚石立方型晶体结构。在 Al - Si 合金共生生长中，硅晶体因其小平面属性而以唯一的 $<112>$ 晶向生长。当领先相 Si 以反射孪晶生长机理在界面前沿不断分枝生长时（图5-40），形成的共生共晶组织是在 α - Al 的连续基体中分布着紊乱排列的板片状 Si 的两相混合体。当领先相 Si 呈三维蛛网状层片生长时，则形成蛛网状结构的共生共晶组织。如同 Fe - C 合金中的共晶石墨片一样，Al - Si 合金共晶组织中的 Si 片也是相互连接在一起的整体。

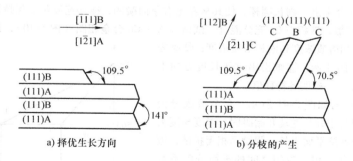

图 5-40 片状硅的生长方式示意图

2. 第三组元的影响与变质处理

在非小平面 - 小平面共晶合金中，共晶两相的结构特征对其力学性能有着非常重大的影响。如上所述，共晶两相的结构特征是由小平面相的各向异性生长行为，即其界面生长动力学过程所决定的。实践证明，微量第三组元的存在能大大地影响小平面相的界面生长动力学过程，从而支配着共晶两相组织结构的变化。例如，在高纯度 Fe－C 合金共晶凝固中，往往出现领先相石墨的 {0001} 面按螺型位错生长机理沿 <0001> 方向垂直生长（图 5-39c），从而形成球状石墨结构的离异共晶组织。在一般工业用 Fe－C 合金中均含有氧、硫等第三组元杂质；硫是一种表面活性元素，在铁液中优先吸附在石墨的棱柱面上，降低铁液/石墨棱柱面间的界面能，促使共晶石墨以旋转孪晶生长机理沿 <10 $\overline{1}$ 0> 方向生长（图 5-39b），从而形成片状石墨结构的共生共晶组织。当在这种铁液中加入微量的镁或铈等所谓球化元素对铁液进行球化处理后，铈和镁等元素在铁液中与硫化合，消除硫的作用，改变了铁液与石墨不同晶面之间界面能的对比，促使石墨沿 <0001> 晶向择优生长（图 5-39c），就可在工业用 Fe－C 合金中得到球状石墨的离异共晶组织。当该合金中同时存在其他一些被称为石墨球化干扰元素或反球化元素的微量杂质，或者是球化元素作用不足时，则又会形成片状石墨或各种具有中间结构形态石墨的共晶组织。再如，在 Al－Si 共晶合金中加入微量 Na，可使板片状 Si 大大细化，并逐渐转变为纤维状 Si 的共晶组织。

　　各种第三组元物质对不同的非小平面－小平面共晶合金结构形态的影响规律已被人们所认识，并被广泛地应用于生产实践中。在工业生产中，通过向液相加入某些微量物质以影响特定晶体相的生长方式，改变其最终形貌，从而达到改善凝固组织、提高力学性能的目的。这种处理工艺称为变质（Modification），添加的物质称为变质剂。目前变质处理已经成为控制铸件结晶组织的一种非常重要的手段，如铸铁的石墨球化处理、铝硅合金的硅相变质处理等都是在铸造中常见的变质处理工艺。

习　题

1. 何为结晶过程中的溶质再分配？它是否仅由平衡分配系数 k_0 所决定？当相图上的液相线和固相线皆为直线时，试证明 k_0 为常数。

2. 试分别推导合金在平衡凝固和固相中无扩散、液相完全混合条件下的非平衡凝固时，固－液界面处的液相温度与固相质量分数的关系。

3. 用 Al－1%Cu 合金浇一细长圆棒，使其从左至右单向凝固，冷却速度足以保持固－液界面为平界面。设固相中 Cu 无扩散，液相中 Cu 充分混合。试结合 Al－Cu 合金相图（图 5-10），计算：①凝固 10% 时，固－液界面的固相溶质浓度和液相溶质浓度；②凝固完毕时，共晶体所占的比例；③画出沿试棒长度方向上 Cu 元素的分布曲线图，并标明各特征值。

4. 某共晶合金相图如图 5-41 所示。合金液成分为 $C_B = 40\%$，置于长瓷舟中并从左端开始凝固。温度梯度大到足以使固－液界面保持平面生长。假设固相无扩散，液相均匀混合。试求：①α 相与液相之间的平衡分配系数 k_0；②凝固后共晶体的量占试棒长度的百分之几？③画出凝固后试棒中溶质 B 的浓度沿试棒长度的分布曲线，并注明各特征成分及其位置。

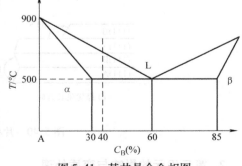

图 5-41　某共晶合金相图

5. 假设习题 4 中合金成分为 $C_B = 10\%$。①证明已凝固部分（f_S）的平均成分 $\overline{C}_S$ 为 $\overline{C}_S = C_0/f_S[1 - (1 - f_S)^{k_0}]$；②当试棒凝固时，液相浓度增大，而这又会降低

液相线温度。证明液相线温度 T_L 与 f_S 之间关系为 $T_L = T_m + mC_0(1 - f_S)^{k_0 - 1}$，式中 T_m 为纯金属 A 的熔点，m 为液相线斜率；③在相图上标出 T_L 分别为 750℃、700℃、600℃ 与 500℃ 时的固相平均成分；④计算试棒中最终将有百分之几按共晶凝固？

6. 假设凝固过程中，固相无扩散、液相均匀混合。图 5-42 中 PQ 线是 C_S'（T_L 时的固相成分）与界面处固相成分 C_S'' 的算术平均值。试证明 $C_S'' = C_0(2 - k_0)$。

7. 在固相无扩散而液相仅有有限扩散的单向凝固条件下，试分析凝固速度变快时：①固相成分的变化情况；②溶质富集层的变化情况。

8. 已知某 Al – Cu 合金在稳态时，固 – 液界面前沿液相中的溶质浓度分布 C_L 如式（5-65）所示。已知界面温度为 624℃，纯铝的熔点为 660℃。求平衡分配系数、液相线斜率、液相内最大温差、液 – 固界面上液 – 固相的成分差、该 Al – Cu 合金的液相线温度。

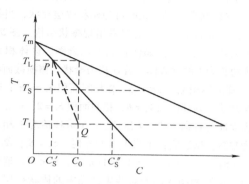

图 5-42　某二元合金相图的一角

$$C_L(\%) = 2\left(1 + \frac{0.86}{0.14}e^{-\frac{R}{D_L}x}\right) \tag{5-65}$$

9. 试根据有效分配系数的定义，分析生长速度和对流强度对有效分配系数和稳态下固、液相成分的影响。

10. 试述成分过冷与热过冷的含义以及它们之间的区别和联系。

11. 设金属固溶体以初生相按树枝晶单向生长，且生长释放的潜热与热量导出相平衡。试分析其枝晶端部可能具有哪些类型的过冷？若金属固溶体以初生相按等轴树枝晶在熔体中生长时又会怎样？

12. 何谓成分过冷判据？成分过冷的大小受哪些因素的影响？成分过冷对晶体的生长方式和结晶状态有什么影响？晶体的生长方式仅由成分过冷因素决定吗？

13. 何谓凝固界面的不稳定性？它是什么原因引起的？

14. 某二元合金原始成分为 $C_0 = 2.5\%$，$k_0 = 0.2$，$m = -55℃/\%$，自左向右单向凝固，固相无扩散而液相仅有有限扩散（$D_L = 3 \times 10^{-5} \text{cm}^2/\text{s}$）。达到稳定态凝固时，求：①固液界面上液相与固相的成分；②固 – 液界面保持平界面的条件。

15. 已知 Al – 2%Cu 合金的平衡分配系数为 0.14，液相线斜率为 –2.5℃/%，液相中的溶质扩散系数为 $3 \times 10^{-5} \text{cm}^2/\text{s}$。根据成分过冷理论，稳态时保持平界面生长的稳定性极限（G_L/R）值等于多少？

16. 已知在铸锭和铸件中生长速度 $R > 2.5 \times 10^{-3} \text{cm/s}$；多数金属在液相线温度下 $D_L = 10^{-5} \text{cm}^2/\text{s}$；$|m| > 1℃/\%$。假设 $\rho_S = \rho_L$。①试分别求出表 5-1 中的 $C_0 = 10\%$（质量分数，下同）、1%、0.01%，以及 $k_0 = 0.4$ 与 0.1 时确保平面生长所必需的 G_L 值；②考虑到铸锭或铸铁一般情况下 $G_L < 3 \sim 5℃/\text{cm}$，试根据计算结果进行分析。

表 5-1　确保平面生长所必需的 G_L 值

k_0	10%	1%	0.01%
0.4			
0.1			

17. 如何认识"外生生长"与"内生生长"？由前者向后者转变的前提是什么？这种转变仅仅由成分过冷因素决定吗？

18. 影响枝晶间距的主要因素是什么？枝晶间距与合金性能有何关系？

19. 某铝合金平板铸件的设计长度和宽度分别为 305mm 和 203mm，要求铸件的抗拉强度达到 276MPa。设砂型铸造时铝的凝固常数 B 为 4.18s/mm²。试利用图 5-21 和图 5-22 的数据，确定该铝合金铸件的厚度。

20. 根据共晶组织的形态是否规则，可将共晶组织分为哪两类？它们各有何生长特性及组织特点？

21. 共晶结晶中，满足共生生长和离异生长的基本条件是什么？共晶两相的固 – 液界面结构与其共生区结构特点有何关系？对共晶合金的结晶方式有何影响？

22. 规则共晶生长时可为棒状或层片状，当某一相的体积分数小于 $1/\pi$ 时容易出现棒状结构。图 5-43 所示为某二元共生共晶体积元的示意图。设体积元是一个边长为 1 的立方体。若 α 相为棒状，棒横截面半径为 r，棒的体积 $V_r = \pi r^2$，α、β 相间面积 $S_r = 2\pi r$；若 α 为层片状，则其体积 $V_l = b$，相间面积 $S_l = 2$。假定 (α/β) 界面能为各向同性，相间距 λ 在两种情况下相等，并为常数。试证明：①当 $V_r = 1/\pi$ 时，$S_r = S_l$；②当 $V_r > 1/\pi$ 时，$S_r > S_l$；③当 $V_r < 1/\pi$ 时，$S_r < S_l$。请用上述结果说明相间界面能对共生共晶中的棒状↔层片状组织的转变规律。

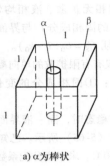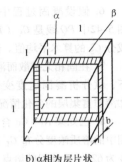

a) α 为棒状 　　b) α 相为层片状

图 5-43　二元共生共晶体积元的示意图

23. 试述非小平面 – 非小平面共生共晶组织的形核机理和生长机理、组织特点和转化条件。

24. 试说明共晶合金共生生长界面失稳的条件、组织形态、影响因素及其规律。

25. 试根据非小平面 – 小平面非规则共晶的偏离→汇聚→……交替生长机制，说明：①为什么非小平面 – 小平面非规则共晶的平均共晶层片间距大于规则共晶的层片间距？②为什么非小平面 – 小平面非规则共晶的液 – 固界面为非等温面？

26. 小平面 – 非小平面共晶生长的最大特点是什么？它与变质处理之间的关系是什么？

27. 基于片状石墨 – 奥氏体共晶生长的微观机制：①解释灰铸铁石墨成为片状的根本原因；②描述灰铸铁共晶团内石墨的空间形态。

第6章

凝 固 组 织

铸件是将熔融金属注入铸型,凝固后得到的具有一定形状、尺寸和性能的金属零件或零件毛坯。铸件凝固组织即铸态组织的形成由合金的成分和铸造条件决定,它对铸件的各项性能尤其是力学性能有着显著的影响。因此,生产上通常通过控制凝固组织来实现对铸件性能的控制。铸态组织(As-Cast Structure)是指合金在铸造后未经任何加工处理的原始宏观和微观组织,因而铸件的凝固组织可从宏观和微观两方面来描述。铸件的宏观凝固组织主要是指铸态晶粒的形态、大小、取向和分布等,而微观凝固组织主要是指晶粒内部的结构形态,如树枝晶和胞状晶等亚结构形态、共晶团内部的两相结构形态以及这些结构形态的细化程度等。

有关铸造微观凝固组织的问题,已在第4章和第5章中进行过详细的讨论。本章则侧重讨论铸件宏观组织的形成及其机理、影响宏观组织形成的因素,以及控制方法。

6.1 铸件凝固组织及其对性能的影响

6.1.1 铸件的宏观凝固组织

金属液浇入铸型后,在铸型的冷却作用下,凝固后铸件的典型宏观组织由表面细晶粒区、柱状晶区和中心等轴晶区3个不同的晶区组成,如图6-1a所示。表面细晶粒区是紧靠型壁的一个外壳层,由紊乱排列的细小等轴晶组成;柱状晶区由自外向内沿着热流方向彼此

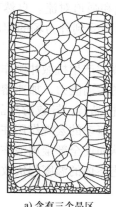 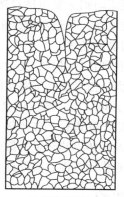 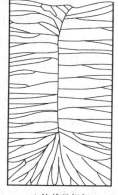

a) 含有三个晶区   b) 等轴晶组织   c) 柱状晶组织

图6-1　铸件宏观凝固组织

平行排列的长柱形晶体即柱状晶组成；中心等轴晶区由紊乱排列的粗大等轴晶组成。通常表面细晶粒区比较薄，厚度只有几个晶粒大小，其余两个晶区则比较厚。

实际上并不是所有的铸件都具有三个晶区的凝固组织。铸件宏观凝固组织中的晶区数目以及柱状晶区和等轴晶区的相对厚度都随合金成分和铸造条件而变化。在一定的条件下，可以获得仅由表面细等轴晶和柱状晶、柱状晶和中心等轴晶组成的两个晶区的铸件凝固组织，甚至可以获得完全由等轴晶（图6-1b）或柱状晶（图6-1c）所组成的宏观凝固组织。

6.1.2　宏观凝固组织对铸件性能的影响

铸件的性能与其凝固组织密切相关。宏观凝固组织中的表面细晶粒区比较薄，对铸件性能的影响较小。铸件性能主要受柱状晶区与等轴晶区的比例及晶粒大小的影响。

柱状晶区的晶粒彼此间的晶界比较平直；凝固区域较窄，生长通常以逐层凝固的方式进行，因此凝固组织比较致密，显微缩松、气孔和晶间杂质少。但柱状晶比较粗大，晶界面积小，并且位向一致，因而其性能具有明显的方向性，纵向性能高于横向性能。此外，在柱状晶凝固界面前方常汇集有较多的杂质元素、非金属夹杂物和气体，特别是当不同方向生长的柱状晶区相遇而构成柱晶间界时，将在该处形成弱面，导致铸锭或铸件在凝固末期产生热裂，也使铸锭在后续的轧制等塑性加工过程中易于形成裂纹。因此，除了某些特殊的轴向受拉应力的铸件之外，通常铸件不希望获得粗大的柱状组织（Columnar Structure）。

等轴晶区的晶粒生长时彼此交叉嵌合、结合牢固，裂纹不易扩展；晶界面积大，杂质和缺陷分布比较分散；晶粒间的位向各不相同，性能没有方向性；不存在明显的弱面，性能均匀而稳定。对等轴晶进行细化处理，能使杂质和缺陷分布更加分散，显著提高材料的力学性能和疲劳性能。因而，对于一般的铸锭或铸件，希望获得细小的等轴晶组织（Equiaxed Structure）。等轴晶区的缺点是枝晶比较发达，显微缩松较多，组织不够致密。

6.2　液相流动对凝固过程的影响

在铸件形成过程中，存在多种形式的熔体流动。金属液浇入铸型后，浇注过程中的动量会造成湍流旋涡。凝固过程中的液相流动则主要包括自然对流和强迫对流。自然对流是由重力场造成的密度差和凝固收缩引起的流动。强迫对流是由金属液受到外力场的驱动而产生的流动，如机械搅动、铸型振动及外加电磁场等。

液体流动影响凝固过程的传质过程和传热过程，还会对凝固层产生机械冲刷作用，因而对凝固组织有着重要的影响。在传质方面，流动提高了溶质原子的传输能力，加速熔体宏观成分的均匀化，改变凝固界面前沿的溶质分布状态；湍流还会冲刷枝晶臂，导致游离晶粒的产生、漂移和堆积，并使各种晶粒的游离得以不断进行。在传热方面，流动的宏观作用在于加速熔体的传热过程，促进宏观温度均匀化以及熔体过热热量的散失，从而使全部金属液在浇注后很快地从浇注温度下降到凝固温度。在微观作用方面，流动还会促进熔体的温度起伏效应。

6.2.1　液相流动对凝固前沿的影响

1. 改变柱状树枝晶的生长方向

在凝固过程中，熔体的流动会使柱状树枝晶的生长方向发生变化，使晶体向迎流一侧倾斜生长，如图 6-2 所示。造成柱状树枝晶倾斜生长的主要原因是熔体的流动对柱状晶前沿的溶质富集层产生冲刷作用，造成溶质分布不对称，使得迎流一侧的液相中溶质原子浓度低于背流一侧的溶质原子浓度；浓度降低的一侧枝晶端部液相线温度升高，领先伸入到液相中生长，而浓度升高的背侧则相反；最终，晶体生长的方向倾向于迎流一侧。

← 液相流动方向

图 6-2　金属液流动对枝晶组织的影响

2. 促进枝晶的非对称生长

当枝晶在无流动的金属液中生长时，二次枝晶臂一般是以一次枝晶晶轴为对称轴进行对称生长的。但当液相的流动方向垂直于一次枝晶臂的生长方向时，则迎流一侧的二次枝晶臂生长较快而变得较为发达，背流一侧的二次枝晶臂的生长却受到了抑制，如图 6-2 所示。二次枝晶臂非对称生长的直接原因是迎流一侧液相中的扩散层厚度变薄，溶质浓度降低，二次枝晶端的液相线温度升高，因此枝晶可以深入地长到熔体中。而背侧的溶质边界层变厚，浓度升高，无法进一步生长。

6.2.2　液相流动对晶体游离与晶核增殖的影响

1. 凝固初期型壁上的晶粒脱落与游离

金属液浇入冷的铸型后，依附型壁形核的晶粒在生长过程中会引起界面前方熔体中溶质浓度的重新分布，从而导致凝固界面前沿液态金属凝固温度下降，实际过冷度减小。溶质偏析程度越大，实际过冷度就越小，其生长速度就越缓慢。由于晶体根部紧靠型壁，其界面前沿的溶质在金属液中扩散均匀化的条件最差，故偏析程度最为严重，使得晶体根部的生长受到强烈抑制（图 6-3a）。与此同时，远离根部的液相其他部位则由于界面前方的溶质易于通过扩散和对流而均匀化，因此过冷度较大，晶体生长速度要快得多。故在晶体生长过程中将产生根部"缩颈"现象，生成头大根小的晶粒（图 6-3b）。缩颈处晶体熔点最低，也最脆弱。在金属液的机械冲刷和温度反复波动所形成的热冲击作用下，缩颈极易断开，造成晶粒自型壁脱落而导致晶粒游离（图 6-3c）。

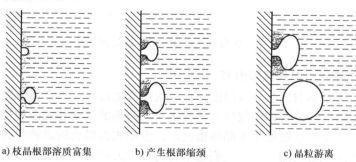

a) 枝晶根部溶质富集　　　　b) 产生根部缩颈　　　　c) 晶粒游离

图 6-3　型壁晶粒脱落示意图

2. 凝固过程中的枝晶熔断引起的晶粒游离

铸件凝固时,在树枝晶各次分枝的根部也同样存在缩颈现象。这是因为枝干生长过程中在其侧面形成的溶质偏析阻碍了侧面的生长,当偶然产生的凸出部分突破此层后,便进入较大的成分过冷区内,长出较粗大的分枝,从而在分枝根部留下缩颈(图6-4)。如同型壁晶粒游离过程一样,生长着的树枝晶的各次分枝在液流的作用下,其熔点最低且又最脆弱的根部缩颈最易熔断,并被液流卷入金属液内部而产生游离。图6-5所示为透明有机合金的树枝晶凝固过程,可明显看出分枝的缩颈。

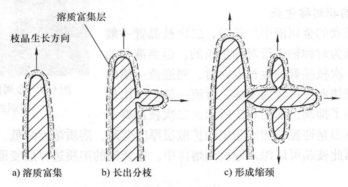

a) 溶质富集   b) 长出分枝   c) 形成缩颈

图6-4   二次分枝缩颈形成示意图

a) 柱状晶生长   b) 等轴晶生长

图6-5   透明有机合金的树枝晶凝固过程

3. 液面晶粒沉积所引起的晶粒游离

熔体表面通常由于辐射散热导致温度降低较快而产生过冷。当金属液温度与环境温度相差较大时,在液面处的过冷熔体中发生形核并生长。液相的流动和表面的扰动会使表面形成的凝固分枝脱落。当金属液密度小于晶体密度时,液相表面形成的晶核和脱落的凝固分枝便会下落,从而导致晶粒游离的产生。人们通常将铸件上方的合金液表面形成的晶粒在一定的扰动条件下断裂,并在重力作用下以类似雨滴的方式降落的现象称为"结晶雨"(Crystal Shower)。一般认为,这种"结晶雨"晶粒游离现象大多发生在大型铸锭的凝固过程中,而在一般铸件凝固过程中较少发生。

4. 晶核增殖

通常，处于自由状态下的游离晶都具有树枝晶结构。当它们在液流中漂移时，要不断通过不同的温度区域和浓度区域，不断受到温度波动和浓度波动的影响，从而使其表面处于反复局部熔化和反复生长的状态之中。这样，对于固－液界面前沿溶质富集严重而易于形成缩颈的游离晶而言（图 6-6a），就可能从缩颈处断开从而使一个晶粒破碎成几部分，然后在低温下各自生长为新的游离晶（图 6-6b）。这种在铸件凝固过程中，枝晶被熔断而使一个晶粒分裂为多个晶粒的现象称为晶粒增殖（Grain Multiplication）。

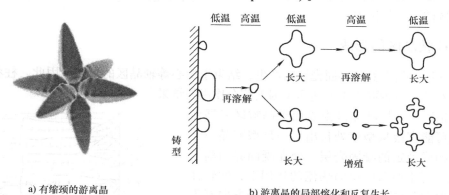

a) 有缩颈的游离晶　　　　　　　　　　b) 游离晶的局部熔化和反复生长

图 6-6　晶粒的增殖过程示意

6.3　铸件凝固组织的形成机理

6.3.1　表面细晶粒区的形成

关于表面细晶粒区的形成机制主要有铸型表面结晶学说和结晶游离学说两种理论。

根据铸型表面结晶学说，当金属液浇入温度较低的铸型时，型壁附近的熔体由于受到强烈的激冷作用而大量异质形核。这些晶核在过冷液相中快速生长并相互接触，从而形成了无方向性的表面细等轴晶组织。故也常把表面细等轴晶称为"激冷晶"，把铸件外表面被铸型快速冷却形成的这层很薄的细晶组织区域称为"激冷层"（Chill Zone）。根据该理论，表面细晶粒区的形成与型壁附近熔体内的非均质形核数量有关。

结晶游离学说则认为各种形式的晶粒游离是形成表面细晶粒区的"晶核"来源。型壁附近熔体内部的大量形核只是表面细晶粒区形成的必要条件，而抑制铸件形成稳定的凝固壳层则为其充分条件。没有晶粒的游离，就难以生成表面细等轴晶区。因为稳定的凝固壳层造成了界面处晶粒单向散热的条件，从而促使晶粒逆着热流方向择优生长而形成柱状晶。因此，稳定的凝固壳层形成得越早，表面细晶粒区向柱状晶区转变得也就越快，表面细晶粒区也就越窄。通过型壁晶粒游离可以抑制稳定凝固壳层的产生从而确保表面细晶粒区的形成。如前所述，导致型壁晶粒游离的内因是晶粒根部由于溶质偏析而形成的低熔点缩颈，而其外因则为熔体中的流动。

大量试验证实，表面细晶粒区中的等轴晶粒不仅直接来源于过冷熔体中的异质形核，而且也还来自包括型壁晶粒脱落、枝晶熔断和晶粒增殖等各种形式的晶粒游离过程。至于何者更为重要，当视具体凝固条件而定。

值得注意的是，型壁激冷能力对表面细晶粒区的形成具有双重作用。强的铸型激冷能力一方面可提高型壁附近熔体的异质形核能力，促进表面形成细小等轴晶；另一方面也使靠近型壁的晶核数量大大增多，这些晶核很快长大、相互连接而形成稳定的凝固壳层，从而阻止表面细晶粒区的形成。因此，如果在凝固开始阶段不存在强的型壁晶粒游离条件（如高的溶质含量和强烈的熔体流动等）或较多的游离晶粒，则过强的铸型激冷能力反而不利于表面细晶粒区的形成与扩大。

6.3.2　柱状晶区的形成

柱状晶区开始于稳定凝固壳层的产生，结束于中心等轴晶区的形成。因此，柱状晶区的宽窄程度及存在与否取决于上述两个因素综合作用的结果。

通常情况下，柱状晶区由表面细晶粒区发展而成，但也可能直接从型壁处长出。一旦型壁晶粒互相连接而构成稳定的凝固壳层，处在凝固界面前沿的晶粒在垂直于型壁的单向热流的作用下，便转而以枝晶状单向延伸生长。由于各枝晶主干方向互不相同，那些主干与热流方向相平行的枝晶，比取向不利的相邻枝晶生长得更为迅速。它们优先向液相内部伸展并抑制相邻枝晶的生长，在逐渐淘汰掉取向不利的晶体过程中发展成柱状晶组织（图6-7）。这个互相竞争淘汰的晶体生长过程称为晶体的择优生长。由于择优生长，在柱状晶向前发展的过程中，离开型壁的距离越远，取向不利的晶体被淘汰得就越多，柱状晶的方向就越集中，晶粒的平均尺寸也就越大。

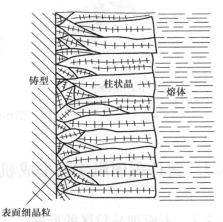

图 6-7　柱状晶择优生长示意图

对于纯金属，其凝固前沿基本上呈平面生长，故其择优生长并不明显。纯金属凝固时没有根部缩颈现象，晶粒沿着过冷度最大的型壁方向迅速生长而形成稳定的凝固壳，然后凝固前沿以平面生长的方式逆着热流方向向内伸展而成为柱状晶组织。此外，当金属液中有少数游离晶粒偶尔被凝固界面前沿"捕获"时，则柱状晶区中将有一些孤立的等轴晶存在。

控制柱状晶区继续发展的关键因素是内部等轴晶区的出现。如果凝固界面前方始终不利于等轴晶的形成与生长，则柱状晶区可以一直延伸到铸件中心，直到与对面型壁长出的柱状晶相遇为止，从而形成所谓的"穿晶"组织（图6-1c）。如果界面前方有利于等轴晶的产生与发展，则会阻止柱状晶区的进一步扩展而在内部形成等轴晶。

在铸件宏观组织中，发生柱状晶向等轴晶的转变（Columnar – to – Equiaxed Transition，CET）是十分普遍的现象（图6-1a），不仅存在于单相合金中，也存在于多相合金中。显然，如果柱状晶凝固界面前沿无过热，则界面凝固组织可能会发生 CET 转变。研究表明，能否发生 CET 转变与凝固界面前沿液相中温度梯度 G_L 的大小有关。

当 G_L 大于某一临界值时，柱状晶会继续生长，不会发生 CET 转变，此时

$$G_L > 0.49 \left(\frac{100N}{f_S^c}\right)^{1/3} \left[1 - \left(\frac{\Delta T_n}{\Delta T_c}\right)^3\right] \Delta T_c \tag{6-1}$$

式中，N 为单位体积的晶核密度；f_S^c 为临界固相率；ΔT_n 为形核所需的过冷度；ΔT_c 为枝晶生长的成分过冷度。

但当 G_L 小于某一临界值时，会发生 CET 转变，此时

$$G_L < 0.49 \left(\frac{N}{f_S^c}\right)^{1/3} \left[1 - \left(\frac{\Delta T_n}{\Delta T_c}\right)^3\right] \Delta T_c \tag{6-2}$$

6.3.3　中心等轴晶区的形成

从本质上说，中心（内部）等轴晶区的形成是由于熔体内部晶核自由生长的结果。但是，关于等轴晶晶核的来源以及这些晶核如何发展并最终形成等轴晶区的具体过程却存在不同的理论观点与见解。概略来说，主要有激冷晶游离理论、成分过冷异质形核理论、枝晶熔断脱落与"结晶雨"游离理论3类，现分述如下。

1. 激冷晶游离理论

该理论认为铸件内部的等轴晶来源于过冷熔体中的异质形核产生的游离晶。在铸件浇注过程中，特别是当金属液内部存在大量有效形核质点的情况下，由于浇道及型壁等处的激冷作用而使其附近的熔体过冷，并通过异质形核作用在熔体内部形成大量处于游离状态的小晶体（图6-8a）；在凝固初期，依附型壁形核的合金晶粒由于熔体对流也会产生脱落与游离（图6-8b）。这些游离晶一部分留在型壁附近形成表面细晶粒区，另一部分则随着液流向熔体各处漂移（图6-8）。如果金属液的浇注温度不高，游离晶就不会全部熔化掉，残存下来的晶体可以作为内部等轴晶的晶核。根据这一理论，无论是表面的细等轴晶还是内部等轴晶，其晶核均来源于浇注期间和凝固初期的激冷晶游离。

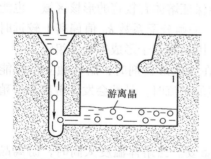 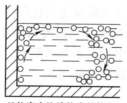 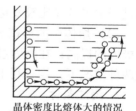

a) 由于浇注温度低，在浇注期间形成的激冷游离晶　　b) 凝固初期形成的激冷游离晶

图6-8　激冷晶游离示意图

2. 成分过冷异质形核理论

该理论认为，随着凝固层向内推移，固相散热能力逐渐减弱；液相中的溶质原子越来越富集，从而使界面前方成分过冷逐渐增大。当成分过冷大到足以发生异质形核时，过冷液相直接形核长大，便导致内部等轴晶的形成。对于易发生成分过冷的合金、浓合金体系或存在大量有效形核质点时，成分过冷所导致的异质形核过程可能是内部等轴晶晶核的有效来源之一。

3. 枝晶熔断脱落与"结晶雨"游离理论

该理论认为，在凝固过程中，生长着的柱状枝晶产生熔断脱落以及在凝固界面前方的"结晶雨"引起的晶粒游离和增殖，导致了凝固界面前方的液相内部产生等轴晶晶核。这些小晶体在柱状晶前方的液相中长大成为等轴晶，并阻断了柱状晶的生长，从而形成了中心等轴晶区。

实际上，中心等轴晶区的形成很可能是多种途径造成的。在一种情况下，可能是这种机理起主导作用；在另一种情况下，可能是另一种机理在起作用，或者是几种机理的综合作用，而各自作用的大小由具体的凝固条件所决定。

6.3.4 宏观凝固组织的影响因素

铸件中三个晶区的形成和相对厚度既相互联系，又彼此制约。稳定凝固壳层的产生决定着表面细晶粒区向柱状晶区的过渡，而阻止柱状晶区进一步发展的关键则是中心等轴晶区的形成。因此，从本质上说，不同晶区的形成和转变是过冷熔体独立形核的能力和各种形式的晶粒游离，重熔或增殖以及堆积程度这两个基本条件综合作用的结果；铸件中各晶区的相对薄厚比例和晶粒大小也由此决定。凡能强化熔体独立形核、促进晶粒游离，以及有助于游离晶的增殖、残存与堆积的各种因素都将抑制柱状晶区的形成和发展，从而促进等轴晶区的形成、扩大等轴晶区的范围，并细化等轴晶组织。这些因素具体可从金属性质、浇注条件、铸型性质及铸件结构4个方面进行讨论。

1. 金属性质

（1）合金成分　纯合金和共晶成分合金的结晶温度范围为零，与铸型内表面接触的金属液凝固后容易以平滑的界面向液相内部凝固，晶粒难以发生游离，因此这类合金极易形成柱状晶组织。

宽结晶温度范围的合金和低的液相温度梯度既能保证熔体有较宽的形核区域，也能促使较长的脆弱枝晶的形成。合金中溶质元素含量较高，平衡分配系数 k_0 值偏离 1 较远时，凝固过程中树枝晶比较发达，缩颈现象也就比较严重，因而有利于形成等轴晶组织。

（2）熔体中的形核剂与对流　当过冷熔体中存在强的形核剂时，熔体独立形核能力会有极大的提高；在凝固过程中存在着长时间的、激烈的对流时，晶粒会发生游离和增殖。在这两种情况下，均有利于形成等轴晶组织。

2. 浇注条件

（1）浇注温度　浇注温度对游离晶的残存非常重要。当熔体温度太高时，游离晶极易发生重熔，难以形成中心等轴晶区，最终铸件形成从铸型壁向内生长的柱状晶组织（图6-9a）；如果熔体温度较低时，既能产生大量的游离晶，又能够使游离晶保存下来，成为核心并在金属液中自由生长，这对等轴晶的形成和细化有利（图6-9b和图6-9c）。当浇注温度低且又存在足够强度的对流时，整个铸件就会凝固生成细小的等轴晶组织（图6-9d）。

（2）浇注工艺　凡能强化液流对型壁冲刷作用的浇注工艺均有利于凝固初期型壁上的晶粒脱落与游离，从而扩大等轴晶区并细化等轴晶。

图6-10所示为不同浇注工艺下石墨型中 Al – 0.2% Cu 合金铸件的宏观凝固组织。采用单孔中间浇注时，液流对型壁的冲刷作用较弱，柱状晶发达，等轴晶区较窄且晶粒粗大（图6-10a）。当沿型壁单孔浇注时，液流对型壁的冲刷作用加强，从而使柱状晶区缩小、等

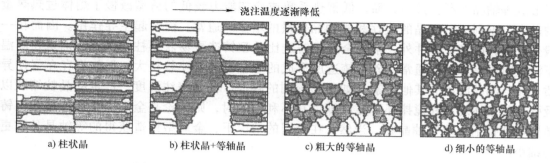

浇注温度逐渐降低→

a) 柱状晶   b) 柱状晶+等轴晶   c) 粗大的等轴晶   d) 细小的等轴晶

图 6-9 钢锭侧壁向内生长的宏观凝固组织的数值模拟

轴晶区扩大，晶粒也得以细化（图 6-10b）；当沿型壁用均匀分布的六孔浇注时，液流对型壁的冲刷作用大大增强，从而获得了完全的细小等轴晶组织（图 6-10c）。

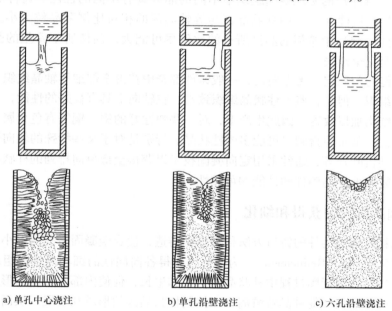

a) 单孔中心浇注   b) 单孔沿壁浇注   c) 六孔沿壁浇注

图 6-10 不同浇注工艺下石墨型中 $Al-0.2\%Cu$ 合金铸件的宏观凝固组织

3. 铸型性质和铸件结构

这方面的因素主要有铸型冷却能力与铸件壁厚。铸型冷却能力对铸件凝固组织的影响与铸件壁厚及液态金属的导热性有关。

对于薄壁铸件而言，激冷可以使整个断面同时产生较大的过冷。铸型蓄热系数越大，整个熔体的形核能力越强。因此，这种情况下采用金属型铸造比采用砂型铸造更易获得细等轴晶组织。

对于壁厚较大或导热性较差的铸件而言，只有型壁附近的金属液才会受到激冷作用。在这种情况下，等轴晶区的形成主要依靠各种形式的晶粒游离。这时铸型冷却能力对等轴晶组织形成的影响具有双重性。一方面，低蓄热系数或冷却能力较低的铸型能延缓稳定凝固壳层的形成，有助于凝固初期激冷晶的游离，同时也使液相温度梯度变小，凝固区域变宽，从而对形成等轴晶有利；另一方面，低蓄热系数或冷却能力较低的铸型减慢了熔体过热热量的散失，不利于游离晶的残存和等轴晶数量的增多。通常，前者起主导作用。因而在一般生产中，除薄壁铸件外，采用金属型铸造比砂型铸造更易获得柱状晶，特别是在高温下浇注时更是如此。通常，砂型铸造所形成的等轴晶晶粒比较粗大。但如果存在促使异质形核与晶粒游离的其他因素（如强形核剂的存在、低的浇注温度、严重的晶粒缩颈以及强烈的熔体对流和搅拌等）足以抵消其不利影响时，则无论是金属型铸造还是砂型铸造皆可获得细小的等轴晶粒。当然，在相同的情况下，金属型铸造获得的等轴晶晶粒更为细小。

6.4 铸件宏观凝固组织的控制

金属铸锭（铸件）的宏观凝固组织中不同的晶区具有不同的性能。铸件宏观凝固组织的控制就是要控制铸件（锭）中柱状晶区与等轴晶区的相对比例和晶粒大小。通过控制凝固条件，使铸件（锭）中希望的晶区所占的比例尽可能大，而使所不希望的晶区所占的比例尽量减少以至完全消失。

等轴晶性能均匀稳定、无方向性，一般铸件都希望获得全部细等轴晶组织，不希望获得粗大的柱状晶组织。但是，鉴于柱状晶组织致密、在轴向上具有良好的性能，且其弱面可以通过改变铸件结构加以改善，因此生产中，对一些塑性好的铝、铜等有色金属及其合金和奥氏体不锈钢铸锭，都希望得到尽可能多的柱状晶。特别是对于某些特殊的轴向受拉应力的铸件，如航空发动机叶片等，通常采用定向凝固技术以获得全部单向排列的柱状晶组织甚至单晶组织，以大幅度地提高铸件的性能和可靠性。

6.4.1 等轴晶组织的获得和细化

获得细晶粒等轴晶铸件的铸造方法称为细晶铸造，使合金凝固后获得细小晶粒的处理方法称为晶粒细化（Grain Refinement）。为使铸件获得各向同性的细小等轴晶组织，在铸造过程中应创造条件，抑制凝固过程中柱状晶的产生和生长，促使内部等轴晶的形成和细化。显然，通过强化异质形核和促进晶粒游离可以抑制柱状晶区的形成和发展，从而获得细小等轴晶组织。异质晶核数量越多，晶粒游离的作用越强，熔体内部越有利于游离晶的残存和增殖，则形成的等轴晶粒就越细。细晶铸造大致有三种方法，一是热控法，即通过对金属液的热循环处理、深过冷、低温浇注、快速冷却或快速凝固等方法而获得细晶铸件；二是化学法，即通过在金属液中加入晶粒细化剂如孕育剂、变质剂和形核剂等获得细晶铸件；三是动力法，也就是通过对熔池进行搅拌、振动等获得细晶铸件。

1. 合理控制热学条件

在兼顾到一定的工艺性能以确保获得健全铸件的前提下，可对热学条件进行合理的控制以满足等轴晶的形成和晶粒细化的需要。这方面的措施主要有低温浇注、合理的浇注工艺及合理控制铸件冷却条件等。

（1）低温浇注和采用合理的浇注工艺　降低浇注温度和强化液流对型壁冲刷作用的浇注工艺是减少柱状晶，获得细等轴晶的有效措施（图6-9、图6-10）。如图6-11所示，使Al－0.2%Cu合金熔体通过水冷斜板浇注时，熔体温度大大降低，从而获得完全的细小等轴晶组织。但是过低的浇注温度将降低金属液的流动性，导致浇不足、冷隔和夹杂等缺陷的产生。采用强化液流对型壁冲刷作用的浇注工艺时，要避免卷入气体和夹杂。

（2）合理控制冷却条件　控制铸件冷却条件的目的是形成宽的凝固区域和获得大的熔体过冷，从而促进形核和晶粒游离。显然，低的温度梯度和高的冷却速度可以满足这一条件。但就铸型的冷却能力而言，除薄壁铸件外，低的温度梯度和高的冷却速度二者不可兼得。因此，对厚壁铸件一般总是采用冷却能力小的铸型以确保等轴晶的形成，再辅以其他措施细化晶粒。

在合理控制冷却条件方面，比较理想的方案是，既不使铸型有较大的冷却作用以便降低温度梯度，又使熔体能够快速冷却。悬浮铸造法能满足这一要求（图6-12）。悬浮铸造（Suspension Casting）也称为悬浮浇注，是在浇注过程中向金属液流中加入一定数量的粉粒状处理剂，使其分散悬浮在金属液中的铸造方法。处理剂通常为金属粉末，它们相当于极多的微小冷铁均匀地分布于金属液中，可对金属液起激冷、孕育、变质、晶粒细化或微合金化作用，减少铸件缩孔（松），提高铸件的力学性能。

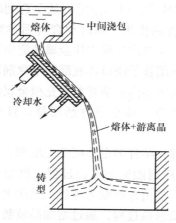

图 6-11　水冷斜板低温浇注示意图

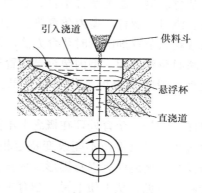

图 6-12　悬浮铸造法示意图

2. 孕育处理

孕育（Inoculation）是在合金液内加入能影响形核过程，获得所要求的特定相并细化和改善其形貌的物质的金属液处理工艺。用于对金属液进行孕育处理的添加剂称为孕育剂。作为一种晶粒细化剂，孕育剂也常称为形核剂。

根据孕育剂的作用原理，可将孕育剂分为以下几类。

1）直接作为外加晶核的孕育剂。此类孕育剂是与欲细化相具有界面共格对应关系的高熔点物质或同类金属碎粒，它们在金属液中可直接作为欲细化相的有效衬底而促进异质形核。如在高锰钢中加入锰铁或在高铬钢中加入铬铁，都可以直接作为欲细化相的异质晶核而细化晶粒并消除柱状晶组织。

2）能与金属液相互作用而产生异质晶核的孕育剂。此类孕育剂能与熔体中某些元素反应生成较稳定的化合物，这些化合物因与欲细化相具有界面共格对应关系而能促进异质形核。如钢中加入 V、Ti，能形成促进异质形核的碳化物和氮化物，从而达到细化等轴晶的目的。

3）能在熔体中造成很大的微区富集，而迫使结晶相提前弥散析出的孕育剂。如在铁液中加入硅铁碎粒后，瞬时形成了很多富硅区，造成局部过共晶成分，从而迫使石墨提前析出。

4）含有易偏析元素或强成分过冷元素的孕育剂。这类孕育剂加入熔体后，由于其固溶度小，在凝固界面前沿富集，使晶粒根部和树枝晶分枝根部产生细弱缩颈，从而促进晶粒的游离与增殖；这类孕育剂在熔体中产生的强成分过冷作用也能强化熔体内部的异质形核。此外，凝固界面前沿液相中的元素富集也可阻碍晶体生长，促使组织细化。显然，元素富集程度越大，对晶粒的细化作用越大。

实践表明，采用多元复合孕育剂，可得到更佳的孕育效果。如在铜合金中，采用 Zr + Mg + Fe + P 复合孕育剂，可获得显著的晶粒细化效果。

在熔体中加入孕育剂后，孕育效果随着时间延长而逐渐减弱乃至消失，这种现象称为孕育衰退。显然，孕育效果的好坏不仅取决于合适的孕育剂种类及其加入量，还与其加入方法即孕育处理方法紧密相关。为提高孕育效果，一方面可选择能长时间保持孕育效果的"长效孕育剂"，另一方面可采取瞬时孕育（后孕育）处理技术，以尽量缩短从孕育到凝固的时间，防止孕育衰退，避免孕育不良，从而充分发挥孕育的作用。瞬时孕育（后孕育）包括随流孕育、浇口杯孕育、型内孕育等。其中随流孕育是在浇注过程中往金属液流中连续定量加入粒状或丝状孕育剂的瞬时孕育方法。浇口杯孕育是用置于浇口杯底部的孕育剂对浇注金属液进行瞬时孕育处理。型内孕育是用置于浇注系统或铸型内的孕育剂对充型金属液进行瞬时孕育处理。瞬时孕育可强化孕育效果、提高孕育效率、减小孕育剂用量，且孕育效果稳定。

值得注意的是，孕育处理在概念上不同于变质处理，孕育剂也不同于变质剂。孕育剂仅影响形核过程，只改善而不能改变特定相的形貌；变质剂能影响生长过程，改变特定相形貌。如铸铁孕育剂能使碳以石墨形式形核，而不能使石墨由片状变为球状，球化剂则使石墨生长成球状。可见，从本质上说，孕育主要是强化异质形核过程，通过增加晶核数实现细化晶粒；而变质则是通过改变晶体的生长机理来影响晶体形貌。

3. 动力学细化

在铸件凝固过程中，采用某些动力学方法如振动、搅拌和旋转等手段，通过促进液相的强烈流动及对枝晶进行有效的冲刷，可导致枝晶脱落、破碎、游离及增殖，在液相中形成大量的晶核，从而有效减小或消除柱状晶区，细化等轴晶组织。施加振动、搅拌和旋转的方式有机械、超声波及电磁等多种方法。这种晶粒细化方法称为动态晶粒细化。在凝固过程中，用振动、搅拌、液流冲击、旋转铸型等机械或物理方法促进形核和晶核增殖的方法也称为动力形核（Dynamic Nucleation）。

（1）振动　振动是一种有效的晶粒细化方法。只要振动能量足够大，各种振动，无论是亚音速、音速到超音速，还是振幅从微米级到厘米级，都可以细化以枝晶方式凝固的金属。图 6-13 表明，随着振动频率和（或）振幅的增大，将会逐步达到晶粒碎断的临界值。研究表明，当振动频率与振幅的乘积为 $0.1 m \cdot s^{-1}$ 时，晶粒细化效果高达 90%，且随乘积值增大而提高。对铸型上部或液态金属表面施加振动，比对铸型底部或整体振动具有更佳的晶粒细化效果。在金属液的自由表面上，破碎枝晶形成结晶雨所需的能量远小于 $0.1 m \cdot s^{-1}$

的临界值。

施加振动的方法有多种，可以直接振动铸型，也可以在浇注过程中振动浇注槽或浇口杯。对于小钢锭或形状简单的铸件，还可将振动器插入液态金属中进行直接振动。这种在金属液冷却和凝固期间，用机械、电磁感应或超声波使铸型或金属振动以细化晶粒、加强补缩的铸造方法称为振动铸造（Vibrational Casting）。

（2）搅拌 在凝固初期，对熔体施以机械搅拌，可以获得与振动相同的细化晶粒效果。但除了连续铸造及铸锭以外，对一般铸件难以施加机械搅拌。电磁搅拌（Electromagnetic Agitation）则是由电磁效应产生的对熔池内金属液的搅拌作用，

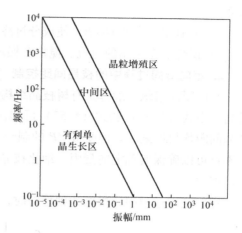

图 6-13　晶粒细化的临界值与振动振幅和频率的关系

具体是将充满金属液的铸型置于旋转磁场中，铸型固定不动，而金属液由于不断切割磁力线而产生旋转，从而不断冲刷型壁和随后的凝固层，促进晶粒脱落、破碎、游离，达到动态晶粒细化效果。电磁搅拌可以施加于凝固过程的任何阶段，从而使铸件的不同部分获得不同的结晶组织。如在钢的连铸过程中，为了增加等轴晶区的比例，常采用电磁搅拌的方法。

除了上述振动和搅拌方法以外，还可以采用旋转铸型法细化晶粒。该法基本原理是通过周期性地改变铸型的旋转方向和旋转速度，强化液体与铸型及已凝固层之间的相对运动，从而利用金属液的惯性力冲刷凝固界面而获得细等轴晶组织。

此外，如图 6-10 和图 6-11 所示，在浇注时扰动金属液流，使金属液与冷型壁接触所生成的部分小晶体或枝晶臂从型壁脱落并均匀分布于型内各处。当浇注金属液过热度小时，这些小晶体作为晶核迅速生长而获得全部等轴晶。这种方法称为大冲击形核（Big Bang Nucleation），也是动力形核方法之一。

6.4.2　定向凝固与柱状晶及单晶组织的获得

1. 定向凝固原理

定向凝固（Directional Solidification）也常称为单向凝固，定向凝固是一种强制性凝固过程，是指在凝固过程中设法在凝固金属和未凝固金属熔体中建立起特定方向的温度梯度，使熔体沿着与热流相反的方向凝固，得到具有特定取向柱状晶或单晶的过程。为满足这一目的，首先要在开始凝固的部位形成稳定的凝固壳，以阻止型壁晶粒游离并为柱状晶生长提供基础；其次要确保凝固壳中的晶粒按既定方向通过择优生长发展成平行排列的柱状晶组织。同时，为使柱状晶纵向生长不受限制并且在其组织中不夹杂有异向晶粒，凝固界面前方不应存在形核和晶粒游离现象。为此，在定向凝固过程中，必须满足以下条件。

1）确保严格的单向散热。阻止侧向散热，并使沿柱状晶生长的方向始终保持正温度

梯度。

2）要有足够大的 G_L/R，使成分过冷限制在允许的范围内，避免形核。

3）避免液态金属的对流、搅拌和振动，从而阻止界面前方的晶粒游离。

2. 定向凝固过程中的枝晶间距控制

定向凝固组织一般都具有树枝晶结构。枝晶间距越小，柱状晶就越细密挺直，性能也就越高。由式（5-56）和式（5-57）可知，增大冷却速度（$G_L R$）可使一次枝晶间距和二次枝晶间距均得以减小。但受 G_L/R 的制约，生长速度 R 的提高受到限制。而提高液相温度梯度不仅可以确保实现定向凝固、细化枝晶间距，还允许高的生长速度，以提高设备利用率和生产能力。

定向凝固过程中，凝固达到稳态时，根据凝固界面的热平衡，有

$$G_L = \frac{1}{\lambda_L}[\lambda_S G_S - \Delta H R \rho_S] \tag{6-3}$$

式中，λ_L 和 λ_S 分别为液相和固相的热导率；G_L 和 G_S 分别为液相和固相的温度梯度；ΔH 为凝固潜热；R 为生长速度；ρ_S 为固相密度。

由式（6-3）可见，提高 G_L 值的途径主要有：

1）增大固相温度梯度 G_S，以加强固相的散热能力。

2）提高液相温度。可通过提高浇注温度或加热凝固前沿液相的方法来提高 G_L。

3）将金属液周围的高温区与固相部分的低温区隔开，以增大凝固界面处的 G_L，迫使更多的热流通过界面传递。

3. 定向凝固方法

定向凝固方法有很多，可分为垂直凝固与水平凝固两大类。垂直定向凝固广泛应用于制备工业晶体，而水平定向凝固主要用作材料提纯。

（1）典型定向凝固技术 利用定向凝固制备柱状晶铸件的方法如图 6-14 所示。将熔体置于预热至熔点以上温度的铸型中，并放在加热炉中；铸型下部为水冷底板。通水冷却的同时，将铸型以一定速度向下移出炉膛。凝固从底盘开始，自下而上定向凝固形成柱状晶。

为了提高定向凝固过程中的液相温度梯度，可在加热炉内加入隔热挡板，将高温区与低温区分离，并采用高速惰性气体、陶瓷颗粒流化床或液态金属对固相部分强化冷却。图 6-15 所示为液态金属冷却法定向凝固过程。铸型移出挡板后，将铸型和铸件浸没在低熔点、高沸点的液态金属冷却剂中，极大地提高了散热能力。这一定向凝固方法液相温度梯度高且稳定，可获得较长的单向柱状晶，已用于航空发动机叶片的试生产。

利用定向凝固技术还可以生产单晶体铸件。在单向结晶条件下只生成一个柱状晶体的铸造方法称为单晶铸造。图 6-16 表示了选晶法和籽晶法两种制备单晶体铸件的工艺。选晶法是在铸件底部靠近激冷板处设置一个选晶器，选晶器通常由下部引晶段和具有缩颈或拐角等各种形状的选晶段组成。凝固始于引晶段内靠近激冷板侧的等轴晶形核；随着凝固的进行，等轴晶组织逐渐趋向定向凝固组织，并在引晶段顶部获得按一定晶向生长的柱状晶组织。然后通过在选晶段内的竞争择优生长，最终只有一个晶粒进入铸型型腔

并生长，从而获得单晶体铸件。籽晶法是指将与母合金成分相同的小单晶体（籽晶）安放于铸型内底部，浇入合金液使籽晶部分熔化，然后使铸件在残存的籽晶上生长而获得单晶体组织。

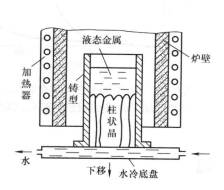

图 6-14　利用定向凝固制备柱状晶铸件的方法

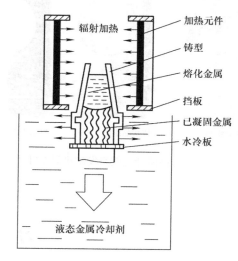

图 6-15　液态金属冷却法示意图

（2）定向凝固技术的应用　定向凝固技术应用广泛，被用来生产磁性材料、燃气涡轮叶片、自生复合材料及各种功能晶体。该技术可使整个铸件都获得单向的柱状晶甚至是单晶组织。定向凝固技术还是研究金属凝固和晶体生长的基本手段。

定向凝固技术最有代表性的应用是用来制备航空发动机涡轮叶片。涡轮叶片处于航空发动机温度最高、应力最复杂、工况最恶劣的部位，是航空发动机的关键部件。图 6-17 所示为高温合金航空发动机涡轮叶片。普通铸造高温合金的叶片为随机取向的等轴晶组织，利用定向凝固技术可以制备出柱状晶和单晶组织的叶片。与普通铸造等轴晶相比，定向凝固柱状晶消除了垂直于应力方向的横向晶界，从而显著提高了高温合金的力学性能；单晶则消除了所有晶界，因而进一步明显提高了高温合金的抗热疲劳性能和高温蠕变性能，极大地发挥了材料的性能潜力。图 6-18所示为 MarM200 镍基高温合金在三种宏观凝固组织下的蠕变曲线。在 982℃ 的高温蠕变条件下，与普通铸造等轴晶相比，单晶高温合金的蠕变寿命和伸长率分别提高了 2 倍和 8 倍，而蠕变速率则下降了 1/3。

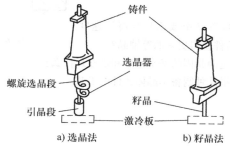

图 6-16　单晶体铸件制备工艺示意图

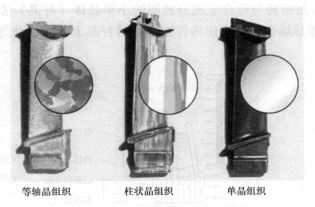

等轴晶组织　　　柱状晶组织　　　单晶组织

图 6-17　高温合金航空发动机涡轮叶片

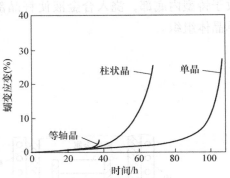

图 6-18　MarM200 镍基高温合金在三种宏观
凝固组织下的蠕变曲线（982℃，206MPa）

习　题

1. 铸件的典型宏观凝固组织由哪几部分构成？它们的组织特征如何？
2. 液态金属中的流动是如何产生的？流动对内部等轴晶的形成及细化有什么影响？
3. 试分析溶质再分配对晶粒游离的形成及晶粒细化的影响。
4. 如何理解激冷等轴晶型壁脱落与游离促使内部等轴晶的形成？
5. 如何理解枝晶熔断及结晶雨的产生促使内部等轴晶形成？
6. 简述表面激冷晶区、柱状晶区和中心等轴晶区的形成机理。
7. 试分析影响铸件宏观凝固组织的因素。
8. 异质形核时，对形核剂有什么要求？理想的形核剂应该具备哪些基本条件？
9. 孕育剂的种类有哪些？其作用机理怎样？
10. 为什么在一般情况下希望获得细小的等轴晶组织？为什么有时又希望获得单向生长的柱状晶组织甚至单晶？
11. 什么是动力形核？动力形核有哪些方法？
12. 什么是细晶铸造？大致可分为哪些方法？
13. 试列举获得细小等轴晶的常用措施。
14. 在铸件内浇口附近采用冷铁激冷，是否有利于游离晶的产生？为什么？
15. 图 6-19 中变更冷铁的位置（甲或乙）与浇注速度（快浇或慢浇），怎样组合可使铸件获得更多的等轴晶？

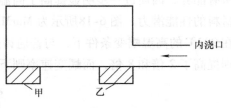

内浇口

甲　　乙

图 6-19　冷铁位置示意图

16. 什么是定向凝固？实现定向凝固的基本原理和措施是什么？
17. 什么是单晶铸造？试列举几种制备单晶体铸件的工艺。

▶ 第 7 章

凝 固 偏 析

　　铸锭和铸件凝固时，发生溶质原子在固相和液相中的再分配，因此要实现合金化学成分完全均匀一致是非常困难的。通常把铸锭或铸件中各部分化学成分不均匀的现象称为"偏析"（Segregation）。所有铸件均不同程度地存在偏析。偏析是铸件或铸锭的主要缺陷之一，会对铸件的力学性能、可加工性、抗冷裂和热裂性能，以及耐蚀性能产生程度不同的损害。

　　根据偏析产生的部位和尺度大小可将偏析分为宏观偏析和微观偏析两种。宏观偏析（Macrosegregation）是在铸件大范围内化学成分不均匀的现象，用肉眼或放大镜即可发现，其范围涉及数个晶粒甚至更大区域，通常在 1cm ~ 1m 的尺寸范围内。例如，铸锭（件）外部和内部的成分差异等。微观偏析（Microsegregation）是铸件小范围内的化学成分不均匀现象，通常指在枝晶臂间产生的显微尺度上的成分不均匀现象，用显微镜或其他仪器方能确定；微观偏析的范围只涉及晶粒尺度甚至更小区域，通常在 $10 ~ 100\mu m$ 的尺寸范围内。

　　也可根据铸锭（件）各部位的溶质含量 C_S 与合金平均溶质含量 C_0 的偏离情况对偏析进行分类。凡 C_S 高于 C_0 的区域，称为正偏析（Positive Segregation）；C_S 低于 C_0 的区域，称为负偏析（Negative Segregation）。这种分类不仅适用于微观偏析，也适用于宏观偏析。

　　本章只讨论溶质分配系数 $k_0 < 1$ 的情形。这意味着合金凝固时排出溶质，并在凝固界面前沿的液相中造成溶质堆积。需要注意的是，本章所有的讨论在相反情形下（即 $k_0 > 1$）时也成立。在这种情形下，凝固时额外的溶质溶入凝固界面一侧的固相中，因而在液相中形成溶质贫乏层。

7.1　宏观偏析

　　宏观偏析与合金化学成分的物理性质和金属液的对流、游离晶体的行为，以及晶体的生长形态等诸多因素有关。随着这些因素的变化，偏析存在的范围和形状有显著的不同。

　　宏观偏析是在铸锭（件）的整个断面上看到的局部成分不一致的现象，因而宏观偏析又称为区域偏析。宏观偏析包括正常偏析、反常偏析、重力偏析以及带状偏析等。典型的宏观偏析有：大型钢锭中的 V 型偏析、A 型偏析和 Cu – Sn 合金中的锡汗等。宏观偏析只能在铸造过程中采取适当措施来减轻，无法通过热处理和变形加工来消除。

7.1.1　正常偏析

　　当合金以平界面凝固时，晶体排成单向柱状晶。由于溶质再分配，对于 $k_0 < 1$ 的合金，凝固时向凝固界面附近的熔体中排出多余的溶质原子，使该区域溶质浓度逐渐增大，因而结晶出来的固体的溶质浓度亦随之逐渐增大，使铸件先结晶区域的溶质浓度低于后结晶的区

域，即铸锭（件）外层的溶质含量低于内层的溶质含量，低熔点成分和易熔杂质从铸锭（件）外部到中心逐渐增多。由此而产生的这种区域偏析称为正常偏析（Normal Segregation）。因为按照此类合金的结晶过程和溶质再分配规律来看，这种偏析是正常的，因此得名。同样，对于溶质分配系数 $k_0 > 1$ 的合金来说，结晶后铸锭（件）外层溶质含量比内层的高，这种偏析也是正常的，所以也是正常偏析。正常偏析通常是在平界面凝固时形成的，因此也称为平界面偏析。

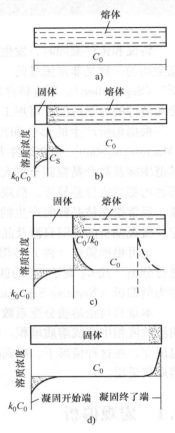

图 7-1 固相无扩散，熔体内溶质仅因扩散而移动时的偏析形成过程

假设熔体呈细长的柱状，并从一端进行定向凝固，溶质分配系数 $k_0 < 1$，固体中溶质完全不扩散。下面考虑两种情况下产生的"正常偏析"：一种是在静止液相中形成的偏析；另一种是产生于液相中有搅拌时形成的偏析。

第一种情况发生在合金熔体中无对流时的情形，熔体中溶质原子仅因扩散而移动。其凝固过程中的溶质再分配参见第 5.2.3 节和图 5-4。图 7-1 进一步描述了这种场合下的区域偏析形成过程。凝固尚未开始时，熔体的平均溶质浓度为 C_0（图 7-1a）。凝固开始后，在起始端首先析出溶质浓度为 $k_0 C_0$ 的固体，在固 – 液界面附近的熔体层中溶质浓度增大，如图 7-1b 所示，因而随后析出的固体的溶质浓度亦随之增大。图中的点状阴影区域为固体中溶质贫化与熔体中溶质富集的程度。所析出的固体的溶质浓度 C_S 由 $k_0 C_0$ 逐渐增大，如图 7-1c 所示，C_S 几乎等于 C_0。这种状态一直保持至凝固的末端，凝固界面附近的溶质富集层不能从残留熔体中得到溶剂的补充，固体的溶质浓度则急剧上升，如图 7-1d 所示。

第二种情况下，熔体中溶质与溶剂均可以充分混合。其凝固过程中的溶质再分配参见第 5.2.2 节和图 5-3。在这种场合下，随着固体析出而排出的溶质原子被充分混合而均匀分布于整个残留熔体中，所以在固 – 液界面上不形成溶质富集层，但残留熔体的溶质浓度却大于 C_0，如图 7-2a 所示。凝固后固相中的区域偏析如图 7-2b 所示。

以上为两种极端情况下的区域偏析形成过程。在实际铸造金属的凝固过程中，在固体内存在溶质的部分扩散，在熔体中也经常存在因对流而进行的熔体部分混合。铸锭中的溶质浓度分布就成为介于图 7-1d 与图 7-2b 的曲线中间的各种形状，如图 5-9 中的曲线 d 所示。

在合金凝固时，以固溶体作为初生晶析出的情况下，如果不从型壁上产生晶体脱落而形成凝固壳，并向铸型中心部位生长时，常常可以看到这种正常偏析。其偏析程度与偏析系数 $|1 - k_0|$ 值的大小有关，此值越大，偏析越严重。换言之，在平衡相图上结晶温度范围越大及液相线斜率的绝对值越大，合金的正常偏析越严重。此外，在溶质元素含量较多的情况下，正常偏析也较显著。但是，在含有大量的 $|1 - k_0|$ 值较大的溶质元素的合金中，如果在凝固初期熔体中存在对流时，则会发生晶体从型壁上脱落、游离的现象，从而减轻正常偏

析。所以，由上述分析可知，正常偏析的产生与凝固条件等有关。当晶体完全不从型壁上脱落，而且仅仅在型壁上成长为柱状晶的场合下，才能产生正常偏析。

7.1.2 反常偏析

反常偏析（Abnormal Segregation）是指在 $k_0 < 1$ 的合金中，虽然结晶是由铸锭（件）外层逐渐向内进行的，但在外层的一定范围内溶质含量由外向内逐渐降低，造成铸锭（件）的最外层的溶质含量反而较高，而其中心部位的溶质含量低于合金的平均成分。这种区域偏析不合乎第 7.1.1 节中所述的正常偏析规律，与正常偏析模式相反，故称为反常偏析。反常偏析也常简称为反偏析或逆偏析（Inverse Segregation）。

逆偏析的产生与凝固区域内液相在枝晶之间的流动有关。图 7-3 所示为逆偏析产生的机制模型。当凝固以枝晶方式进行时，随着枝晶的生长，溶质原子被排出到枝晶两旁。为补缩糊状区底部的凝固收缩，富含溶质的液相便向枝晶根部流动。这样，在正的温度梯度的凝固过程中，在溶质析出和凝固收缩的双重作用下，便形成了与第 7.1.1 节中不同的区域偏析。合金凝固时，气体析出而产生的压力也有助于逆偏析的形成。显然，逆偏析实际上也是一种正常的宏观偏析，是合金在正的温度梯度下发生枝晶生长时的必然结果。

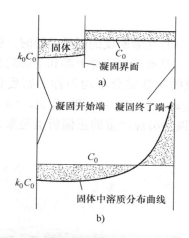

图 7-2　固相无扩散，熔体可充分混合
　　　　场合下的偏析形成过程

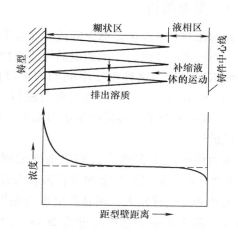

图 7-3　逆偏析产生的机制模型

Cu – Sn 合金和 Al – Cu 合金是经常产生逆偏析的典型合金。这类合金的共同特点是：凝固区域宽、树枝晶很粗大、凝固收缩率较大。这些特点使得内部溶质含量较高的液相可以通过枝晶之间的通道由内部流向表层，从而提高了铸件（锭）表层中的溶质含量，造成逆偏析。锡青铜结晶温度范围很宽，铸件的表面或内部孔洞渗析出来的高锡低熔点相呈豆粒状或汗珠状金属物，也称为锡豆，就是由于固相收缩和（或）铸件内析出气体使得共晶液相被挤出而造成的逆偏析。在 Al – 7Si – 0.3Mg 合金砂型铸件中，Al – 11Si 共晶常常被挤出激冷表面，形成外渗豆。

由第 6 章的讨论可知，在型壁上形成的等轴晶一旦从型壁上脱落，就随着熔体的对流下沉（晶体比熔体密度大时）或上浮（晶体比熔体密度小时）而离开凝固界面

（图 6-8b）。这样，脱离型壁的游离晶体的移动行为，对偏析的形状有很大的影响。溶质含量低的晶体，如果在凝固初期沉淀堆积，则在铸锭下半部分中央区域的溶质含量就低于合金的平均成分。在铸型的底面和侧面下部的凝固壳前进面上，沉淀堆积着来自上方自由表面和上部侧面的溶质含量低的晶体（$k_0 < 1$），就形成了负偏析区。这样，就使得铸锭中心部位的溶质含量低于合金的平均成分，不同区域的溶质含量也存在显著的差异。

逆偏析使铸件的力学性能和耐水压、气压的性能降低，可加工性变差。如对于 Al – Cu 合金而言，为了去除硬的富铜表面层，往往在塑性加工前，磨削去除 1mm 左右。

逆偏析形成的必要条件是存在温度梯度和枝晶生长。通过上述分析可知，宽的结晶温度范围、粗大的柱状树枝晶、缓慢的冷却速度，以及高的气体含量均会促进液相在枝晶之间的流动，从而使铸件容易产生逆偏析。因此，可采取以下措施防止或减少逆偏析：

1）增大冷却速度，或向合金液中添加晶粒细化剂，以减小枝晶尺寸，抑制液相的晶间流动。例如，用砂型浇注厚大的锡青铜铸件时，表面容易产生锡豆；改用金属型浇注后，则有效防止了逆偏析的产生。

2）减小金属液在结晶过程中所受的压力，包括降低熔体的含气量。

7.1.3 重力偏析

在熔体与其共存的晶体之间或者在互不相溶的液相之间存在着密度的明显差异时，就会由于重力或离心力的作用而造成晶体或液相的上浮或下沉，从而造成铸件上部和下部的化学成分的不均匀性。这种由于不同相间密度的差异而形成的化学成分不均匀称为密度偏析（Density Segregation），也常称为重力偏析（Gravity Segregation）。在 Cu – Pb 合金、Sn – Sb 合金和 Pb – Sb 合金中容易产生重力偏析。在镇静钢铸锭顶部出现严重的正偏析也是重力偏析造成的结果。

重力偏析产生在铸件凝固之前或刚刚开始凝固之际。如在 Cu – Pb 偏晶合金中存在液相分层现象，由于两个液相密度差异较大，极易产生重力偏析，甚至发生相分层。图 7-4 所示是过冷度为 204K 时 Cu – 34.15% Pb 偏晶合金的分层凝固组织，下部的富铅层与上部富铜层分界明显。Cu – Pb 合金凝固过程中，初生的 α 相铜含量较高，密度比液相轻，因此上浮到铸件顶部，这样在凝固之后就形成了上部铜含量高、下部铅含量高的重力偏析。Sn – Sb 合金也易出现类似现象，最初结晶的富 Sb 晶体集中在铸件上部，从而使铸件中产生上部富 Sb、下部富 Sn 的重力偏析。

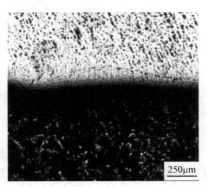

250μm

图 7-4 过冷度为 204K 时 Cu – 34.15% Pb 偏晶合金的分层凝固组织

此外，铸件在凝固过程中，固、液两相区内不同位置的液相若存在密度差，在重力作用下发生上浮或下沉，也形成重力偏析。如图 7-5a 所示，有一断面均匀的 Al – 4.35% Cu 合金铸件，一端设置冒口，水平浇注且浇口通过冒口，另一端强制冷却。铸件从冷却端沿水平方向（x 轴方向）单向凝固（图 7-5b），在固、液两相区内，液相沿凝固方向（x轴方向）存在温度、成分和密度差。靠近固相边界的液相含 Cu 量高、密度大，在重力作用下向下流动，导致铸件在高度方向（y轴方向）上产生重力偏析，如图 7-5c 所示。镇静钢锭中的 A 型偏析就是由于枝晶间富集溶质的液相上浮流动造成的结果，详见第 7.3 节。

对于绝大多数的合金，固相密度比液相大，所以初生晶总要下沉，所谓的"结晶雨"即指此而言，从而使铸锭上部和下部的化学成分不同。

在其他条件相同时，固、液相之间或互不相溶的液相之间的密度差越大，则重力偏析越严重。要获得整体成分均匀的铸件，就应使晶体或偏析相得不到上浮或下沉的机会。因而预防或减轻重力偏析的措施有：

1）加快结晶速度或搅拌金属液均可以减轻重力偏析，如低温浇注，在浇注前加强搅拌等。

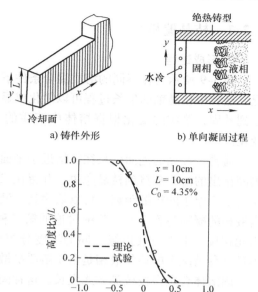

a) 铸件外形　　b) 单向凝固过程

c) 铸件高度方向上的比重偏析

图 7-5　Al – 4.35Cu%合金铸件水平定向凝固的宏观偏析

2）向熔体中加入第三组元，凝固时先形成高熔点、密度与液相相近的枝晶骨架，可阻止初晶或偏析相浮沉。如为了防止锡锑合金中的重力偏析，往往加入 5% ~ 6% 的 Cu，以形成化合物 Cu_3Sn 及 Cu_6Sn_5。其中之一（通常是 Cu_6Sn_5）作为初生晶析出，形成骨架，阻止晶体的上浮和下沉。在 Pb – Sb 合金中加入 1.5% 的 Cu，合金中形成的化合物 Cu_2Sb 也能起到防止重力偏析产生的作用。向 Cu – Pb 合金中加少量 Ni，能在熔体中形成 Cu 固溶体枝晶骨架，从而阻止 Pb 下沉。再如向 Pb – 17% Sn 合金中加入 1.5% Cu，首先形成 Cu – Pb 骨架，也可以减轻或消除重力偏析。

7.2　微观偏析

在常规的凝固条件下，合金的结晶是非平衡的。对于 $k_0 < 1$ 的合金，晶粒中心与枝晶的主干部分由于最先结晶，因此溶质含量最低，枝晶心部的成分接近 k_0C_0；而分枝、枝晶间或晶粒外层部分后结晶，溶质含量逐渐增多。在凝固末期，枝晶间残余液相中心部位的成分对应于平界面单向凝固时的"凝固终了段"的峰值成分。这样就使得枝晶本身由里向外的成分逐渐变化，整个晶粒在内外层之间存在着成分差异。这种发生在铸件晶粒尺度内的化学成分不均匀现象即为微观偏析，又称显微偏析。

微观偏析包括枝晶偏析（晶内偏析）、胞状偏析和晶界偏析（晶间偏析）。在 Al – Cu 合金和 Cu – Ni 合金中可以经常见到这类偏析。

7.2.1 枝晶偏析

1. 形成过程

图5-9所示为在不同的溶质混合条件下，单向凝固后的铸锭中的区域偏析和溶质分布情况。晶粒中枝晶轴的生长过程可以简化成显微尺度上的单向凝固过程。这样，从枝晶轴的中心到外周，溶质的变化根据熔体中溶质的不同混合条件就按图5-9中所示的曲线之一而变化。

通常，枝晶的侧面生长往往接近于平面生长方式。随着枝晶生长以及二次枝晶的形成，凝固排出的溶质被挤到枝晶旁边，并留在二次枝晶所包围形成的微小区域内。该微小区域的尺度小于原子的扩散距离，可以认为其内液相的成分均匀，这样二次枝晶包围成的微小区域内液相的凝固与第7.1.1节中讨论的第二种情况（平界面凝固、液相强烈搅拌）相似。各组元在枝干中心与其边缘之间的浓度分布可近似地用式（5-10）所示的夏尔方程来描述。不过这种情况下的均匀液相是由于溶质扩散造成的，而不是液相搅拌的结果。

固溶体合金多按枝晶方式生长。这种固溶体合金按枝晶方式结晶时，由于先结晶的枝干与后结晶的枝干及枝干间的化学成分不同所引起的枝晶内和枝晶间化学成分的差异称为枝晶偏析（Dendrite Segregation）。枝晶偏析发生在一个晶粒内，因而通常也把枝晶偏析称为晶内偏析。显然，枝晶间距决定了晶内偏析的范围。

铸锭或铸件中"偏析"也会引起金相组织的不均匀。如由于存在晶内偏析，可以在腐蚀后的金相抛面上显示出与"洋葱"相似的层状等浓度面。图7-6所示为低合金钢柱状枝晶中溶质分布的示意图。在低合金钢中，镍、铬在枝晶间的富集使该区域相对耐蚀，因此可在腐蚀后显示出溶质富集区，如图7-7所示。

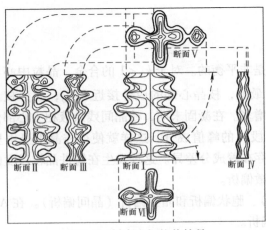

图 7-6　低合金钢柱状枝晶
中溶质分布的示意图

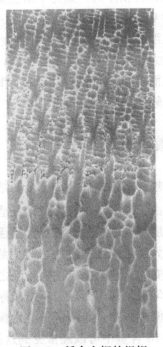

图 7-7　低合金钢的组织

2. 影响因素

当考虑固相中的原子扩散时，凝固界面上固相的溶质浓度 C_S^* 与固相质量分数 f_S 之间的关系可用下式描述：

$$C_S^* = k_0 C_0 \left(1 - \frac{f_S}{1 + \alpha k_0}\right)^{(k_0 - 1)} \tag{7-1}$$

式中，k_0 为平衡分配系数；C_0 为合金的原始浓度；f_S 为固相分数；α 为无量纲的溶质扩散系数，且有：

$$\alpha = D_S \frac{t}{l^2} \tag{7-2}$$

式中，D_S 为固相中的溶质扩散系数；t 为扩散时间，即局部凝固时间；l 为扩散长度，可用半枝晶间距表示，即 $l = \lambda/2$。

α 也称为无量纲的扩散时间，用于估算扩散程度的大小。当 $\alpha \ll 1$ 时，扩散可以忽略；而当 α 接近于 1 或大于 1 时，则可以认为扩散是充分的。显然，当 $\alpha = 0$，即固相无扩散时，式（7-1）就变为式（5-10）。

由式（7-1）可知，影响枝晶偏析的主要因素是 k_0、D_S、t 和 λ。也就是说，枝晶偏析程度取决于合金凝固速度、偏析元素扩散能力以及溶质的平衡分配系数。若 k_0 与 1 偏离越远，或 D_S 越小，则偏析越严重。通常用偏析系数 $|1 - k_0|$ 的值定性地衡量晶内的偏析程度。$|1 - k_0|$ 的值越大，偏析就越严重。P、S、B 和 C 等元素在 Fe 中的偏析系数分别为 0.94、0.90、0.87 和 0.74。这几种元素往往容易在钢中产生枝晶偏析。

晶内偏析使晶粒的物理和化学性质不均匀，铸件的力学性能降低，特别是塑性和韧性的降低更为明显。

7.2.2 胞状偏析与晶界偏析

当凝固以胞状界面生长时，胞间的界面平行于生长方向。由于表面张力平衡条件的要求，在胞晶边界与液相的接触处出现凹槽（图7-8）。对于 $k_0 < 1$ 的合金，溶质将从胞状凸出部分的侧面及顶部排出。侧面排出的溶质导致胞界凹槽处出现溶质富集。从胞的中心到胞的边界在溶质浓度上的差异称为胞状偏析。这种偏析的范围是在一个胞的尺寸限度内，即大约为 $5 \times 10^{-2} \mu m$。

合金凝固过程中，晶粒相对生长、彼此相遇时会形成晶界，如图7-9所示。由于凝固过程中的溶质再分配，晶粒结晶时所排出的溶质（$k_0 < 1$）就富集在凝固界面前沿的液相中，这样，在最后凝固的晶界部位将含有较多的溶质元素和其他低熔点物质，从而造成晶粒本体或枝晶之间存在化学成分的不均匀。这种微观偏析称为晶界偏析（Grain Boundary Segregation）或晶间偏析（Intercrystalline Segregation）。

7.2.3 微观偏析产生的非平衡第二相

微观偏析可能导致枝晶间产生新的液相，从而使合金出现非平衡的第二相。如在 Al – 1% Cu 合金中出现共晶相。在锰的质量分数为 1.3% ～2.0% 的 Fe – C – Mn 合金钢中，当碳的质量分数为 0.8% ～1.3% 时就形成了共晶相。在 1.5Cr – 1C 轴承钢中，当碳的质量分数在 1.4% 时也形成了共晶相。在钢接近凝固最后阶段时，在富集溶质的枝

晶间隙中形成硫化物夹杂物。微观偏析导致枝晶间产生新的液相后,可能带来一系列重要影响如下:

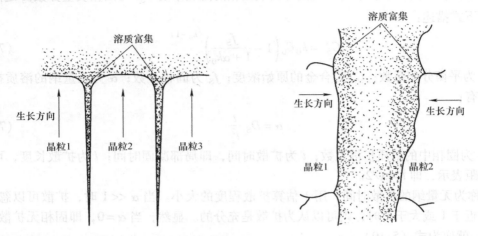

图 7-8　胞状界面生长时胞间形成的胞状偏析　图 7-9　由晶粒相向生长时碰触而形成的晶界偏析

1)共晶液相在枝晶间的流动有利于减少缩孔。
2)铸件易于产生热裂,特别是在枝晶间残余极少量液相时,合金更易产生热裂。
3)低熔点相限制了铸件的热处理温度。
4)低熔点相限制了铸件的工作温度。
5)铸件出现第二相后,完全消除微观偏析变得特别困难。

7.2.4　微观偏析的度量与消除

胞状偏析、晶界偏析与晶内偏析均属于微观偏析,对它们预防和消除的途径也完全相同。

微观偏析的严重程度可用偏析比来度量。偏析比指晶内溶质最大浓度与最低浓度之比,即枝晶间溶质浓度与枝晶杆心部的溶质浓度之比。偏析比越大,表示偏析越严重。完全消除微观偏析,将引起铸件力学性能的提高。

微观偏析由于偏析距离短（$10 \sim 100\mu m$）,因而可通过均匀化退火消除或减小。均匀化退火是指将铸件加热到固相线温度以下某较高温度并长时间保温,使溶质原子充分扩散,然后缓慢冷却,以减小铸件化学成分和组织的不均匀性的退火。因而均匀化退火又称为扩散退火。但对于在晶界上存在氧化物、硫化物及某些碳化物等稳定化合物的晶界偏析,即使均匀化退火也无法消除,必须采取减少合金中氧和硫的含量的方法加以预防。

显然,较小的枝晶间距和偏析比更易于通过热处理而使其成分均匀化。对于给定的合金,当热处理温度一定时,均匀化所需的时间正比于枝晶间距的平方。因而可通过控制铸件枝晶间距以控制成分的均匀性。

综上所述,除了对铸件进行均匀化退火（扩散退火）之外,增大合金凝固时的冷却速度以减小枝晶间距,以及进行孕育处理以细化晶粒均可改善铸件（锭）的微观偏析。

7.3 镇静钢锭中的宏观偏析

在大型的镇静钢锭中，存在着各种宏观偏析，如 A 型偏析、V 型偏析、底部负偏析、带状偏析及热顶偏析等，这是富集了硫和磷之类夹杂物的偏析带。在铸态镇静钢锭中，硫的偏析特点如图 7-10 所示，图中以 + 号和 – 号分别表示出正偏析区域（浓度高于平均值）和负偏析区域（浓度低于平均值）。其中正偏析具有三个不同特征的区域，分别是 A 型偏析区、V 型偏析区和热顶偏析区。A 型偏析区大致位于钢铸锭的二分之一半径处，V 型偏析区出现在铸锭中心，热顶偏析区位于铸锭顶部。在钢锭的横截面上，A 型偏析区和 V 型偏析区均以直径为 2～10mm 的斑点形式均匀分布。

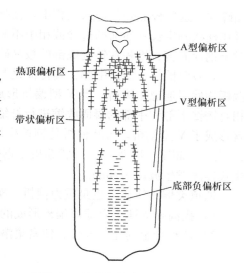

图 7-10　镇静钢锭中硫的偏析特点

实际铸件（锭）产生宏观偏析需要考虑以下两个因素：①在铸件（锭）的结晶初期，由固相或液相的沉浮而引起区域性的化学成分分布的不均匀；②在固液两相区内液相沿枝晶的迁移运动而引起区域性化学成分分布的不均匀。一般来说，熔体在结晶前的初始温度是不均匀的。靠近钢锭模壁或铸型壁的冷端熔体结晶速率较大，远离钢锭模壁或铸型壁的热端熔体结晶速率较小。

A 型偏析是由富集溶质的液相在柱状晶区的枝晶间区域的流动通道处凝固造成的，如图 7-11 所示。在钢的枝晶凝固中，随着残余液相流向枝晶根部以补缩凝固收缩，液相密度将随着温度降低而增大；同时，由于残余液相中富集了更多的碳、硫和磷等轻元素，液相密度将趋于减小。在钢锭凝固时，这种成分效应大于温度效应，因此总的效应是残余液相的密度减小，有上浮的趋势。由于残余液相熔点低，残余液相内的富集溶质通过扩散进入枝晶，并降低枝晶的熔点。这样，残余液相将通过溶解枝晶而上浮。随残余液相流不断上浮流动，流动通道不断被拓宽，就如同河水流过河床一样。富集溶质的液相上浮流经通道凝固后就产生了沟槽状的 A 型偏析。

通过 A 型偏析的沟槽通道，富集溶质的液相上浮并聚集在铸锭顶部，最后凝固形成了热顶偏析。同时，残余液相使枝晶熔断，形成枝

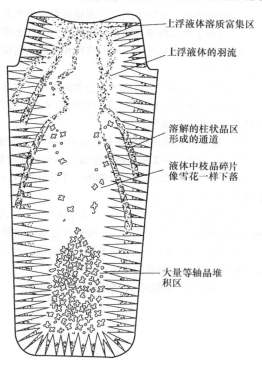

图 7-11　镇静钢锭的凝固过程

晶碎片。这些枝晶碎片进入液相中。枝晶碎片溶质含量低，密度大，因而在液相中下沉，并可在柱状晶生长界面前的过冷液相中不断长大。下沉的枝晶碎片堆积在铸锭底部呈圆锥状。对于钢锭而言，堆积在铸锭底部的枝晶碎片基本都是纯铁，因此该区域表现为负偏析。

V 型偏析位于铸锭中部，其特征是与 A 型偏析相对，偏析边界明显。V 型偏析与 A 型偏析均属于通道类偏析。但 V 型偏析形成于铸锭凝固末期，是由于铸锭上部溶质富集的液相对铸锭下部和中部的凝固收缩进行补缩时造成的。补缩通道上溶质富集的残余熔体凝固后就形成了 V 型偏析。带状偏析是钢锭凝固完成后，溶质元素沿着一定的条带富集的一种偏析形式，如图 7-10 所示。带状偏析是钢锭凝固过程中，固 – 液界面前沿存在溶质富集层且生长速度发生波动引起的。

通道类偏析实质上也是重力偏析。实践表明，通过采取以下措施可减小通道类偏析：

1）提高凝固速度以缩短偏析形成的时间。

2）调整合金的化学成分，使富集溶质的液相在凝固温度下的浮力近似为零。

习　题

1. 偏析对铸件质量有什么影响？

2. 何谓偏析？如何分类？

3. 何谓晶内偏析、晶界偏析、正常偏析、逆偏析和重力偏析？

4. 铸件的微观偏析受到哪些因素的影响？如何减小微观偏析？

5. 铸件中逆偏析是怎样形成的？

6. 试分析铸件凝固方式与宏观偏析形成的关系。

7. 宏观正常偏析形成的条件是什么？为什么在实际生产中宏观正常偏析并不多见？

8. 宏观的反偏析是由于固、液两相区枝晶间富溶质元素的液体流动造成的。试分析产生液相流动的驱动力有哪些？

9. 在凝固过程中，哪些因素会加剧液相在枝晶间的流动？枝晶间液体的流动对微观偏析有何影响？

10. 在实际生产条件下，铸件的凝固是非平衡结晶过程。试分析溶质扩散系数与温度热扩散率对初生树枝晶微观偏析形成的作用。

11. 能否把微观偏析看成是正常的偏析？它与宏观上的正常偏析在形成过程上有何异同？

12. 固溶体非平衡凝固时，形成微观偏析和宏观偏析的原因有何区别？

13. 结合 Al – Cu 二元合金相图：①试计算 Al – 4% Cu 合金铸锭在砂型中凝固时共晶体所占比例；②绘制出等浓度线的示意图。

14. 结合 Cu – Zn、Cu – Sn 二元合金相图：试分析用 Cu – 30% Zn 和 Cu – 10% Sn 两种合金生产铸件，哪种合金形成第二相的可能性大？哪种合金形成逆偏析的倾向性大？

15. 结合 Al – Zn 二元合金相图：①试说明为什么 Zn – 28% Al 合金铸锭易产生重力偏析；②应采取哪些工艺措施防止重力偏析的产生？

16. 试述镇静钢锭中 A 型偏析的形成过程。

第8章

气孔与夹杂物

气孔（Gas Hole）是在铸件凝固过程中，由气体形成的气泡造成的孔洞类缺陷，其表面一般比较光滑，主要呈梨形、圆形和椭圆形。气孔一般不在铸件表面露出，大孔常孤立出现，小孔则成群出现。气孔是铸件中最常见的一种缺陷。

夹杂物（Inclusion）是指铸件中存在的与基体金属成分不同、非期望得到的物质，如图8-1所示。铸件中的夹杂物以非金属夹杂物为主，主要包括渣、砂、涂料层、氧化物、硫化物、氮化物以及硅酸盐等。铸件中通常不可避免地含有 $10^7 \sim 10^8$ 个$/cm^3$ 数量级的微观夹杂物。

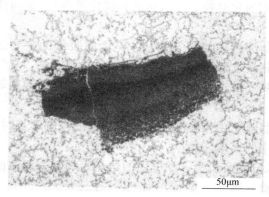
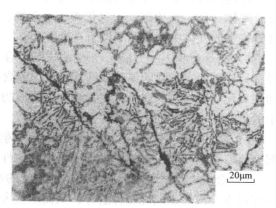

a) 冷室压铸镁合金中的块状MgO夹杂　　　　　b) 压铸铝合金中的薄膜状氧化物

图8-1　铸件中的夹杂物

气孔不但会减小铸件的有效工作断面，显著降低铸件的强度和塑性，还会产生应力集中，成为零件断裂的裂纹源。尤其是形状不规则的气孔不仅增加缺口敏感性、使金属的强度下降，而且还降低铸件的疲劳强度。弥散性气孔使铸件组织疏松，降低铸件的气密性。溶解于固态金属中的气体对铸件性能和质量也有不良影响。例如，溶解在合金中的氧和氮使其强度，特别是塑性大幅度降低；溶解在钢和铜合金中的氢易使合金产生细小裂纹而变脆；钢中氢的析出会造成"氢脆"；铸铁中固溶的氢还会增加白口倾向。液态金属中溶解的气体对其铸造性能也有不良影响。含有气体的合金液，其流动性明显降低。铸件凝固时，气体析出的反压力会阻止金属液补缩，使铸件产生晶间缩松。

非金属夹杂物破坏了铸件的组织均匀性和连续性，因而使铸件的强度、塑性、韧性和疲劳性能下降，可能导致要求具有气密性的铸件产生渗漏。夹杂物还能导致铸件形成气孔、缩孔、热裂、冷裂等铸造缺陷。金属液内含有固体夹杂物时，流动性将显著降低。通过控制夹杂物的数量、大小、形态和分布，对消除和减轻其有害作用具有重要的意义。

当然气体和夹杂物也有有利的一面。例如，为了提高钢的高温性能及耐磨性能，已研制出了大量含氮的钢种；可利用液态金属高的气体溶解度，用凝固法制备多孔泡沫金属等。当夹杂物（如从金属液中析出的碳化物、硼化物等）与基体结合良好时，不会作为气孔和裂纹等缺陷的萌生源，一般认为对材料力学性能的影响很小或者忽略不计。在某些情况下，铸件中的夹杂物甚至对铸件质量有益。如某些夹杂物质点能作为异质形核的晶核，细化铸件组织；钢中的氮化物（如 TiN）和碳化物、铸铁中的磷共晶等，可提高材料的硬度和耐磨性；易切削钢中的硫在钢中与锰形成 MnS 夹杂物，能中断基体的连续性，使切屑易于脆断，从而使钢具有良好的可加工性。

8.1 概述

8.1.1 气体的来源

在铸造过程中，与金属液接触的气体主要为双原子气体（如氢气、氧气、氮气等）和复合气体（如一氧化碳、二氧化碳、水蒸气、碳氢化合物、二氧化硫和硫化氢等）。金属液及铸件中的气体主要来源于以下几个方面：

1）熔炼过程。一方面，在熔炼过程中合金液直接与炉气接触，是金属吸气的主要途径；另一方面，炉料的锈蚀或油污、潮湿或含硫量过高的燃料都会导致炉气中水蒸气、氢气和二氧化硫等气体的含量增加，增加金属液的吸气量。此外，炉衬、熔炼工具、保护熔剂等中的水分等也会增加金属液的吸气量。

2）浇注过程。当浇注系统设计不当、铸型透气性和排气性差或浇注速度控制不当时，都会使熔融金属卷入空气，增加金属液及铸件中的气体含量。

3）金属液与铸型的相互作用。铸型中的水分和有机物、黏土中的结晶水等在金属液的热作用下会汽化、燃烧和分解等，从而产生大量气体。

8.1.2 气体的存在形态

气体元素在金属中主要有三种存在形态：固溶体、化合物和气孔。若气体以原子状态溶解于金属中，则以固溶体形态存在。若气体与金属中某些元素的亲合力大于气体本身的亲合力，气体就与这些元素形成化合物。若金属中的气体含量超过其溶解度，或侵入的气体不被金属溶解时，则以分子状态聚集成气泡存在于金属中。若凝固前气泡来不及排除，就会在铸件内部形成孔洞即气孔。

存在于铸造合金中的气体主要是氢、氧、氮及其化合物。氢原子半径很小（0.37×10^{-10} m），几乎能溶解于各种铸造合金中。氧是极活泼的元素，能与许多元素化合，多以化合物形态存在于铸造合金中。氮的原子半径比氢大（0.8×10^{-10} m），在铸钢、铸铁中有一定的溶解度，而在铝合金中几乎不能溶解。

8.1.3 非金属夹杂物的来源

铸件中的非金属夹杂物主要来源于原材料本身的杂质及在熔炼、浇注和凝固过程中金属液与环境相互作用而形成的产物，这些产物未及时排除而残存在铸件中。其来源主要有以下几个方面：

1）各种炉料附带的夹杂物。如金属料表面的泥砂、氧化锈蚀以及焦炭中的灰分等，熔化后成为熔渣。

2）熔炼过程中，合金液侵蚀炉衬、浇包以及与熔渣相互作用生成非金属夹杂物。如炉衬、浇包上的耐火材料脱落；合金液被炉气氧化生成的氧化物；钢在脱氧、脱硫时会产生 MnO、SiO_2、Al_2O_3 等脱氧、脱硫产物。

3）在浇注和充型过程中，金属液被大气氧化生成的氧化物以及与砂型反应造成型砂脱落被卷入金属液后形成夹杂。

4）在金属液降温以及凝固过程中，非金属元素（如硫、氧、氮等）的溶解度相应下降，达到过饱和后析出的化合物（如氧化物、硫化物和氮化物等）残留在铸件中形成夹杂物。

8.1.4　非金属夹杂物的分类

根据非金属夹杂物的形成时间，可将铸件中的非金属夹杂物分为以下 3 类：

1）浇注前形成的非金属夹杂物，指由于炉料附带的夹杂物以及在熔炼过程中合金液与环境相互作用形成的夹杂物，也称为初生夹杂物或一次夹杂物。

2）浇注时形成的非金属夹杂物，指在浇注和充型过程中，金属液与环境相互作用形成的夹杂物，也称为二次夹杂物。

3）凝固时形成的非金属夹杂物，指在充型完成后，金属液凝固过程中析出的夹杂物，也称为次生夹杂物或偏析夹杂物。

根据夹杂物的来源，可将铸件中的夹杂物分为内生夹杂物和外生夹杂物。内生夹杂物（Endogenous Inclusion）是指在熔炼、浇注和凝固过程中，因金属液成分之间或金属液与炉气之间发生化学反应而生成夹杂物，以及因金属液温度下降、溶解度减小而析出的夹杂物。外生夹杂物（Exogenous Inclusion）是指由熔渣及外来杂质带来的夹杂物。

根据夹杂物的组成，可分为氧化物、硫化物和氮化物等。根据氧化物组成的复杂程度，氧化物还可进一步分为简单氧化物、复杂氧化物和硅酸盐等。

8.2　气体的溶解

8.2.1　气体在金属中的溶解过程

气体的溶解与金属的吸气过程是：气体分子撞击金属表面，某些气体分子离解为原子，并吸附在金属表面上，经扩散进入金属内部，最后，已溶解的气体原子在金属内均匀化。完成上述吸气过程需要一定的时间，气体与金属接触的时间越长，则吸收的气体就越多。

在一定温度和该气体分压下，金属吸收气体的饱和浓度或气体在金属液中的最大溶解量称为该条件下的气体溶解度。气体溶解度常用 100g 金属所能溶解的气体在标准状态下的体积表示，即 $1cm^3/100g$。

如不考虑金属蒸气压的影响，气体在液态金属中的溶解度取决于液态金属的性质与化学

成分、温度以及气体的性质和气体在金属液面上的平衡分气压等，其关系式为

$$S = K_0 \sqrt[n]{p}\mathrm{e}^{-\frac{\Delta H}{nRT}} \tag{8-1}$$

式中，S 为气体在金属液中的溶解度；K_0 为系数；p 为气体分压；ΔH 为气体溶解热；R 为气体常数；T 为金属的热力学温度；n 为与气体分子的原子价有关的常数，对于双原子气体，$n=2$。

一般地，双原子气体 X_2 在金属液中的溶解度可由式（8-2）给出。式（1-19）给出了溶解在金属液中的氢原子浓度与氢气分压的关系，即

$$[X]^2 = kp_{X_2} \tag{8-2}$$

式中，k 为反应平衡常数；p_{X_2} 是气体分压。k 是金属液温度和成分的函数，对于给定的金属－气体体系，k 随金属液温度升高而增大。

由式（8-2）可见，双原子气体在熔体中的平衡溶解度与气体分压的平方根成正比，因而式（8-2）也称为气体溶解度的平方根定律。

复合气体如 CO、CO_2、H_2O、NH_3、SO_2、H_2S 均不能直接溶解在金属液中。它们首先要分解成原子，才能被金属吸收，反应式为：

$$X_m Y_n(g) \Longleftrightarrow m[X] + n[Y] \tag{8-3}$$

复合气体 $X_m Y_n$ 在金属中溶解时，溶解的组元彼此相关，即有

$$C_{[X]}^m C_{[Y]}^n = kp_{X_m Y_n} \tag{8-4}$$

式中，$p_{X_m Y_n}$ 为溶解达到平衡时 $X_m Y_n$ 的气体分压。

由式（8-4）可知，$p_{X_m Y_n}$ 一定时，$C_{[X]}$ 增加，$C_{[Y]}$ 则减少（图 8-2、图 8-3）。可以看出，在一定温度下，氢在铁液中的饱和浓度随 p_{H_2O} 的增大而增大，随氧含量的增加而减少。因此，金属液含氧量较低时，水蒸气是金属吸氢的主要途径。

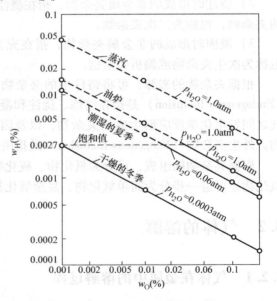

图 8-2　钢液从潮气中吸氢，表现出明显的脱氧作用
（注：1atm = 101.325kPa）

8.2.2　气体溶解度的影响因素

1. 熔体性质

金属本身的吸气能力是由金属与气体的亲和力决定的。在一定的温度和压力下，金属与气体亲和力越大，气体在金属中的溶解度也越大。如在熔点温度，无论是固态还是液态，氢在 Fe、Mg、Ti、Zr、Ni 中的溶解度都比在 Al 和 Cu 中的高。

金属蒸气压的大小标志着金属挥发的难易程度，气体在金属中的溶解度随金属蒸气压的升高而降低。蒸气压大，说明金属易挥发。易挥发金属由于具有蒸发去吸附作用，蒸气压升高，会显著降低气体在熔体中的溶解度。而对于难挥发金属，如 Fe－C 合金、铜合金等，在正常过热度下，蒸气压很小，对气体的溶解度影响不大。

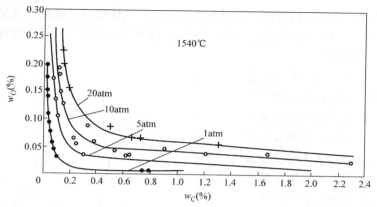

图 8-3   在不同 CO 压力下，铁液中的 C - O 平衡关系

（注：1atm = 101. 325kPa）

2. 压力

由式（8-1）可知，气体的溶解度随其分压提高而增大。对于双原子气体，由式（8-2）可知，其溶解度与分压的平方根成正比。如氮和氢在钢、铁中的溶解度，以及氢在 Al、Cu、Mg 等金属和合金中的溶解度均服从平方根定律。在生产中，常利用平方根定律来控制气体在金属中的溶解度，从而减少铸件气孔的产生。如真空铸造可极大地降低金属液中的气体含量。

3. 温度

由式（8-1）可见，当压力不变时，温度对气体溶解度的影响主要取决于溶解过程的热效应。对于溶解气体为吸热过程的金属，气体溶解度随温度升高而增加；反之，气体溶解度随温度升高而降低，如图 8-4 所示。

氢在 Fe、Cu、Al、Mg、Ni、Co、Cr 等金属中的溶解，以及氮在 $\alpha - Fe$ 中的溶解都是吸热过程，因而在这些合金中氢、氮的溶解度随温度升高而增大（图 8-5）。而氢在 Ti、Th、V、Zr、Pd 等金属中的溶解是放热过程，在这些合金中氢的溶解度则随温度升高而下降。

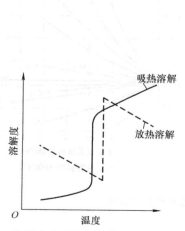

图 8-4   热效应和温度与气体溶解度关系示意图

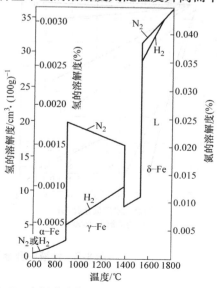

图 8-5   在标准大气压下氢和氮在铁中的溶解度

从图 8-4 和图 8-5 还可以看到，金属发生相变时，气体的溶解度陡然变化。如纯铁从液态转变为 δ – Fe 时，[H] 的溶解度由 $24cm^3/100g$ 降至 $8cm^3/100g$。气体溶解度的突变是铸件产生气孔的主要原因之一。

事实上，式（8-1）并不是在任何温度下都适用。当金属液温度接近沸点时，其溶解度逐渐降低；在沸点时，气体的溶解度为零，如图 8-6 所示。而对于 Mg、Zn、Cd 等易挥发金属，随金属液过热度增加，由于蒸气压升高，因而气体溶解度有所降低。

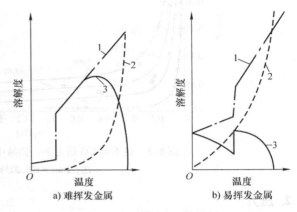

图 8-6 气体在金属中的溶解度
1—不考虑金属蒸气压的影响
2—蒸气压影响溶解度的减少量 3—受蒸气压影响的情况

4. 合金成分

合金中常含有多种元素，它们与气体元素相互作用，使合金液中气体的活度系数发生变化，进而影响气体的溶解度。以氢、氮在铁合金中的溶解为例，其溶解反应为

$$H_2 \rightleftharpoons 2[H], \quad N_2 \rightleftharpoons 2[N] \tag{8-5}$$

凡是增大氢、氮活度系数的元素，都使熔体中氢、氮的溶解度减小，反之亦然。铁液中合金元素对氢、氮溶解度的影响如图 8-7 所示。可以看出，氢、氮的溶解度均随 C 含量的增加而减小，随 Mn 含量的增加而提高。

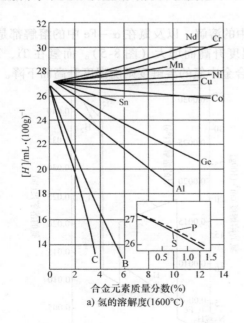

a) 氢的溶解度(1600℃)

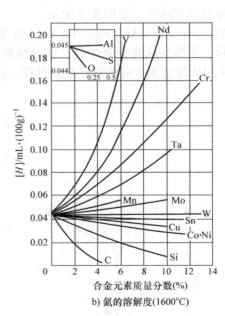

b) 氮的溶解度(1600℃)

图 8-7 铁液中合金元素对氮、氢溶解度的影响

若某元素能与金属化合生成稳定的化合物，且又不溶于该金属，形成化合物的这部分金

属原子则失去吸气能力，使气体的溶解度降低；若某元素与气体化合后生成的化合物溶于金属液中，则使气体溶解度增加。

此外，合金元素还能改变金属表面膜的性质，从而影响气体的溶解度。例如，铝合金中含有 Mg、Na、Ca 等元素时，合金液表面膜疏松，合金液吸气速度加快。Al - Mg 合金中加入 Be，合金液表面膜致密，合金液吸气速度减慢。

合金液与水蒸气接触时，其中脱氧能力强的金属元素将使水蒸气还原出氢原子 [式 (1-17)、式 (1-18)]，并溶解于合金液中，增加合金吸气量。例如，铁液中存在微量的铝，可以加速水蒸气在熔体表面分解，增加氢在铁液中的溶解。铁液中易挥发成分镁能提高熔体的蒸气压，从而使气体溶解度显著降低。

8.2.3 气体在金属液中的传输

在固态条件下，扩散是溶质传输的唯一机制。而在金属液中，溶质除了在液相中扩散移动外，还随流动金属液的流动而快速移动。扩散过程有两种方式，即间隙扩散和置换扩散。间隙扩散是小原子在较大基体原子间隙中的扩散过程，扩散比较容易进行，扩散速度较快。置换扩散是原子尺寸相近的溶质原子与基体原子相互换位的过程，扩散比较困难。

图 8-8 给出了各种溶质元素在纯铝、纯铜和纯铁金属液中的扩散速率。其中 H、C、N、O 几种原子均发生间隙扩散。合金元素如 Mg、Zn、Cu 等在铝液中都是置换扩散。其他置换元素集中在铜和铁金属液中。可见，金属液中溶质元素的扩散速率最快；在固体中扩散速率差异显著的元素，其在金属液中扩散的差异并不明显。

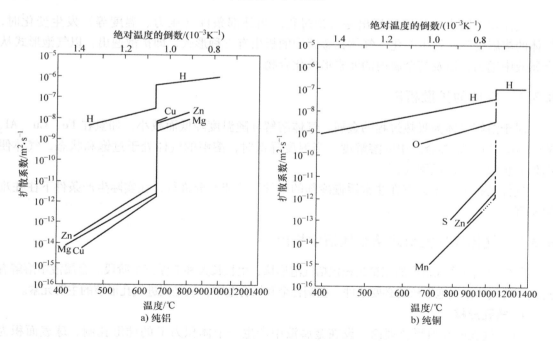

图 8-8 化学元素在合金中的扩散系数

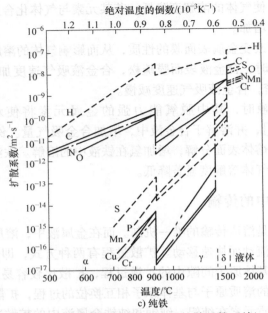

图 8-8　化学元素在合金中的扩散系数（续）

8.3　气体的析出

　　气体在金属中的溶解和析出是可逆过程。当外部条件（压力、温度等）发生变化时，气体的溶解度就会发生变化。气体在金属中的析出有三种形式，即扩散逸出，以气泡形式从金属液中逸出，以及与金属内的元素形成化合物。

8.3.1　气体的扩散析出

　　对于溶解气体为吸热过程的金属，气体溶解度随温度降低而减小，如氢在 Fe、Cu、Al、Mg、Ni、Co、Cr 等金属中的溶解度。当温度降低时，溶解的气体处于过饱和状态，气体便向外界扩散，脱离吸附表面。

　　气体的扩散逸出只有在非常缓慢冷却的条件下才能充分进行，在实际生产条件下往往难以实现。

8.3.2　气体以气泡形式从金属液中析出

　　气体以气泡形式析出的完整过程包括气泡形核、生长长大和上浮三个阶段。金属液中溶解有过饱和的气体是气泡形核的必要条件。在铜合金和铁合金中，氧是促进气孔形核的主要元素。

　　1. 气孔形核

　　（1）气孔的经典形核理论　设在金属液中产生一个体积为 V 的球形孔洞，球表面积为 S。如金属液中局部压力为 p_e，液 – 气界面能为 σ，则需要做 $p_e V$ 大小的功把熔融金属推到足够远的距离以形成该球形孔洞，产生面积为 S 的液 – 气界面需要做的功为 σS。

　　在孔洞内压为 p_i 的情况下，使孔洞充满蒸气或气体需要做 $-p_i V$ 大小的功。因而形成气

泡所做的总功 ΔG 为

$$\Delta G = \sigma S + (p_e - p_i)V = 4\pi r^2 \sigma + \frac{4}{3}\pi r^3 (p_e - p_i) \tag{8-6}$$

式中，r 是气泡的半径；$(p_e - p_i)$ 是气泡内外压力差，简写成 Δp。

对式（8-6）求导，并令其为零，则可求得均质形核时气泡的临界半径 r^* 为

$$r^* = \frac{2\sigma}{\Delta p^*} \tag{8-7}$$

假定气泡临界半径约为一个原子直径大小，则根据式（8-7）可以计算出纯铝、铜和铁液中与临界半径 r^* 对应的气泡内外压力差 Δp^* 分别为（$1\text{atm} = 101.325\text{kPa}$）$3.1 \times 10^4 \text{atm}$、$5.0 \times 10^4 \text{atm}$ 和 $7.6 \times 10^4 \text{atm}$。可见，气泡形核所需压力非常高，表明在金属液中气孔的均质形核非常困难。已经证实，对于极纯的熔融金属，即使金属液中溶解有过饱和的气体，气泡自发形核也十分困难，自发形核的概率极小。

在实际铸造过程中，金属液中存在大量固态杂质颗粒，可能作为气泡的异质形核衬底。设液相与固相衬底之间的接触角为 θ。如图 8-9 所示，接触角 θ 定义了液相与固相间的润湿程度。$\theta = 0°$ 时，液、固完全润湿；$\theta = 180°$ 时，液、固完全不润湿。当 θ 趋于 $180°$ 时，液、固润湿不好，金属液易于脱离固体衬底，如图 8-9a 所示；θ 趋于零时，金属液与固体间黏附力大，气泡移到金属液内而不与固相衬底接触，如图 8-9c 所示。

设气泡异质形核和均质形核时的内外临界压力差 Δp^* 分别为 Δp_{he}^* 和 Δp_{ho}^*，则有

$$\frac{\Delta p_{he}^*}{\Delta p_{ho}^*} = 1.12 \left[\frac{(2 - \cos\theta)(1 + \cos\theta)^2}{4} \right]^{1/2} \tag{8-8}$$

由式（8-8）可知，只有当接触角超过 $65°$ 时，才有利于气孔的异质形核。显然，并不是所有的夹杂物都可以促进气孔形核。只有那些不被金属液润湿的夹杂物才能成为气孔核心，如氧化物等非金属夹杂物。而硼化物、碳化物和氮化物等与金属液润湿性好的非金属夹杂物并不利于气孔形核，反而由于它们润湿良好，大多数能够作为孕育剂促进固相的异质形核，有助于晶粒细化。值得注意的是，由于金属液与从其中生长出的固相润湿，因而生长着的固体如枝晶的表面并不利于气孔的形核。

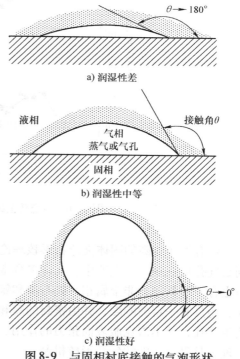

a) 润湿性差

液相　　　　　　　接触角 θ

气相
蒸气或气孔

固相

b) 润湿性中等

$\theta \to 0°$

c) 润湿性好

图 8-9　与固相衬底接触的气泡形状

实际上，液体与固体的接触角最大约为 $160°$，由式（8-8）计算可知，即使在已知的润湿性最差的固体上，气孔异质形核所需的压力差 Δp_{he}^* 仍为均质形核所需压力差 Δp_{ho}^* 的 $1/20$，这依然在所有的金属液中几乎均达不到。这表明，气孔的异质形核也存在困难。显然，经典的均质形核和异质形核理论难以用来解决气孔的形核问题。

（2）气孔的非经典形核理论　气孔的非经典形核理论主要包括高能辐射理论和带有气

体缝隙的固体夹杂物形核理论。

　　金属和合金中普遍含有天然放射性材料。高能辐射理论认为：金属液不断受到来自内部放射性衰变过程所产生的高能粒子轰击。这些高能粒子在熔体中通过时会引起热峰或位移峰，使得金属液中微小区域的温度升至远高于其沸点以上。这些被瞬时加热的区域可能变成蒸气泡，并且大到可以满足式（8-7），从而成为气孔的有效形核点。如在真空铸造纯铝中就观测到高密度的细小气泡（图8-10）。

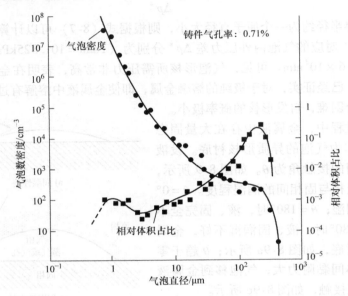

图 8-10　真空铸造纯铝（99.995% Al）中的氢气孔

　　带有气体缝隙的固体夹杂物形核理论认为：气孔存在于固体夹杂物的不规则孔隙中，特别是气孔可在双层膜上萌生。在许多合金熔体中都存在双层膜。这些双层膜通常是氧化物，但也有一些其他的非金属相，如石墨和氮化物等。双层膜也是一种裂纹，作为有韧性的折叠膜，还具有一定的刚度，并由密封的膜和卷入的气体组成。双层膜的两片只要分开，就可以萌生气孔，而不需克服表面张力的作用。因此，在铸造中，此种基于双层膜的固体夹杂物形核理论是最有可能的气孔形核机制。

2. 气孔的生长

　　通常气泡内的气体有 H_2、N_2、O_2、CO 和 CO_2 等。碳钢中主要是 H_2、N_2、CO 使气孔生长。

　　气孔形核后能否长大取决于气泡内气体分压 p_i 与气泡所受的外界压力 p_e 大小。当 $p_i > p_e$ 时，气泡才能长大。此处，p_i 为气泡内各气体分压的总和，为促使气泡长大的驱动力；p_e 为气泡所受的各种外部压力的总和，为阻碍气泡长大的阻力，由大气压、金属静压力和气泡引起的附加压力所组成。

　　气孔的生长速度受气体向气泡中的扩散速度限制，即气体扩散主导气孔生长。通常认为，气孔长大速度由扩散最快的气体决定。在存在大量双层膜的合金液中，气体扩散速率不再成为阻碍其生长的主导因素。实际上可以认为双层膜内的气体与金属液中的气体相平衡。

当双层膜的尺寸很小或数量较少时，气孔的生长受扩散控制；当双层膜的尺寸较大或数量较多时，气孔将由扩散主导生长过渡到双层膜展开机制控制生长。双层膜展开的速度对合金中溶解的气体量特别敏感。

氢在铁液中的扩散系数是其他元素的 10 倍，因此可扩散到气孔里的氢气体积比其他气体大约 30 倍，显然氢气对气孔生长有决定性作用。氢是促进铸钢件气孔生长的主要元素。对于铁合金，氢对气孔的形核影响很小，这是因为，与金属液中氧和碳形成 CO 的作用相比，氢在凝固界面前沿很少富集。在铜合金中，氧控制气孔形核，而氢的扩散促进气孔生长。显然，氢、氧在铜和钢中气孔形成过程中的作用不同。在钢中，如果氧的含量高，那么气孔就会形核，但是不一定能生长，除非有足够的氢。相反，如果氢的含量高，但没有氧来促进形核，根本就不会产生气孔。

假设气孔内是理想气体，金属液中所有的气体都能析出，则析出的气体体积 V 可以表示为

$$V = \frac{nRT}{p_e} \tag{8-9}$$

式中，n 为金属液中的气体含量；R 是气体常数，其值为 $8.314 \mathrm{J/(K \cdot mol^{-1})}$；$T$ 是金属液温度；p_e 为气泡所受的外界压力。

式（8-9）说明气孔的体积与金属液中的气体含量成正比，与作用在其上的压力成反比。

气孔生长也可能遇到阻碍，因而其体积和形貌会发生变化。在枝晶骨架深处的气孔一直生长到与周围的枝晶发生碰撞为止，生成的气孔呈枝晶状；而在金属液中自由生长的气孔呈球状。显然，气孔形貌与其形成时间的早晚有关。气泡从凝固界面前沿逃逸也是限制气孔生长及体积大小的一个原因。显然，气泡易于从平界面凝固前沿逃逸，而从枝晶臂间逃逸出的可能性很小。

3. 气泡的上浮

气泡形核并长大到一定尺寸后，即脱离衬底上浮。设气泡与衬底表面接触角为 θ，气泡与衬底的接触形态和脱离衬底的形式如图 8-11 所示。当 $\theta < 90°$ 时，气泡可完全脱离衬底（图 8-11a）。当 $\theta > 90°$ 时，气泡在长大过程中有缩颈产生；气泡分离成两部分，一部分脱离衬底，一部分残留在衬底上成为新气泡的核心（图 8-11b）。

气泡脱离衬底的能力可用接触角 θ 表示为

$$\cos\theta = \frac{\sigma_{NG} - \sigma_{NL}}{\sigma_{LG}} \tag{8-10}$$

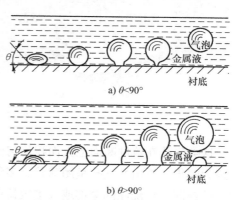

a) $\theta < 90°$

b) $\theta > 90°$

图 8-11 气泡脱离衬底表面示意图

式中，σ_{NG} 为衬底与气泡间的界面张力；σ_{NL} 为衬底与金属液间的界面张力；σ_{LG} 为金属液与气泡间的界面张力。

可见，气泡脱离衬底的能力主要取决于界面张力。小的 σ_{LG}、σ_{NL} 以及大的 σ_{NG} 均有利于气泡脱离衬底和逸出。

气泡脱离衬底后，受浮力的作用而上浮。较小气泡（$r < 0.1 \mathrm{mm}$）的上浮速度可用式（1-5）所示的斯托克斯公式估算。当气泡上浮过程中吸收气体或多个气泡相碰合并后，

气泡变得更大，上浮速度也相应加快。

气泡脱离衬底后能否完全逸出金属液，还取决于固－液界面的推进速度与合金的凝固方式。对于平界面凝固，当固－液界面推进速度较小时，气泡有较充分的时间逸出，有利于得到无气孔的铸件；固－液面推移速度较大时，气泡可能来不及完全逸出而残留在铸件中。当凝固以枝晶生长方式进行时，枝晶间气泡完全逸出的概率较小，铸件凝固后气泡未能排出，就在铸件中产生气孔。

8.4　铸件中的气孔

铸件中的气孔根据气体来源和形成机理可分为析出性气孔、反应性气孔和侵入性气孔等；根据气体的种类不同可分为氢气孔、氮气孔和一氧化碳气孔等；根据气孔的形状和位置，又可分为针孔和皮下气孔等。

8.4.1　析出性气孔

1. 析出性气孔的特征

浇注后的金属液在冷却和凝固过程中，因气体溶解度下降，溶解于金属液中的气体析出，形成的气泡未能排出而产生的气孔，称为析出性气孔，如图 8-12 所示。

a) 铜合金中的气孔　　　　　　　　　　b) 灰铸铁件中的冒口根部的氮气孔

图 8-12　铸件中的析出性气孔

这类气孔在铸件断面上大面积均匀分布，在铸件最后凝固部位、冒口附近、热节中心部位最为密集。析出性气孔呈团球状、多角状和断续裂纹状或呈混合型。析出性气孔常发生在同一炉或同一包浇注的全部或大多数铸件中。

析出性气孔由双原子气体形成，主要是氢气孔和氮气孔。铝合金铸件最易出现析出性气孔，其次是铸钢件，在铸铁件中有时也会出现。铸件产生析出性气孔时，冒口或浇口的缩孔减小，严重时浇冒口顶面甚至有程度不同的上涨。

2. 析出性气孔的形成机理

（1）凝固界面前沿的气体溶质分布　金属发生液固相变时，气体的溶解度急剧下降。由于存在溶质再分配，导致固－液界面前沿液相中气体溶质浓度增大。设凝固过程中，金属液中气体溶质只存在有限扩散，无对流和搅拌，且固相中气体溶质的扩散可忽略不计。这样，在凝固界面前沿液相中气体溶质的浓度分布可用式（5-23）描述，气体溶质在凝固界面前沿形成了一个溶质富集边界层。液相中气体溶质的浓度分布与凝固速度、气体溶质在液相中的扩散系数以及平衡分配系数 k_0 有关。当合金成分一定时，凝固速度越快、溶质扩散系数越小，则界面前沿溶质富集边界层的宽度越窄、溶质浓度梯度越大；原始气体溶质浓度越高、平衡分配系数越小，则界面前沿气体溶质原子富集越严重。稳定生长阶段时，凝固界面处液相中气体溶质浓度最大，为原始气体溶质浓度 C_0 的 $1/k_0$ 倍。

（2）析出性气孔的形成过程　由于铸型表面附近金属液的温度梯度大，凝固初期固 – 液界面以平面形式生长。金属液中气体溶质浓度从初始浓度 C_0 开始，沿着一个毫米级的凝固前沿逐渐增加，直到气体浓度达到气孔可以形核的水平。由上述分析可见，即使金属液中原始气体浓度低于饱和浓度，由于金属凝固时存在溶质再分配，在某一时刻，凝固过程中固 – 液界面前沿液相中所富集的气体溶质浓度可能大于饱和浓度，形成氢的过饱和浓度区；该区存在的 Al_2O_3、MnO 等固相质点均能使氢依附其表面上形核而成为气泡核心。同时溶解在液相中的其他气体向气泡扩散，使气泡长大从而产生析出性气孔。如铝合金凝固时，在凝固区域中存在氢的富集，在枝晶前沿特别是枝晶根部，氢的浓度明显增大，具有很大的析出动力。枝晶间也会富集其他溶质，容易生成非金属夹杂物，为气泡形核提供衬底；合金液凝固收缩形成的缩孔，初期处于真空状态，也给气体析出创造了有利条件。因此，枝晶间很容易形成气泡而成为析出性气孔。原始气体溶质浓度 C_0 越高或平衡分配系数 k_0 越小，则铸件越容易产生气孔。当金属液中的气体含量足够高时，则气孔将分布于铸件整个断面上。

综上可知，析出性气孔的形成机理是：合金凝固时，气体溶解度急剧下降，由于溶质的再分配，在固 – 液界面前的液相中气体溶质富集；当其浓度过饱和时，在现成的衬底上析出气体形成气泡；气泡保留在铸件中就成为析出性气孔。

3. 析出性气孔的影响因素及防止途径

（1）主要影响因素　影响析出性气孔产生的因素主要有合金液原始含气量、合金成分、气体性质、外界压力、凝固方式等。

1）合金液原始含气量。原始含气量越高，凝固界面前沿液相中富集的气体浓度就越高，则越容易形成析出性气孔。

2）合金成分。合金成分影响合金液的气体平衡浓度、合金收缩值及结晶温度范围。收缩量较大和结晶温度范围较宽的合金易产生析出性气孔。如高碳、低氧含量的球墨铸铁不容易产生气孔，而高氧含量的低碳当量铸铁容易产生气孔。

3）气体性质。气体溶质的平衡分配系数越小，则凝固界面前沿液相中气体溶质原子富集越严重、气体浓度就越高，则越容易形成析出性气孔。另外，气体溶质原子扩散速度越快，气孔越容易长大。如在铝合金中，氢比氮易析出且扩散速度快，氢比氮容易形成析出性气孔，因而铝合金容易产生氢气孔。

4）外界压力。铸件凝固时外界压力越小，气体的溶解度越低，因而越易产生析出性气孔。

5）凝固方式。铸件以逐层方式凝固时，金属液直到凝固结束前都处于大气压力和金属液静压力作用下，气体不容易析出；若产生析出性气孔，也多集中在冒口附近或热节部位，气孔呈圆形。逐层方式凝固也有利于气泡在液相中上浮排出。铸件以体积方式凝固时，枝晶很早就将金属液封闭，产生析出性气孔的可能性很大；气孔呈多角状，沿铸件截面均匀分布。

（2）防止措施及途径　根据影响析出性气孔产生的主要因素可以看出，通过减少金属液的原始含气量、对金属液进行除气处理以及阻止气体析出等措施，可以达到防止产生析出性气孔的目的。

1）减少金属液的原始含气量。具体方法有：①尽量减少金属液中各种气体的来源（气体主要来源介绍见第 8.1.1 节）。如炉料、炉衬、浇包等熔炼材料和熔炼工具应充分烘干，控制型砂和芯砂的水分与黏结剂用量，熔炼时金属液表面加覆盖剂；②采用高温出炉、低温浇注工艺，降低浇注时金属液中的含气量；③采取真空熔炼工艺，避免金属液吸气；④改进浇注系统，控制浇注速度和铸型透气性，避免金属液卷入空气；⑤保持熔炼环境干燥。

2）对金属液进行除气处理。除气（Degassing）是指去除溶解于熔融金属中气体的操作，也称为去气。通常分为化学除气和物理除气两类。具体方法为：①浮游去气，向金属液吹入惰性气体或加入除气剂，使金属液产生大量气泡，溶解的气体扩散进入气泡而逸出；②真空除气，将金属液置于真空室中，使金属液中的气体逸出；③吹入活性气体除气，如对不易氧化的金属液，根据氧和氢在金属液中溶解度的相互制约关系，采用"氧化熔炼法"氧化去气，先吹氧去氢，然后再脱氧（图 8-2）；④冷凝除气，将金属液缓慢冷却到凝固温度，然后迅速加热至浇注温度后立即浇注。此外，还可利用熔渣与金属液的反应除气、静置除气等。

3）阻止气体析出。具体方法有：①提高铸件冷却速度，金属型比砂型冷却速度高，凝固区间窄，对易形成析出性气孔的铝合金铸件应尽量采用金属型铸造；②提高铸件凝固时的外界压力，避免气体析出，如铝合金铸件在 4~6atm（1atm = 101.325kPa）的压力下凝固时，可有效减少甚至消除气孔。

【例8-1】　铜在大气环境下熔炼后，铜液的氧含量 w（%）为 0.01。为确保铸件不产生气孔，需使铜液在浇注时的氧含量降至 0.00001 以下。试设计铜液的除气工艺（1atm = 101.35kPa）。

对金属液进行除气处理有多种方法。其中之一是采用真空除气。利用式（8-2）可以估算真空除气时真空室的真空度 p_v，即

$$\frac{w_i^2}{w_v^2} = \frac{kp_i}{kp_v} \tag{8-11}$$

式中，w_v 为真空除气后的铜液氧含量；p_i 为除气前铜液的环境压力。

由题意可知，w_v（%）= 0.00001，p_i = 1atm，则可求得所需的真空度 $p_v = 10^{-6}$atm，即采取真空除气法时，真空室内的真空度不低于 10^{-6}atm。

另外，也可向铜液中加入 Cu-15P 中间合金，熔体中磷与氧反应生成 P_2O_5 气泡逸出。通常，为除氧需向铜液中加入的磷质量分数为 0.01%~0.02%。

8.4.2 反应性气孔

1. 反应性气孔的特征

浇注后的金属液与铸型之间或金属液内部组元之间发生化学反应形成气体，由此导致铸件中形成的气孔称为反应性气孔，如图 8-13 所示。

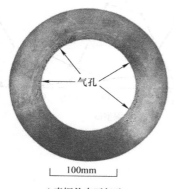

a) 青铜件皮下气孔   b) 铸钢件反应性气孔

图 8-13 铸件中的反应性气孔

金属液与铸型之间的化学反应在铸型表面上发生，也可能在充型过程中与铸型内形成的气体之间发生。金属液与砂型之间发生化学反应而产生的反应性气孔通常位于铸件表皮下 1~3mm 处（有时只在表面氧化皮下），呈分散分布，孔径为 1~3mm；经机械加工、清理或热处理后暴露出来才能发现，故又称皮下气孔（Subsurface Porosity），如图 8-13a 所示。皮下气孔形状有针状、蝌蚪状、球状、梨状等，大小不一，深度不等。皮下气孔的形状与铸件的凝固特点有关。如铸件以柱状晶凝固时，气泡沿晶界长大，则形成长条状皮下气孔，呈长条状垂直于铸件表面，深度可达 10mm 左右。

金属液内部组元之间（含组元与非金属夹杂物之间）发生化学反应产生的气孔多呈蜂窝状、梨状或团球状，在铸件内分布均匀，如图 8-13b 所示。

2. 反应性气孔的形成机理

（1）金属液与铸型间的化学反应　在充型初期，砂型突然受热，使得其中的挥发性物质和有机物剧烈蒸发与分解；金属液与砂型也会产生剧烈的化学反应，生成大量气体。如砂型中的自由碳及有机物燃烧、某些物质分解后，在铸型与金属液的界面上生成大量的气体，气体的主要成分为 H_2、CO、CO_2、N_2 等。图 8-14 所示为不同种类的铸型产生的气体成分，图 8-15 所示为在树脂砂型中浇注铝、铁、钢时的气体析出速率。可以清楚地看到，钢和铁熔体表面与铸型的反应剧烈；而在浇注铝合金时，由于温度较低，不能引起铸型中化学物质的大量分解。

对于所有种类的合金液，在 1~10min 内氢、氧、氮的平均扩散距离为 1~2.5mm，这表明气体能够在铸件中扩散足够远的距离而促进气孔的形成。根据气孔的气体种类，皮下气孔可以分为以氢气、一氧化碳和氮气为主的皮下气孔。

1）氢气孔。在湿砂型中挥发性物质的主要成分是水，金属与水蒸气之间的反应在金属与铸型之间最容易发生，也是最重要的反应，通过该反应能形成表面氧化物和氢气［见式（1-17）]。水和碳氢化合物也能在金属液的表面上分解并释放出氢气。产生的氢气量取决于型砂黏结剂中的水分含量，如在湿砂型和树脂砂型中浇注钢或铁时，铸型混合气体中含有接近 50% 的氢气，如图 8-14 所示。铸型气氛中的氢气一部分通过对流作用扩散到铸型中并逸出，另一部分会扩散到金属液中，使金属液表面层的氢含量急剧增加。

氢在铝、铜、铁三种金属液中的扩散系数均为 $10^{-7}\ m^2/s$ 的数量级。当扩散时间为 10s 时，扩散距离大概为 1mm；扩散 10min 时，扩散距离为 10mm。显然，金属液－铸型界面相互作用产生的氢气在铸件凝固过程中有充足的时间向金属液内部扩散，并且扩散的距离很远，因而促进了皮下气孔的形核和生长。

氢在铁中的平衡分配系数为 0.28，而氢在铝中的平衡分配系数约为 0.05，因而氢在铝合金凝固界面前沿偏析很严重（相当于富集了 20 倍的氢）。这样在铝合金铸件凝固时，

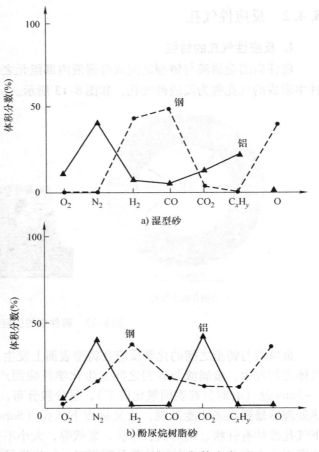

图 8-14　砂型产生的气体成分

就会在凝固界面前沿的液相形成氢的过饱和浓度区，从而生成气孔。图 8-16 所示为低气体含量的 $Al-7Si-0.4Mg$ 合金铸件中树脂砂芯附近的皮下气孔。砂芯黏结剂为酚醛尿烷树脂。由于铸件含气量很低，因此只在树脂黏结剂分解产生的氢气扩散范围内，即靠近铸件的内表面处产生了气孔。

可见，氢气孔的生成既与合金液原始含气量有关，也与浇注后吸收的氢量有关。显然，如果金属液中已经溶入了足够多的气体，来自金属液－铸型界面反应的气体只能起到增加气孔的作用。如果合金液原始含气量较低，则不易产生皮下气孔。对于不同壁厚的铸件，皮下气孔的形成倾向不同。薄壁铸件凝固速度快，表面很快形成固相壳，金属液与铸型相互作用的时间短，表面层吸收的氢量较少，不易产生皮下气孔。厚壁铸件凝固速度较慢，吸收的气体有足够的时间向金属液内扩散，气体溶质在整个截面上分布趋于均匀。对于中等壁厚的铸件，合金液与铸型相互作用的时间较长，且吸收的气体又不能充分向铸件内部扩散，其表面层形成含气量较高的气体溶质富集区，在以后的凝固过程中，有可能产生皮下气孔。因此，皮下气孔对铸件壁厚十分敏感。

2）一氧化碳气孔。铸型中的自由碳燃烧后在铸型与金属液的界面上生成 CO，钢液与型腔表面的水蒸气反应 [式（1-17）] 生成的 FeO 可与钢液中的碳发生反应生成 CO，即

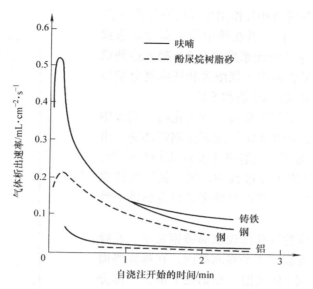

图 8-15　在树脂砂型中浇注铝、铁、钢时，测得的气体析出速率

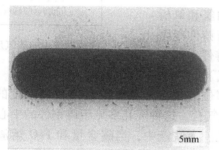

a) 内腔周围的皮下气孔

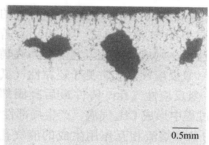

b) 皮下气孔放大图

图 8-16　低气体含量的 Al – 7Si – 0.4Mg 合金铸件中树脂砂芯附近的皮下气孔

$$[FeO] + [C] \Longrightarrow [Fe](L) + CO \uparrow \qquad (8\text{-}12)$$

在大多数铸铁和铸钢凝固过程中，铁液中的溶解氧可促进 CO 气孔形核。反应生成的 CO 气体对皮下气孔的产生有重要作用。

3）氮气孔。铸型黏结剂为酚醛树脂或者其他加热时释放氨气的含胺材料时，在铸铁件和铸钢件中产生皮下气孔很常见。皮下气孔与黏结剂中氨气的含量密切相关。许多黏结剂的重要成分如尿素、胺和铵盐等，浇注后在金属液的高温作用下分解，释放出氨气；氨气随即在高温下分解并释放出氮和氢，反应式为

$$NH_3 \Longrightarrow [N] + 3[H] \qquad (8\text{-}13)$$

氨气分解产生的氮溶解在金属液中，使金属液表面层的氮含量急剧增加。在铁的熔点温度时，氮在铁液中的平衡分配系数是 0.29，在凝固界面前沿有很强的富集作用。如果在凝固界面前沿的液相形成了氮的过饱和浓度区，则会析出，形成气孔。因而，在含氮树脂砂中常出现以氮气为主的皮下气孔。

（2）金属液内的反应性气孔　这类反应性气孔包括金属液合金组元之间相互作用形成

的气孔，以及金属液与熔渣相互作用生成的渣气孔两类。

1）碳－氧反应性气孔。氧在铁中的平衡分配系数为 0.05，碳在铁中的平衡分配系数为 0.2。凝固达到稳态时，固－液界面前沿铁液中的氧浓度和碳浓度分别是合金原始氧含量和碳含量的 20 倍和 5 倍。

若钢液未经脱氧、脱氧不良或严重氧化时，钢液中的氧与碳会发生反应，产生 CO 气泡而使钢液沸腾。由于铸件凝固较快，许多 CO 气泡来不及浮出铸件表面，从而形成气孔。CO 气泡上浮过程中，氢、氮等气体也向其中扩散而使气泡长大，常可见到浇冒口金属液上涨和冒泡现象。

典型的碳－氧反应性气孔出现在沸腾钢锭中。在凝固初期，高的温度梯度有利于平界面凝固，在凝固界面前沿析出的碳和氧生成 CO 气泡。在钢锭下部，一部分气泡继续附着在凝固界面上，导致在沸腾钢锭中出现一列蠕虫状气孔，如图 8-17 所示。

2）氢－氧反应性气孔。金属液中溶解的氢和氧析出后结合生成 H_2O 气泡［见式（1-20）］；若铸件凝固前未来得及浮出，则成为气孔。它多分布在铸件上部和热节处。氢－氧反应性气孔常见于还原性气氛下熔炼的铜合金中。

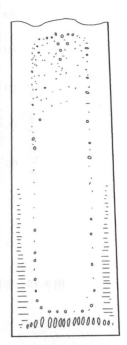

图 8-17　沸腾钢锭中的碳氧反应性气孔

3）碳－氢反应性气孔。铸件最后凝固部位的偏析液相中，含有较高浓度的［H］和［C］，凝固过程中形成 CH_4 气泡，产生局部性气孔。这种气孔多见于铸钢件的中心部位。

4）C 与 FeO 熔渣相互作用生成的渣气孔。在铁液中，当碳含量和 FeO 熔渣含量较高时，FeO 熔渣可与富集的碳或石墨相在高温下通过式（8-12）发生反应生成 CO 气体；生成的 CO 气体依附在 FeO 熔渣上就形成了渣气孔。

3. 反应性气孔的影响因素及防止途径

（1）影响因素　影响反应性气孔产生的因素主要有合金液含气量、合金成分、铸型含水量、铸型中的有机物含量、铸型透气性、铸件的凝固速度等。

1）合金液含气量：合金液含气量越低，合金组元之间的化学反应越弱，则不易形成反应性气孔。

2）合金成分：金属液内氧化性较强的元素含量越多，合金组元之间的化学反应越强，则易形成反应性气孔。

3）铸型含水量和有机物含量：型砂中水分和有机物的含量越高，分解出的气体越多，则进入金属液中的气体越多，越易形成反应性气孔。

4）铸型透气性：高的透气性有助于气体快速排出，可减小溶入金属液中的气体量。

5）铸件的凝固速度：凝固速度较慢时，有利于气体浮出，可减少和防止皮下气孔。

（2）防止途径　减小或防止反应性气孔产生的措施主要从合金方面和铸型方面着手，具体途径有：

1）尽量降低合金液的含气量。对金属液进行除气和脱氧，如用适量的磷对铜合金进行脱氧，用适量的铝对铸钢和铸铁进行脱氧。

2）严格控制并尽量降低合金中氧化性较强元素的含量，如铁液中的铝、镁及稀土元素，以及铜液中的铝、锰、锌等均为强氧化性元素。

3）严格控制型砂水分和有机物含量。对于重要铸件，可采用干砂型或表面烘干砂型。尽量减少树脂砂中树脂和添加剂的用量；选用低发气量的树脂等。

4）提高型芯透气性。在型芯内开排气孔、采用大面积的芯头、使芯头和芯座之间吻合良好等。

5）型内形成还原性气氛，防止金属液氧化。如在湿砂型中添加适量的煤粉、重油等附加物；将铝粉加入铸型涂料中，以增加型内还原性气氛；在生产球铁件时也可向型腔中撒入少许冰晶石粉。

6）冷铁必须严格清理、除锈；涂料需烘干。

7）适当提高浇注温度，以降低铸件的凝固速度，有利于气体浮出。

8.4.3 侵入性气孔

1. 侵入性气孔的特征

外部环境中的气体压迫金属液并穿透金属液表面而强行进入金属液内部，从而在凝固完成后残留在铸件中的气孔称为侵入性气孔（Blowhole）。充型过程中卷入金属液中的气体造成的气孔也属于此类。图 8-18 所示为铸件中形成的各类侵入性气孔，其中图 8-18a 所示为铅青铜自硬砂铸造时冷铁接触面上铸件的凹陷状气孔；图 8-18b 所示为灰铁铸件湿型砂铸造

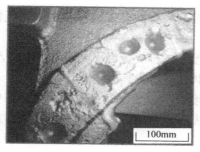

a) 铅青铜的凹陷状气孔

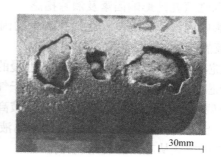

b) 灰铁铸件表面的气孔

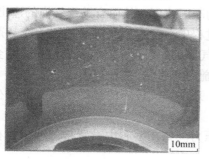

c) 铜合金铸件中的侵入性气孔

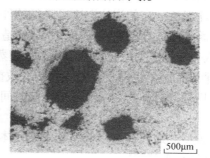

d) 压铸铝合金铸件的卷入性气孔

图 8-18　铸件中形成的各类的侵入性气孔

时砂芯上部接近铸件表面处形成的气孔；图8-18c所示为铜合金湿型砂铸造时在铸件上形成的侵入性气孔；而图8-18d所示为压力铸造铝合金时形成的卷入性气孔。

根据侵入性气孔的大小，可将其分为两类，即宏观侵入性气孔和微观侵入性气孔。宏观侵入性气孔较大，气孔的尺寸经常以厘米或分米来计量，一般都在10～100mm，通常是许多气泡的集合或合并而成的。宏观侵入性气孔表面光滑，距离铸件局部区域最上端表面约几毫米；其分布与铸件上表面轮廓一致。微观侵入性气孔较小，直径在1mm以下。

2. 侵入性气孔的形成机理

金属液－铸型（芯）界面上由型（芯）中产生的气体要侵入金属液中，需要克服金属液静压力、金属液的阻力和型腔中自由表面上气体的压力。其中，气体进入金属液的阻力由金属液的黏度、表面张力和氧化膜等决定。当金属液－铸型界面上的气体压力高于周围金属液的上述压力之和后，气体就会被吹入金属液中形成气泡。当气泡在凝固前来不及逸出时，则在铸件中形成气孔。图8-19所示为铸件内部侵入性气孔的形成过程。

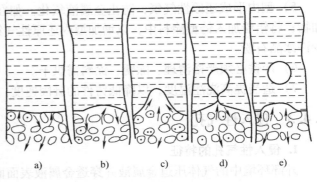

a) b) c) d) e)

图8-19　铸件内部侵入性气孔的形成过程

3. 侵入性气孔的影响因素及消除措施

（1）影响因素　影响侵入性气孔产生的因素主要有型芯发气性、型芯透气性、充型速度、金属液静压头、浇注温度、涂料等。

1）型芯发气性。发气量小和发气速度慢的型芯的排气压力小，不易产生侵入性气孔。

2）型芯透气性。透气性高的型芯有助于气体快速排出铸型空腔。

3）充型速度。如果快速充型，由金属液高度引起的金属静水压力会比型芯中气体压力建立得快，也能在型芯释放气体之前使金属液快速包覆型芯，型芯气体完全被封闭在型芯中，以正常的方式从芯头上的排气孔排出。

4）金属液静压头。较高的金属液静压力能有效抑制气泡进入金属液。

5）浇注温度。高的浇注温度可降低铸件的凝固速度，从而有助于气泡的逸出。

6）金属型表面涂料。在压铸和挤压铸造过程中，金属型接缝处残留的冷却剂遇到金属液后将会汽化沸腾；如果金属型上缺乏可使蒸气排出的通道，蒸气就会被迫进入金属液中。

（2）消除措施　消除侵入性气孔的有效措施如下：

1）使用发气量小的型芯或延迟排气时间。采用排气较迟的黏结剂材料或减少黏结剂的用量。

2）改善型芯透气性，降低型芯内的气体压力。如在型芯中设置排气通道，在型芯的最高点开设排气孔等。

3）快速浇注。在型芯内部气体压力达到能使气泡进入金属液之前，覆盖住型芯。

4）加大压头。用高的金属液静压头抑制型芯表面的排气。

5）提高浇注温度。延长铸件凝固壳层形成时间，使型芯有足够的时间通过金属液排气，这样气泡可以逸出。

8.5 非金属夹杂物的生成

8.5.1 浇注前形成的非金属夹杂物

金属液具有很强的化学反应能力，它既能与金属液面上的气体反应，也能与其所接触的炉衬和坩埚发生反应。如果金属液表面漂浮着熔渣或熔剂，金属液也可能与它们反应。显而易见，在熔炼过程中，坩埚和熔炼炉中的金属液反应相当剧烈。

金属在熔炼和炉前处理时，产生的夹杂物可能是脱氧、脱硫产物，也可能是金属液与炉衬相互作用的产物。浇注前许多尺寸较大的夹杂物上浮到金属液表面，经多次扒渣，大部分被清除。但仍有数量可观、尺寸较小的夹杂物残留在金属液内，随液流一起进入型腔；铸件凝固后，夹杂物残留在铸件内部成为非金属夹杂物。

1. 非金属夹杂物生成的热力学和动力学条件

从溶有非金属元素的金属液中生成非金属夹杂物，其化学反应方程式为

$$x[M] + y[N] \longrightarrow M_xN_y \tag{8-14}$$

式中，M、N 分别为金属和非金属元素；M_xN_y 为生成的非金属夹杂物。

在标准条件下，反应的标准生成自由能 $\Delta G^\ominus$ 为

$$\Delta G^\ominus = A + BT \tag{8-15}$$

式中，A、B 均为系数；T 为热力学温度。

图 8-20 所示为部分氧化物的标准生成自由能 $\Delta G^\ominus$ 与温度的关系。$\Delta G^\ominus$ 作为衡量夹杂物稳定性的标准，化学反应进行的条件是 $\Delta G^\ominus < 0$；$\Delta G^\ominus$ 越负，M 与 N 的化学亲合力越强，夹杂物 M_xN_y 稳定性越高。在标准条件下，可利用 $\Delta G^\ominus$ 判断反应进行的可能性、方向和限度。

在非标准条件下，夹杂物生成的可能性和生成顺序不仅与形成夹杂物的组元各自的化学亲合力有关，还与组元在熔体中的活度有关。

热力学条件可以预测夹杂物生成的可能性和生成顺序，而反应的动力学条件可以给出反应速度。反应速度取决于元素的浓度、反应温度和溶质的扩散速度等。元素的浓度越高，反应速度越快，则越有利于夹杂物的生成。

2. 熔炼和炉前处理时生成的非金属夹杂物

为减少熔融金属中的氧，加入与氧亲合力较强的材料，形成易于排除的氧化物的操作称为脱氧（Deoxidation）。下面以钢液脱氧过程为例，讨论这类非金属夹杂物的生成规律。将与氧亲合力强的元素锰、硅和铝等脱氧剂加入钢液中，元素与氧结合生成氧化物。

用硅铁对钢液脱氧时，瞬间在钢液中形成很多富硅区，硅和氧处于过饱和状态，析出二氧化硅，反应如下

$$[Si] + 2[O] \longrightarrow SiO_2 \tag{8-16}$$

图 8-21 所示为硅和氧在钢中的溶解度，图中的等温线表示在该温度下硅和氧的饱和浓度。硅和氧的浓度在曲线以上就析出 SiO_2；且随着温度降低，硅和氧的溶解度逐渐减小，SiO_2 不断长大，或生成新的 SiO_2。

在脱氧过程中，同一种脱氧剂可能生成不同成分的脱氧产物。例如，用铝对钢液脱氧，

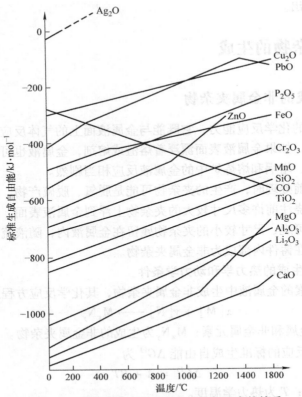

图 8-20 氧化物的标准生成自由能与温度的关系

铝的活度不同时，脱氧夹杂物有 Al_2O_3 和 $FeO \cdot Al_2O_3$ 两种：

$$2[Al] + 3[O] \longrightarrow Al_2O_3 \qquad (8\text{-}17)$$

$$2[Al] + 4[O] + Fe(L) \longrightarrow FeO \cdot Al_2O_3 \qquad (8\text{-}18)$$

上述脱氧产物若未能在浇注前排除，则以非金属夹杂物存在于铸件中。

8.5.2 浇注充型时形成的非金属夹杂物

1. 形成过程

当高温金属液与环境交互作用生成的反应产物不能溶解在熔体中时，反应产物将留在熔体表面上形成表面膜。如果表面膜一旦遭到破坏，又会生成一层新的表面膜。如铝合金熔体表面与氧反应生成的氧化铝膜具有较高的稳定性和致密性，可阻止铝合金与氧的继续反应，一旦被扒掉，则会立即生成一层新的氧化膜。

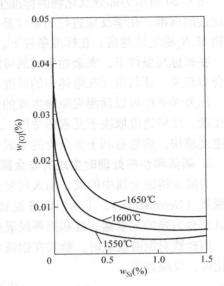

图 8-21 Si 及 SiO_2 相平衡的铁液中氧含量

留在熔体表面的表面膜一般不会造成危害，表面膜一旦卷入金属液中就会导致铸件产生缺陷。在浇注过程中，金属液的湍流、断流和飞溅等都会把表面氧化膜卷入金属液内产生氧化夹杂物。浇注过程中的氧化是铸件产生非金属夹杂的主要途径。据统计，铸钢件中夹渣总量的 40% ~ 70% 是在浇注和充型时产生的。

2. 影响因素

影响夹杂物生成的因素主要有合金液的化学成分和液流特征。

（1）合金成分 合金元素含量的多少直接影响二次氧化夹杂物生成的数量和组成。此外，元素的氧化难易程度、氧化夹杂物的熔点和逸出气体等也对氧化夹杂物的形成产生影响。

当铸造合金含有多种易氧化成分时，生成的二次氧化夹杂物往往由多种氧化物组成。含稀土元素的球铁液浇注时，Fe、C、Si、Mn、Mg 及稀土元素（Ce、La 等）都可能被氧化，形成 $MgO \cdot SiO_2$ 和 $FeO \cdot SiO_2$ 夹杂物等。这些硅酸盐的熔点和结膜温度较低，为液态夹杂物，随液流进入型腔后，液态夹杂物易上浮、排除，因而铸件中的二次氧化夹杂物含量少。

在浇注和充型过程中，若金属液表面逸出气体，则可降低金属液表面上大气中氧的分压，从而减轻金属液的氧化程度。合金中的低沸点成分在高温下蒸发或产生的某种气体就能起这种作用。如铜合金液中的低沸点元素 P（沸点为 280℃），在高温下与 Cu_2O 作用生成 P_2O_5 气体，从铜合金液表面逸出，因而能减轻铜合金液表面的氧化程度。

显然，金属液与大气接触的机会越多、接触面积越大、时间越长，则生成的二次氧化夹杂物就越多。

（2）液流特征 金属液为层流流动时，流动平稳，可大大减少二次氧化夹杂物的形成。若金属液在流动过程中产生涡流、飞溅，则会增大金属液与大气接触的机会，且容易将氧化夹杂物和空气卷入金属液内，使氧化夹杂物增多。

金属液内的对流也会将夹杂物和空气卷入内部。有些非金属夹杂物上浮到液面，由于金属元素与氧的亲合力大于与它结合的非金属元素的亲合力，则被氧取代而生成新的氧化物。如球铁液中的 MgS 上浮到表面后被 MgO 取代，产生的硫再回到铁液内，继续生成 MgS 后又浮到表面，如此重复导致铁液表面不断被氧化。因此，Mg、S 含量高的球铁铸件易产生夹杂物。

8.5.3 凝固过程中形成的非金属夹杂物

合金液在凝固过程中，由于溶质再分配的结果，液相中的溶质浓度不断升高，出现偏析液相。当枝晶间的液相达到过饱和时，则会析出非金属夹杂物即偏析夹杂物。如果偏析液相的成分复杂，且各枝晶间液相的成分也不同，则生成的夹杂物也不同，既可能生成固态夹杂物，也可能生成硅酸盐等液态夹杂物。

8.6 夹杂物的长大、形状和分布

8.6.1 夹杂物的聚合长大

悬浮在金属液中的夹杂物由于熔体的对流，以及由于其与熔体的密度差会上浮或下沉，产生杂乱无章的运动；夹杂物相互碰撞和聚合后，便迅速长大。

夹杂物碰撞后能否合并取决于夹杂物的熔点、界面张力和温度等条件。液态夹杂物的黏度较低，彼此碰撞，则容易聚合形成球状夹杂物；金属液温度较低时，夹杂物的黏度增大，碰撞后可粘连或靠在一起形成粗糙的多链球状夹杂物。非同类夹杂物相碰撞后，经烧结可组成成分更为复杂的夹杂物。

8.6.2 夹杂物的形状

凝固过程中，枝晶间的残留液相通常是低熔点成分，最后将进行二元和三元共晶反应，生成物以网状存在于晶界上。在合金凝固即将结束时，汇集于晶界的低熔点液相偏析夹杂物，其形状在很大程度上受界面张力的影响。

设液态夹杂物–晶粒的界面张力为 σ_{SI}，两晶粒间的界面张力为 σ_{SS}，两晶粒间的夹角即双边角为 θ，如图 8-22 所示。晶界处液态夹杂物的形态在很大程度上受 σ_{SS} 和固液界面张力 σ_{SI} 的平衡关系支配，即界面张力平衡条件为

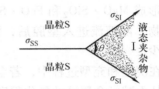

图 8-22 相间双边角与界面张力

$$\cos\frac{\theta}{2} = \frac{\sigma_{SS}}{2\sigma_{SI}} \tag{8-19}$$

只有当 $2\sigma_{SI} \geqslant \sigma_{SS}$ 时，才能处于平衡状态。θ 决定液态夹杂物的形状。当 σ_{SS}/σ_{SI} 具有不同的数值时，θ 从 $0°$ 到 $180°$ 变化，夹杂物形状由尖角状逐渐变化为球形（图 8-23）。如果 $2\sigma_{SI} < \sigma_{SS}$，平衡状态遭到破坏，夹杂物以薄膜形态分布在晶界上。

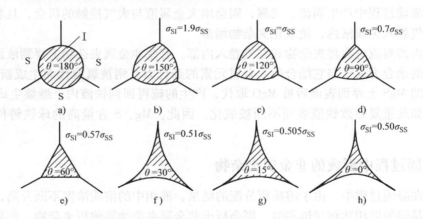

图 8-23 不同双边角晶界夹杂物的形状示意图

合金成分对夹杂物形状的影响体现在对熔体界面张力的改变上。如硫是表面活性元素，能降低铁液的界面张力，从而使铁液能很好地润湿晶体，导致硫化物沿含硫的铁合金晶界形成尖角薄膜状的硫共晶。钢中加入锰，生成的 MnS 可消除硫的有害作用。

夹杂物形状越近似球形，对铸件力学性能的影响越小；夹杂物呈尖角形，甚至包围晶粒形成薄膜时，对铸件性能的危害甚大。夹杂物越细小而分散，且分布在晶内时，其危害越小。

8.6.3　夹杂物的分布

铸件中的非金属夹杂物可能分布在晶内，可能分布在晶界，也可能在凝固前上浮到铸件上表面。能作为金属异质结晶核心的非金属夹杂物分布在晶内。尺寸较大的低熔点夹杂物和密度较小的夹杂物上浮速度快，它们可能上浮集中到冒口中被排除，或保留在铸件上部、上表面层和铸件的拐角处。处在凝固区域内的高熔点固态微小夹杂物可能被枝晶黏附而分布于晶内，否则分布于晶界。

如图 8-24 所示，固态夹杂物 I 能否被枝晶 S 粘附，取决于粘附前后系统自由能的变化 ΔG，其计算式为

$$\Delta G = (\sigma_{LI}S_1 + \sigma_{IS}S_2) - [\sigma_{LI}(S_1 + S_2) + \sigma_{LS}S_2] < 0 \tag{8-20}$$

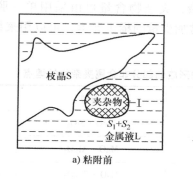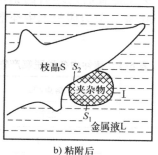

a) 粘附前　　　　　　　　　　b) 粘附后

图 8-24　夹杂物粘附晶体示意图

即应满足

$$\sigma_{IS} < \sigma_{LI} + \sigma_{LS} \tag{8-21}$$

式中，σ_{IS} 为固态夹杂物与枝晶间的界面张力；σ_{LI} 为金属液与夹杂物间的界面张力；σ_{LS} 为金属液与枝晶间的界面张力；S_1 为夹杂物与金属液的接触面积；S_2 为夹杂物与晶体的粘附面积。

显然，固态夹杂物的总表面积为 $S_1 + S_2$。满足式（8-21）时，夹杂物可被枝晶粘附，陷入晶内；当 $\sigma_{IS} > \sigma_{LI} + \sigma_{LS}$ 时，夹杂物被枝晶推开，最后聚集在晶界上。

夹杂物能否被枝晶粘附，除考虑上述热力学条件外，还与晶体的生长速度有关。如果晶体的生长速度较快，夹杂物就容易被生长着的固相所吞食，夹杂物将陷入晶内而成为晶内夹杂物；否则夹杂物将被推移到最后凝固的部位而成为晶界夹杂物。当夹杂物分布在晶内时，其危害较小。

8.7　预防、减少和去除夹杂物的途径

去除和减少金属液中气体或气泡的工艺措施同样也能达到减少夹杂物的目的。由于夹杂物的密度通常比气体大得多，故与气泡相比难以去除，特别是尺寸较小的非金属夹杂物则更难去除。为此，需采取更有效的去除工艺措施。

1）正确地选择合金成分，严格控制易氧化元素的含量。

2）减少各种炉料附带的夹杂物，同时对炉衬耐火材料进行适当地干燥。

3）熔炼时加熔剂保护或进行精炼。精炼（Refining）是去除金属液中气体、杂质元素和夹杂物等，以净化金属液和改善金属液质量的操作。金属液表面覆盖一层熔剂，能吸收上浮的夹杂物，如铝合金精炼时加氯盐、氟盐等精炼剂。向金属液中加入熔剂，使之与夹杂物形成密度更小的液态夹杂物，如向球铁液中加入冰晶石，可降低夹杂物熔点，便于夹杂物的聚合和上浮。

4）采用含有多种脱氧元素的复合脱氧剂取代单一脱氧剂。脱氧剂（Deoxidizer）是为减少熔融金属中的氧而加入的与氧亲合力较强的材料。单一脱氧剂生成的脱氧产物熔点高（表8-1），易成为夹杂物残存在铸件中；采用复合脱氧剂，可以生成密度小、熔点低的液态脱氧产物（表8-1），易聚合成大的球形液滴，有利于上浮和排除，从而减少对钢的性能的损害。如经铝硅锰复合脱氧剂处理后的钢液，夹杂物含量可由采用单一脱氧剂处理后的0.0265%减少到0.007%。复合脱氧剂中经常加少量的稀土元素，可以用来控制钢中非金属夹杂物的形状。

表 8-1　铸件中各种脱氧产物形成的部分非金属夹杂物的熔点

类型	熔点/℃	类型	熔点/℃
CaO	2570	$MnO \cdot SiO_2$	1270
FeO	1371	$MgO \cdot Al_2O_3$	2135
Fe_2O_3	1560	$CaO \cdot Fe_2O_3$	1216
SiO_2	1713	$CaO \cdot Al_2O_3$	1605
Al_2O_3	2050	$FeO \cdot SiO_2$	1205
MnO	1850	$FeO \cdot Al_2O_3$	1780
MgO	2800	$SiO_2 \cdot Al_2O_3$	1487

5）采用真空或在惰性保护气氛下熔炼和浇注。熔炼和浇注过程中通入惰性气体，或将金属液在真空中进行处理，如真空铸造、真空除气、真空熔炼、真空精炼和真空浇注等，均可以降低许多合金中的夹杂物和气孔。

6）尽可能保证充型平稳，避免金属液在浇注和充型时发生飞溅和湍流。湍流式浇注的金属液瞬间生成大量双层膜（Bifilm）。可通过消除表面膜的卷入来避免卷入性缺陷。通过改进浇注系统设计可防止氧化膜的卷入。应尽量避免顶注，采取反重力浇注系统可以完全消除卷入膜的问题。

7）过滤法。金属液通过过滤后再注入型腔，也可达到去除夹杂物的目的。泡沫陶瓷过滤片网不仅可去除一次夹杂物，还可稳定液流、防止浇注过程中的液流冲击产生的不利影响。

8）减少铸型的氧化气氛。除严格控制铸型水分外，还可在型砂中添加附加物。如生产铸铁件时，型砂中可以加入煤粉以形成还原性气氛，也可以在铸型表面撒上一层熔剂。

习　题

1. 铸造过程中的气体来源于何处？它们是如何产生的？

2. 非金属夹杂物对铸件性能有什么影响？

3. 哪些因素会影响气体在金属中的溶解度？其影响规律如何？

4. 试分析常见气体以不同形态存在时对铸件质量的影响。

5. 在 1600℃ 的钢液中，氢含量 $13cm^3/(100g)$，氮含量 0.035%，如何计算钢液中氢、氮的析出压力？

6. 设钢液在 1600℃ 氧含量分别为 400×10^{-6} 和 90×10^{-6} 时，若空气中的水蒸气含量为 5%。试计算钢液中 [H] 的含量。

7. 试从相变理论讨论气孔的形核、生长过程，并阐述衬底的润湿能力对气泡形核和脱离的影响。

8. 简述铸件中析出性气孔的形成机理、特征、影响因素及防止措施。

9. 说明防止铝合金铸件产生析出性气孔，既可采用真空脱气又可采用压力下凝固的原理。

10. 金属液中气体元素含量低于饱和溶解度时在铸件中也会产生析出性气孔，试分析其原因。

11. 在潮湿地区或雨季，铝合金、铜合金铸件很容易产生气孔。试分析气孔的类型、形成原因及防止措施。

12. 皮下气孔与析出性气孔的形成过程有何异同？

13. 金属冶金质量对铸件中反应性气孔的产生有何影响？

14. 铸件中的皮下气孔有哪些共同特点？说明什么问题？皮下气孔形成过程分为哪几个阶段？在每个阶段分别是哪些因素起主导作用？

15. 气缸盖（HT200）因存在气孔而泄露，用电子探针检查发现气孔壁 Al、Si、Mn、Ca 等元素较高，试判断该气孔的性质和产生途径。

16. 侵入性气孔形成的条件是什么？防止侵入性气孔产生的措施有哪些？

17. 试从化学反应的热力学和动力学两方面，阐述非金属夹杂物的生成过程及用标准生成自由能判断反应进行的局限性。

18. 试述浇注前和浇注过程中形成的非金属夹杂物在生成过程中有何异同？其成分和组成有何差异？

19. 试用结晶理论讨论非金属夹杂物的形核和生长。

20. 铸件凝固过程中生成的夹杂物与微观偏析有何联系？

21. 为什么夹杂物最终的形态和组成十分复杂？

22. 影响非金属夹杂物形状和分布的因素有哪些？

23. 简述二次氧化夹杂物及其形成的影响因素。

24. 防止球铁和铸钢件产生二次氧化夹杂物的途径有何异同？

25. 如何减少和排除铸件中的非金属夹杂物？

26. 夹杂物的数量、大小、形态和分布对钢的质量有很大影响，对上述四个因素怎样要求和进行控制？

27. 在铸造生产过程中，通常采用高温出炉、低温浇注工艺（静置处理），这种措施对获得优质铸件有何意义？

28. 试分析金属液中气体和夹杂物的关系。

29. 试述在铸钢件生产过程中脱氧处理对防止气孔和非金属夹杂物缺陷的作用。

第9章

凝固收缩与缩孔

金属从液态凝固和冷却至室温过程中所发生的体积或尺寸减小的现象称为收缩。金属液在冷却和凝固过程中要经历3个相互联系的收缩阶段和完全不同的收缩方式（图9-1），即液态收缩、凝固收缩和固态收缩。铸造合金在不同阶段的收缩特性不同，对铸件质量的影响也不同。

金属凝固收缩时，由于金属液未对铸件进行有效补缩而产生的缺陷称为收缩缺陷（Shrinkage Defects），包括缩孔、缩松和缩陷等，如图9-2所示。收缩缺陷减小了铸件的有效受力面积，在缩孔和缩松处还会产生应力集中，因而显著降低铸件的力学性能，也使铸件气密性和物理化学性能下降。对于大多数铸造合金，缩孔和缩松是铸件中最重要、最普遍的缺陷之一。收缩也是铸件中许多其他缺陷如热裂、应力、变形和冷裂等产生的基本原因。

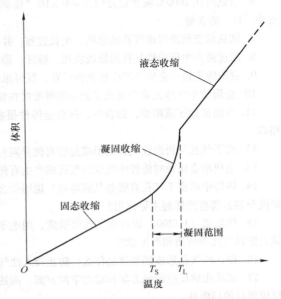

图9-1　3个收缩阶段示意图

a) 球铁件内部缩孔

b) 镁合金铸件表面缩松

图9-2　铸件的缩孔和缩松

9.1 收缩的基本概念

9.1.1 体收缩和线收缩

一般条件下，金属尺寸的变化仅取决于温度的变化。金属从液态到常温的体积变化量称为体收缩。金属在固态时的线尺寸变化量，称为线收缩。铸造合金的总收缩量为液态收缩、凝固收缩和固态收缩之和。通常以相对收缩量即收缩率表示金属的收缩特性。体积相对收缩量和线尺寸相对收缩量分别称为体收缩率和线收缩率。单位温度变化的体积相对收缩量和线尺寸相对收缩量分别称为体收缩系数和线收缩系数。

设金属的温度由 T_1 降至 T_2 时，体积和长度分别由 V_1 和 l_1 减小为 V_2 和 l_2，金属在此温度范围内的体收缩系数和线收缩系数分别为 α_V 和 α_l，则金属的体收缩率 ε_V 和线收缩率 ε_l 分别为

$$\varepsilon_V = \frac{V_1 - V_2}{V_1} \times 100\% = \alpha_V (T_1 - T_2) \times 100\% \tag{9-1}$$

$$\varepsilon_l = \frac{l_1 - l_2}{l_1} \times 100\% = \alpha_l (T_1 - T_2) \times 100\% \tag{9-2}$$

可见，收缩率既与金属的性质有关，又与温度的变化有关。一般地 $\alpha_V \approx 3\alpha_l$，$\varepsilon_V \approx 3\varepsilon_l$。

9.1.2 金属收缩的三个阶段

1. 液态收缩

金属在液态时由于温度降低而发生的体积收缩称为液态收缩（Iiquid Contraction）。铸造合金从浇注温度 T_P 冷却至液相线温度 T_L 时的液态收缩表现为型腔内金属液面的降低。金属液体积随温度的降低几乎严格呈线性减小。液态收缩率可用式（9-1）表示。

影响液态收缩系数的因素很多，如合金成分、温度、气体和夹杂物含量等。显然，不同金属的液态收缩系数不同，液态收缩率也不同。如铸钢和铸铁的液态体收缩系数随碳含量的增加而增大。浇注温度越高、液相线温度越低，液态收缩率越大。

通常，金属液的液态收缩不会给铸造过程带来麻烦。通过稍微延长浇注时间或冒口内液面的轻微下降即可使液态收缩得到补充。

2. 凝固收缩

熔融金属在凝固阶段的体积收缩称为凝固收缩（Solidification Contraction），即铸造合金在液相线温度 T_L 和固相线温度 T_S 之间的收缩。纯金属和共晶合金在恒温下凝固，其凝固收缩纯粹由液固相变引起，是由金属在液、固态的密度差异造成的，故其收缩率有一定的数值，见表 9-1。具有一定结晶温度范围的合金的凝固收缩，除了液固相变引起的收缩之外，还包括因凝固阶段温度下降产生的收缩。

表 9-1　常用部分纯金属的凝固收缩率

金属	晶体结构	熔点/℃	液相密度/kg·m⁻³	固相密度/kg·m⁻³	体收缩率（%）
Al	面心立方	660	2368	2550	7.14
Cu	面心立方	1083	7938	8382	5.30
Ni	面心立方	1453	7790	8210	5.11
Mg	密排六方	651	1590	1655	4.10
Zn	密排六方	420	6577	—	4.08
Fe	体心立方	1536	7035	7265	3.16
Bi	三斜晶胞	271	10 034	9701	−3.32

从表 9-1 可知，有些金属的凝固收缩率为负值，表示其在凝固过程中体积不但不收缩，反而膨胀，如金属铋等。石墨铸铁（灰铸铁、蠕墨铸铁和球墨铸铁）在凝固期间由于石墨析出，也会发生体积膨胀。

凝固收缩会给铸造过程带来许多问题。一方面需要额外的金属液补偿收缩过程；另一方面如果不能进行有效补缩或补缩不足，则可能在铸件中形成缩孔或缩松。

3. 固态收缩

金属在固态下由于温度降低而发生的体积收缩称为固态收缩（Solid Contraction），即铸造合金从固相线温度 T_S 到室温 T_0 之间的收缩。在固态收缩阶段，铸件各个方向上都表现出线尺寸的缩小，因而常用线收缩率表示固态收缩。固态体收缩率和线收缩率可分别用式（9-1）和式（9-2）计算。

对于固态下发生相变的合金，固态收缩是相变和温度降低共同作用的结果。如石墨铸铁在凝固后的冷却过程中，奥氏体通过共析转变分解为铁素体和石墨，引起膨胀，因而其固态收缩可分为珠光体前收缩、共析转变膨胀和珠光体后收缩三个阶段。

图 9-3 所示为几种 Fe－C 合金的自由线收缩率曲线。可见，由于凝固期间的石墨析出，以及奥氏体通过共析转变分解为铁素体和石墨引起体积膨胀，碳钢的线收缩曲线有一个膨胀过程，而灰铸铁和球墨铸铁的线收缩曲线有两个膨胀过程。

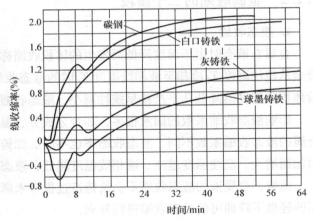

图 9-3　几种 Fe－C 合金的自由线收缩率曲线

显然，固态收缩有助于减小缩孔，只有当合金的液态收缩和凝固收缩之和大于固态收缩时，才会在铸件中产生缩孔或缩松。固态收缩对铸件的形状和尺寸精度有很大影响。在制造模样时，需要知道线收缩。金属的线收缩是铸件中产生应力、变形和裂纹的基本原因。

综上所述，合金的收缩率既与金属本身的性质有关，又与温度的变化有关。对于在固态下发生相变，引起体积变化的合金，收缩率还受相变的影响。

9.1.3 铸件的收缩

1. 收缩阻力

铸件在铸型中进行收缩时，除受合金本身和温度的影响外，还会受到以下阻力的影响。主要有：

（1）铸型表面的摩擦力　铸件收缩时，其表面与铸型表面之间摩擦力的大小与铸件重量、铸型表面的平滑程度有关。例如，碳钢铸件在黏土砂型中铸造时，这种阻力使收缩率平均减少0.3%。铸型表面有涂料时，摩擦阻力可以忽略。

（2）热阻力　铸件各部分冷却速度不同，造成同一时刻收缩量不一致，铸件各部分彼此相互制约，产生阻力而不能自由收缩时，称为热阻力。热阻力的产生和铸件结构有关。

（3）机械阻力　铸件在冷却过程中受到铸型和型芯等机械阻碍而不能自由收缩，这种阻力称为机械阻力。铸件的机械阻碍通常来自强度较高和退让性较差的铸型和型芯、箱档和芯骨、浇冒口系统以及铸件上的一些突出部分（图9-4），设置在铸件上的拉筋、防裂筋以及分型面上的飞边等也可能阻碍铸件的收缩。显然，机械阻力的大小取决于造型材料的强度、退让性、铸型和型芯

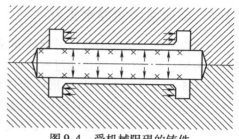

图9-4　受机械阻碍的铸件

的紧实度、箱档和芯骨的位置等。如在断面厚薄均匀的圆筒形铸件中，若型芯退让不良，就会对铸件的径向收缩产生机械阻碍。机械阻力使铸件收缩量减少。

金属从凝固起始温度冷却至室温的整个过程中，不受阻碍能自由进行的收缩称为自由收缩（Free Contraction）。铸造过程中，也将铸件在铸型中的收缩仅受到金属表面与铸型表面之间摩擦阻力的阻碍时称为自由收缩。铸件在凝固和冷却过程中因受到机械作用的阻碍，不能自由进行的收缩称为受阻收缩（Hindered Contraction）。显然，对于同一种合金，受阻收缩率小于自由收缩率。

2. 铸造收缩率

由于受到外界阻力的影响，铸件的实际收缩率即铸造收缩率总是小于合金的理论收缩率。同一合金，不同铸造条件下的收缩率可能不同。表9-2是几种铸造合金的收缩率。

表9-2　几种铸造合金的收缩率

合金种类	自由收缩率（%）	受阻收缩率（%）
灰铸铁（小件与中、小件）	1.0	0.9
灰铸铁（中、大件）	0.9	0.8
孕育铸件	1.0~1.5	0.8~1.0
球墨铸铁	1.0	0.8
铸钢（碳钢与低合金结构钢）	1.6~2.4	1.3~1.7
铝硅合金	1.0~1.2	0.8~1.0

在进行铸件工艺设计时，通过铸造收缩率确定模样尺寸，即

$$\varepsilon_C = \frac{l_P - l_C}{l_C} \times 100\% \tag{9-3}$$

式中，ε_C为铸造收缩率；l_P为模样尺寸；l_C为铸件尺寸。

9.2 缩孔的形成机制

缩孔（Shrinkage Cavity）是铸件在凝固过程中由于补缩不良而产生的孔洞。广义的缩孔包括缩松。缩孔是由于铸件凝固过程中的液态收缩和凝固收缩得不到充分补缩造成的，因而液态收缩和凝固收缩是铸件产生缩孔的基本原因。

9.2.1 金属液中的静水张力

当铸件外部完全凝固后，后续的凝固收缩会在金属液中产生张应力。下面以球体的无补缩凝固为例分析张应力的形成过程。

图9-5所示为无补缩的球形件凝固模型。设铸件由表及里逐层凝固。当铸件外表温度下降到凝固温度时，铸件表面凝固成一层厚度为 x 的固相硬壳，并紧紧包住内部的金属液。此时内浇口完全凝固，液态金属与外部隔离，补缩不能进行。

随着温度的下降，凝固一层一层地向内继续进行。设厚度为 dx 的金属液层凝固成固相。由于液固相变收缩，金属液凝固后体积变小。这意味着要么在金属液中形成孔洞，要么金属液发生少许膨胀或（和）周围的固相产生少许收缩。假设金属液中难以形成孔洞，那么金属液将不得不通过膨胀来调节体积的减小，从而在液相中形成张应力，液相处于负压状态。随着凝固的持续进行，

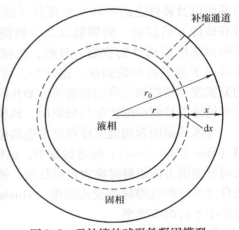

图9-5 无补缩的球形件凝固模型

金属液所占体积逐渐变小，金属液中的张应力逐渐升高，直至金属液发生断裂。有研究表明，在理想条件下金属液中张应力可高达 $-100 \sim -10\text{MPa}$。显然，金属液中的静水拉应力是铸件形成缩孔的驱动力。当然，球形铸件中心的少许残余金属液中高的张应力会引起凝固层通过蠕变发生塑性退让，进行固态补缩。这种凝固层向内移动的方式能大大降低金属液中的张应力。

9.2.2 缩孔的形核与生长

液态金属与固态金属的原子结构均为有序排列的密堆积结构，二者的强度几乎一样高（如铁液的断裂强度接近7GPa）。通常金属液的抗拉强度处于 $1 \sim 10\text{GPa}$ 的范围内，金属液完全能够承受凝固收缩产生的静水张应力。因而，在完全纯净的金属液中不可能形成缩孔。然而，当金属液中存在润湿性差的弱结合界面时其断裂强度下降，缩孔就可能在非润湿界面上形核，如同气孔的异质形核一样。有利于缩孔形核的夹杂物主要有氧化物，以及由不润湿

的低表面张力液相和氧化物组成的复杂夹杂物等。显然，与金属液润湿的界面不会成为缩孔的形核点，如凝固界面、游离晶、碳化物、氮化物和硼化物等。

金属液中产生静水张应力后，将使铸件内外产生压力梯度。显然，这种压差同时也是补缩的驱动力，如图 9-5 所示的补缩通道畅通，则有助于补缩的进行。形成缩孔的驱动力能否胜过补缩的驱动力，取决于是否存在形成孔洞的核心。如果金属液纯净，不存在缩孔形核的核心，且补缩通道畅通，那么缩孔不能形核，补缩将持续进行，直到铸件完全凝固；如果存在缩孔形核的核心，则缩孔便会在金属液静水张应力没有明显增长之前的早期阶段形成，结果导致几乎没有补缩发生，在铸件内部就会形成大的缩孔。实际铸件的凝固过程介于上述两种情形之间，既有液态补缩，也有一定的固态补缩，造成铸件表面下沉形成缩陷（Depression），并在内部出现缩孔。图 9-6 所示为上述情况下形成的三种缩孔状态示意图。

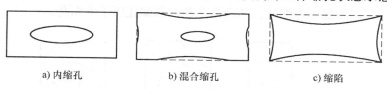

a) 内缩孔   b) 混合缩孔   c) 缩陷

图 9-6   三种缩孔状态示意图

在有张应力的液相中，缩孔形核后的初始生长速度非常快。其随后的生长由凝固收缩控制，即铸型的吸热速率决定缩孔的生长速率。

9.2.3   气缩孔的形核与生长

设在表面张力为 σ 的金属液中，存在半径为 r 的孔洞。设孔洞达到临界半径 r^* 时，其内的气体压力为 p_g，由于凝固收缩使金属液产生的张应力为 p_s，在二者的联合作用下，孔洞受力为 $p_g + p_s$。参照式（8-7），可得到孔洞的力学平衡条件为

$$\frac{2\sigma}{r^*} = p_g + p_s \tag{9-4}$$

显然，对于补缩充分的铸件，$p_s = 0$，式（9-4）相当于纯气孔的形核。对于没有气体的铸件，$p_g = 0$；当补缩很差时，式（9-4）相当于纯缩孔的形核。

当铸件中有气体且存在收缩的情况下，气体和收缩会联合作用，使孔洞形核条件产生变化。相比单独的气孔和缩孔形核而言，气缩孔形核时所需的气体压力和静水张应力均下降，形核更易进行。显然，在不存在任何外来形核核心的情况下，气孔和缩孔的均质形核不可能进行，会获得致密铸件；当存在有利的形核核心时，将会产生气缩孔，并在气体和收缩联合作用下继续长大。显然，如果金属液中气体含量为零且补缩充分，那么铸件中就不会产生缩孔或疏松。

铸件中的缩孔、气孔或气缩孔的形貌由孔洞和枝晶生长的相对时间关系决定。无论孔洞是由气体、收缩还是气体和收缩的联合作用引起，其形貌仅表明孔洞的生长时间相对于枝晶生长时间的早与晚。圆形的孔洞生长较早，而枝晶状孔洞生长较晚，但这些空洞可能是气孔，也可能是缩孔或气缩孔。通常气孔形核都比较早，所以长成圆形；而缩孔形成较晚而呈现枝晶状，但也并非必然如此。

9.3　缩孔及缩松的形成过程

　　铸件在凝固过程中由于收缩而形成的孔洞称为缩孔。缩孔形状极不规则、孔壁粗糙并带有枝状晶，常出现在铸件最后凝固的部位。根据缩孔的大小和分布形态，缩孔可分为集中缩孔和分散缩孔两类。其中集中缩孔指尺寸大而集中的孔洞，简称缩孔（Shrinkage Porosity），如图 9-2a 所示；分散缩孔指尺寸细小而分散的孔洞，简称缩松（Dispersed Shrinkage Porosity），如图 9-2b 所示。铸件有缩松缺陷的部位，在气密性试验时易渗漏。缩松由于其分布面广，难于补缩，是铸件中最危险的缺陷之一，对铸件力学性能影响很大。

　　根据缩孔的出现位置，可将其分为外缩孔和内缩孔两类，如图 9-7 所示，其中顶部缩孔、凹角缩孔与缩陷均属于外缩孔，芯面缩孔和内部缩孔属于内缩孔。

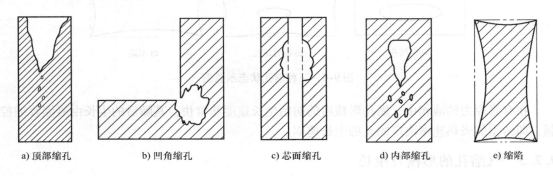

| a) 顶部缩孔 | b) 凹角缩孔 | c) 芯面缩孔 | d) 内部缩孔 | e) 缩陷 |

图 9-7　铸件缩孔的形式

9.3.1　缩孔的形成过程

1. 缩孔的形成

　　铸件中产生缩孔的基本原因是合金的液态收缩和凝固收缩大于固态收缩；缩孔倾向产生于逐层凝固的铸件中。纯金属和共晶成分合金在固定温度下结晶，铸件倾向于逐层凝固，容易形成缩孔。

　　下面以逐层凝固的圆柱体铸件为例，分析缩孔的形成过程。图 9-8a 表示金属液充满了铸型。由于铸型的吸热及冷却作用，金属液温度下降，发生液态收缩，但能够从浇注系统得到补缩。因此，在此期间，型腔总是充满着金属液。

　　当铸件外表的温度下降到凝固温度时，铸件表面凝固，形成一层硬壳，并紧紧包住内部的金属液。内浇口完全凝固后，金属液与外部隔绝，如图 9-8b 所示。

　　继续冷却时，硬壳内的金属液因温度降低发生液态收缩和凝固收缩，造成金属液体积减小；与此同时，凝固壳也因温度降低而使铸件外表尺寸缩小。显然，如果因液态收缩和凝固收缩造成的体积缩减等于因外壳尺寸缩小所造成的体积缩减，则凝固壳仍和内部金属液紧密接触，不会形成孔洞。而当合金的液态收缩和凝固收缩超过凝固层的固态收缩时，就会在金属液中形成缩孔，造成金属液与凝固层的内顶面脱离，如图 9-8c 所示。随凝固持续进行，凝固层不断加厚，液面不断下降，缩孔体积不断增大。完全凝固后，在铸件上部就形成了一个倒锥形的缩孔，如图 9-8d 所示。可见，铸件中的缩孔是从铸件外表面开始凝固而形成一薄层硬壳至铸件中心凝固完毕时期内形成的。

在凝固后的冷却过程中，整个铸件的体积因温度下降至常温而不断缩小，使缩孔的绝对体积有所减小，但其值变化不大。

在合金液含气量不大的情况下，金属液与凝固层脱离后，凝固壳内液面上方形成真空。液面上面的固体薄壳在大气压力作用下，可能会向缩孔方向凹陷，如图 9-8c 和图 9-8d 中的虚线所示。因此，缩孔应包括外部的缩陷和内部的缩孔两部分。当然，如果铸件顶面的硬壳强度很大，也可能不出现缩陷。

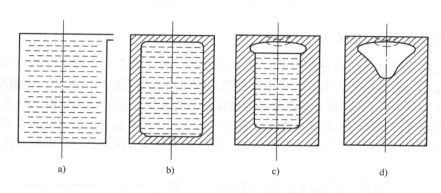

a)   b)   c)   d)

图 9-8　铸件中缩孔形成过程示意图

2. 缩孔的位置

在凝固过程中，如果铸件各部位始终存在着与冒口相连的补缩通道，且冒口为最后凝固的区域，则铸件就不会产生缩孔和缩松；如果在铸件凝固完毕以前，某部位的补缩通道被阻断，则该部位就会产生缩孔或缩松。在凝固过程中，铸件内比周围金属凝固缓慢的节点或区域称为热节（Hot Spot）。显然，缩孔产生在热节处，通常出现在铸件最后凝固的部位。缩孔容积较大，多集中在铸件上部，如图 9-8 所示。

确定缩孔的位置就是确定铸件上热节的部位。铸件结构上两壁相交之处、铸件中厚壁处、凹角处和内浇口附近是凝固缓慢的热节，常常在此处产生缩孔。

由第 3.2.3 节的讨论可知，可以通过凝固过程数值模拟确定铸件的温度场。根据铸件的温度场，就可以画出铸件在任意断面上的等温线分布以及凝固进程，这样就可以利用等温曲线法确定最后凝固的部位，以及产生缩孔、缩松缺陷的位置和大小。

所谓等温曲线法，就是以合金的固相线温度或临界固相率（70% ~ 90%）作为金属液宏观停止流动和停止补缩的温度界线，在铸件断面上从冷却表面开始逐层向内绘制出该界限下的等固相线或等固相率曲线，直到最窄断面上的等固相线或等固相率曲线相接触为止。此时，等固相线或等固相率曲线不相接连的地方，就是铸件的最后凝固区域，也就是缩孔的位置。图 9-9 是利用凝固过程数值模拟获得的铸件等温曲线分布以及缩孔的位置。

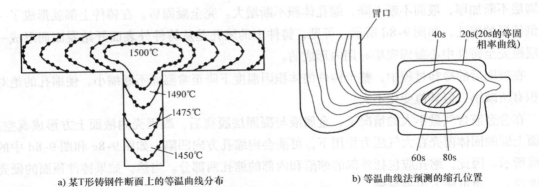

a) 某T形铸钢件断面上的等温曲线分布   b) 等温曲线法预测的缩孔位置

图 9-9   铸件缩孔位置的确定

9.3.2　缩松的形成过程

缩松是指铸件断面上出现的分散而细小的缩孔，按其形态分为宏观缩松（简称缩松）和显微缩松（简称疏松）两类。宏观缩松是指用肉眼可直接观察到的缩松；显微缩松（Micro-Shrinkage Porosity）是指分布在枝晶内和枝晶间的显微尺度的微小缩松，只有借助高位放大镜才能发现。显微缩松形状不规则，表面不光滑，可以看到发达的树枝晶末梢。显微缩松也称为疏松，常是弥散性气孔、显微缩松、组织粗大的混合缺陷，使铸件致密性降低，易造成渗漏。

缩松常分布在铸件壁的轴线区域、厚大部位、冒口根部和内浇口附近，铸件切开后可直接观察到密集的孔洞，如图 9-10 所示。严重时，显微缩松可能布满铸件整个断面。

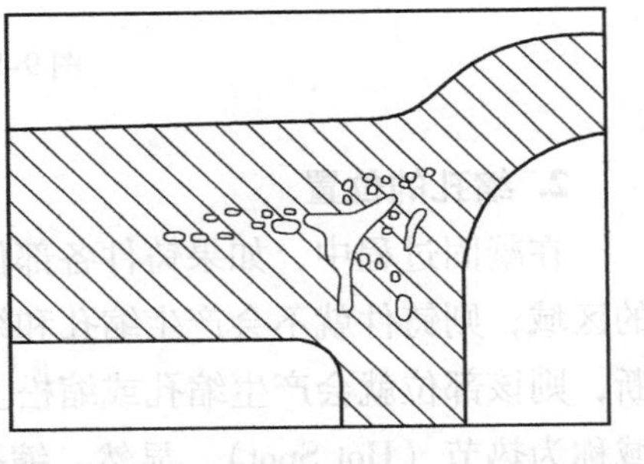

铸件中产生缩松的基本原因和缩孔一样，是由于合金的液态收缩和凝固收缩大于固态收缩造成的；但缩松产生于糊状凝固合金铸件中。当凝固区域内发达的粗大树枝晶相互连接成为枝晶骨架以后，便将尚未凝固的金属液分割为一个个互不沟通的熔池，从而最后在铸件中形成缩松。铸件的凝固区域越宽，越倾向于产生缩松。对于断面厚度均匀的铸件，如板状或棒状铸件，在凝固后期不易得到外部合金液的补充，往往在轴线区域产生缩松，称为轴线缩松。

图 9-10   铸件热节处的缩孔与缩松的形式

显微缩松的形成与凝固前沿的温度梯度和冷却速度密切相关。温度梯度越大，凝固区域就越窄；冷却速度越慢，补缩越容易进行，就不容易产生显微缩松。根据研究，形成显微缩松的判据可以表示为

$$\frac{G_L}{R} < C_1，或 \frac{G_L}{\sqrt{G_L R}} < C_2 \tag{9-5}$$

式中，G_L 是凝固前沿的温度梯度；R 是凝固速度；C_1 和 C_2 均为缩松临界判据值，其大小主要与合金结晶温度范围和溶质扩散系数有关。显然，$G_L R$ 为冷却速度。式（9-5）通常称为 Niyama 判据。

在凝固过程中，当铸件某处的温度梯度和凝固速度的关系满足 Niyama 判据时，该处产生显微缩松。式（9-5）左边的值越小，则产生显微缩松的倾向性越大。显然，合金成分一定时，缩松临界判据值为常数。结晶温度范围越大，溶质扩散系数越小，则缩松临界判据值也越大，因而铸件越容易形成显微缩松。

显微缩松在各种合金铸件中或多或少都存在，它会降低铸件的力学性能，对铸件的冲击韧性和伸长率影响更大，也降低铸件的气密性和物理化学性能。特别是当铸件有较高的气密性、高的力学性能和物理化学性能要求时，必须设法减少和防止显微缩松的产生。

显微缩松往往伴随着显微气孔的形成而产生。在气体与收缩的联合作用下，参照式（9-4）可以得到显微缩松的形成条件为

$$p_g + p_s > p_a + \frac{2\sigma}{r} + p_p \tag{9-6}$$

式中，p_g 为在某一温度下金属液中气体的析出压力；p_s 为显微孔洞的补缩阻力；p_a 凝固着的金属上的大气压力；σ 为气－液界面的界面张力；r 为显微孔洞的半径；p_p 为孔洞上的金属液静压头。

在一般大气压力下浇注和凝固时，式（9-6）中变化的参数仅为 p_g 和 p_s。气体析出压力 p_g 与金属液中的气体含量有关，补缩阻力 p_s 与枝晶间通道的长度、晶粒形态以及晶粒大小等因素有关。铸件的凝固区域越宽，树枝晶就越发达，则通道越长；晶间和树枝间被封闭的可能性越大，产生显微缩松的可能性就越大。金属液中含气量增加，则断面上孔洞度增大，且孔洞在铸件断面上趋于均匀分布。

9.4 石墨铸铁的缩孔

灰铸铁和球墨铸铁等石墨铸铁在凝固过程中因析出石墨而发生体膨胀，因而其缩孔和缩松的形成过程比一般合金复杂。

9.4.1 凝固动态曲线及凝固过程

图 9-11 是某成分亚共晶灰铸铁和球墨铸铁在砂型中的凝固动态曲线。由图可见，凝固动态曲线由"枝状晶起点"线和"枝状晶终点"线以及"共晶起点"线和"共晶终点"线两组曲线组成。两组曲线分别对应于亚共晶灰铸铁和球墨铸铁的两个凝固阶段：①从液相线温度到共晶转变开始温度，液相中析出初生奥氏体（γ）枝晶；②从共晶转变开始温度到共晶转变终了温度，发生液相向共晶奥氏体＋石墨的共晶转变。凝固动态曲线表明，两种铸铁

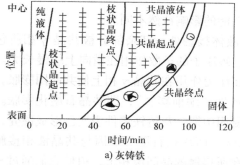

a）灰铸铁

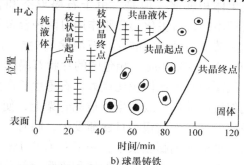

b）球墨铸铁

图 9-11 亚共晶灰铸铁和球墨铸铁在砂型中的凝固动态曲线

中初生 γ 枝晶的凝固过程十分相似，奥氏体结晶温度范围相近；但球墨铸铁共晶起点线和共晶终点线的间距比灰铸铁的大得多，其共晶转变温度范围也比灰铸铁的宽很多。

从图 9-11 可以看出，浇注后约经 12min，枝晶的凝固起点到达铸件的中心；此后 γ 枝晶继续长大，整个铸件处于凝固状态。大约在浇注后 30min，γ 枝晶终点从铸件表面向中心移动。在 55min 后，中心部分的枝晶凝固完毕，在枝晶之间是共晶液相。这是凝固的第一阶段。之后，开始第二阶段的凝固。

在靠近铸件表面的地方，共晶转变的凝固潜热能够很快传出，因而当第一阶段的枝晶凝固一完成就立即开始共晶凝固，使得"枝状晶终点"线和"共晶起点"线在此重合。在铸件内部，由于共晶凝固潜热不易传出，枝晶间的液相延迟一段时间后才开始共晶凝固。随着共晶终点自铸件表面逐步推至铸件中心，第二阶段凝固终结，铸件完成整体凝固。

9.4.2 缩孔和缩松的形成特点

亚共晶灰铸铁和球墨铸铁的共同点是：初生 γ 枝晶起点都迅速到达铸件中心，使铸件长期处于凝固状态；而且 γ 枝晶连接成骨架的能力很强，使补缩难以进行。所以，两种铸铁都有产生缩松的可能性。但是，由于两种合金的共晶转变温度范围和石墨形态及其长大机理不同，造成它们在共晶凝固阶段有很大差别，铸件最后的缩孔和缩松程度也完全不同。这种差别主要表现在以下两个方面：

1）灰铸铁的共晶转变温度范围较窄，共晶凝固近似于中间凝固方式；球墨铸铁的共晶转变温度范围宽，共晶凝固近似于宽结晶温度范围合金的体积凝固方式，如图 9-12 所示。

由于灰铸铁的共晶凝固区域较窄，在凝固中期，铸件表面已经完全凝固，具有坚实的固态外壳，在铸件的断面上可以区别出"共晶固体区"和"共晶凝固区"（图 9-12a）。球墨铸铁共晶凝固所表现的体积凝固方式使得铸件表面在凝固后期仍未完全凝固，没有完全固态的外壳（图 9-12b）。

2）两种铸铁在共晶凝固阶段都析出石墨而发生体积膨胀。但是，由于石墨形态和长大机理不同，石墨化的膨胀作用对两种合金铸造性能的影响截然不同。

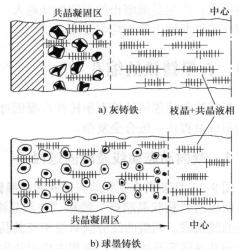

图 9-12 亚共晶灰铸铁和球墨铸铁的凝固示意图

灰铸铁共晶团中的片状石墨除其尖端与共晶液体接触外，其余部分被共晶 γ 相所包围（图 9-13a）。被共晶 γ 相包围的片状石墨部分通过碳原子的扩散作用在横向上缓慢长大。由于共晶团中石墨比体积比铁大，石墨生长产生的膨胀力作用在共晶 γ 相上使共晶团膨胀，并传到邻近的共晶团或初生 γ 枝晶骨架上，使铸件产生"缩前膨胀"，即共晶石墨化膨胀。由于横向的膨胀作用很小且逐渐发生，同时在共晶凝固中期，灰铸铁铸件表面已形成硬壳，所以灰铸铁的缩前膨胀很小，一般只有 0.1% ~ 0.2%。而片状石墨尖端因与共晶液相接触而优先长大，长大时所产生的体积膨胀大部分作用在所接触的晶间液相上，迫使它们通过 γ 枝晶间的通道去充填枝晶间由于液态收缩、凝固收缩和缩前膨胀所形成的小孔洞，这就大大降低了灰铸铁产生缩松的严重程度，即灰铸铁具有一定的"自补缩能力"和"自实作用"。因而，灰铸铁件产生缩松的倾向性较小，一般不需要设置冒口进行补缩。这是灰铸铁作为铸造合金的一大优点。

而在球墨铸铁中，共晶团中的球状石墨被共晶奥氏体完全包围，金属液中的碳原子通过奥氏体外壳扩散进入共晶团中使石墨球长大，如图9-13b所示。当共晶团长大到相互接触后，石墨化膨胀所产生的膨胀力只有一小部分作用在晶间液相上，而大部分作用在相邻的共晶团上或γ枝晶上，趋向于把它们挤得更开。因此，球墨铸铁的缩前膨胀比灰铸铁要大许多。由于球墨铸铁件表面在凝固后期尚不具备坚固的外壳，如果铸型刚度不够，膨胀力将迫使型壁外移。随着石墨球的长大，共晶团之间的间隙进一步扩大，并使铸件普遍膨胀。因而在铸件整个断面上形成了由共晶团之间的间隙构成的显微缩松，同时也使铸件产生了由共晶团集团之间的间隙构成的宏观缩松。所以，球墨铸铁件产生缩松的倾向性很大。如果铸件厚大，球墨铸铁的缩前膨胀也导致铸件产生缩孔。因而，球墨铸铁件一般要设置冒口进行补缩。但是如果铸型刚度足够大，石墨化的膨胀力有可能将缩松压合，在这种情况下，球墨铸铁也可看作具有"自补缩"能力。这是球墨铸铁件实现无冒口铸造的基础。

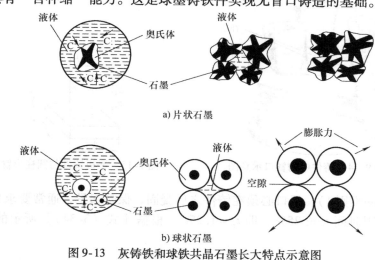

a) 片状石墨

b) 球状石墨

图9-13　灰铸铁和球铁共晶石墨长大特点示意图

9.5　补缩准则与补缩机制

铸件得不到充分补缩时，金属液中静水张力增大到一定程度后，就会引发缩孔形核，从而在铸件内产生缩孔；相反，如果能通过有效的固态补缩使金属液内静水张力维持在较低的水平，则缩孔在金属液内部难以形核，铸件只能产生外部缩孔。

9.5.1　补缩准则

为补偿铸件成形过程中可能产生的收缩，通常在需要补缩的铸件部位设置金属液贮存池，即冒口，以将缩孔移至冒口中，从而避免铸件产生缩孔、缩松（图9-14）。由于冒口的设置和去除均需要增加额外的费用，且冒口设置不当时还会使铸件产生其他缺陷，使铸件性能降低。因此，除非绝对必要，一般避免使用冒口补缩。同时，在实践中也经常通过应用冷铁以强化冒口的补缩作用或达到避免使用冒口的目的。

对于的确需要采用冒口进行补缩的铸件，为使冒口充分发挥作用，在设计冒口时，需同时遵守以下补缩准则：

1）冒口的凝固时间必须不短于铸件的凝固时间。

2）冒口体积足够大，其提供的补缩金属液量应能满足补缩需要。

3）冒口和铸件连接形成的接触热节不能大于铸件的几何热节，避免因为冒口的设置而极大地延长铸件的凝固时间。

4）冒口与被补缩部位之间必须存在使得补缩金属液能够流动的补缩通道。

5）冒口内要保持足够的正压，使金属液能够克服流动阻力并定向流动到补缩区域。

6）金属液必须保持一定的正压力，以抑制缩孔的形成和生长、抑制双层膜的打开。

【例9-1】 对图9-15所示的尺寸为 $2cm \times 8cm \times 16cm$ 的板状铸件，在其上表面中心处设置一圆柱形冒口，对其进行补缩。设冒口高度为其直径的2倍，试确定冒口的尺寸。

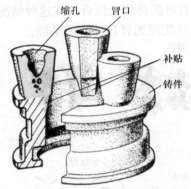

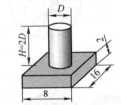

图9-14 铸件中的冒口示意图   图9-15 平板铸件与圆柱形冒口

根据冒口补缩准则1），冒口必须在铸件之后凝固，保险起见，通常要求冒口的凝固时间 t_r 比铸件的凝固时间 t_c 长25%，即 $t_r = 1.25t_c$。根据［式（3-34）］所示的 Chvorinov 法则，有

$$BM_r^2 = 1.25BM_c^2 \tag{9-7}$$

设冒口直径为 D，高度 $H = 2D$，则其模数 $M_r = D/5$。经简单计算，可知板状铸件的模数 $M_c = 0.73cm$。将冒口模数 M_r 和铸件模数 M_c 代入式（9-7），即可求得冒口直径 $D = 4.06cm$，冒口高度 $H = 8.12cm$。

9.5.2 补缩机制

在铸件的凝固过程中，金属液中形成的静水张力为气孔、缩孔等孔洞类缺陷的形核和生长提供了驱动力，也有利于双层膜的展开，从而导致铸件性能降低。如果铸件能得到充分有效的补缩，正在凝固的金属液中的静水张力会得以释放，因此大大降低了形成缺陷的可能性。

在凝固过程中，至少存在五种补缩机制能降低金属液静水张力。按照这些机制在凝固中可能发生的顺序分类，依次为液态补缩、浆态补缩、枝晶间补缩、爆发式补缩和固态补缩等，如图 9-16 所示。

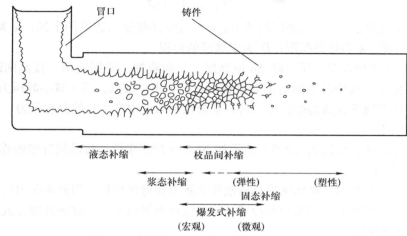

图 9-16　铸件凝固过程中五种补缩机制示意图

1. 液态补缩

液态补缩（Liquid Feeding）通常优先于其他形式的补缩。液态补缩通常也是逐层凝固合金唯一的补缩方式。液体黏度较小，补缩通道较宽，因此引起液态补缩过程所需要的压力差很小，液态补缩容易进行。液态补缩不充分通常发生在冒口尺寸不足的情况下，此时根据铸件凝固模式的不同，可能导致以下 2 种形式的缩孔：

1）逐层凝固合金具有光滑的凝固界面，从而形成了从冒口到铸件的长漏斗形状的光滑缩管（Shrinkage Pipe）。结晶温度范围很窄的合金，缩管表面光滑并呈镜面，如图 9-17a 所示。

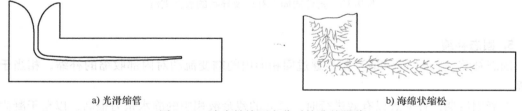

图 9-17　液态补缩不充分时缩孔的形貌

2）糊状凝固合金凝固区域宽，液态补缩变成了枝晶间补缩，从而形成了由枝晶与相互贯通的孔隙组成的海绵状缩松（Sponge Porosity），如图 9-17b 所示。

2. 浆态补缩

浆态补缩（Mass Feeding）是指依靠枝晶和残余金属液构成的半固态糊状金属液的流动进行的补缩。糊状金属液的流动不仅取决于推动金属液流动的压力差，还取决于糊状金属液中游离晶的数量。很明显，评价浆态流动是否发生的重要判据是铸件截面厚度与平均晶粒直径的比值。铸件截面上游离晶的数量越多，糊状金属液的流动越易，浆态补缩越易进行。

3. 枝晶间补缩

枝晶间补缩（Interdendritic Feeding）是指液相通过流经糊状区实现补缩。残余液相通过糊状区的黏性流动可以简化为在一束 N 个毛细管内液体的流动，黏性流动造成的压力降 Δp 可表示如下

$$\Delta p = 32\eta\left(\frac{\varepsilon}{1-\varepsilon}\right)\frac{\alpha^2 L^2 \lambda^2}{r^4 D^2} \tag{9-8}$$

式中，η 为金属液的黏度；ε 为凝固收缩率；r 为毛细管即流动通道的半径；α 为热流常数；L 为糊状区的长度，λ 为枝晶间距；D^2 为糊状区的面积。

式（9-8）清楚地表明，压力降 Δp 由黏度、凝固收缩、凝固速率、枝晶间距和糊状区的长度等因素控制。其中压力降对流动通道的尺寸 r 非常敏感，当 r 减小时压力差 Δp 将变得很高。当液相中缺乏有效的缩孔核心时，就会在金属液中产生高的静水张力，从而有利于枝晶间补缩的发生。

对于高强度材料，可用式（9-5）所示的 Niyama 判据来评估枝晶间补缩的难易程度。

4. 爆发式补缩

当枝晶间补缩受阻时，糊状区中金属液静水张力会持续增长。当静水张力增长到超过枝晶骨架强度时，造成枝晶骨架断裂和垮塌，从而使补缩得以进行。这种补缩方式称为爆发式补缩（Burst Feeding）。

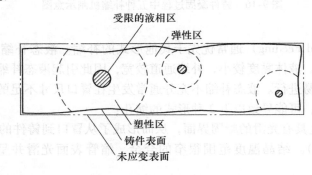

图 9-18　铸件的固态补缩及导致的表面缩沉

5. 固态补缩

固态补缩（Solid Feeding）是指通过固相向内的蠕变流动对内部收缩的补缩，相当于自补缩。

在凝固后期，补缩难以有效进行时，孤立的残余液相中的静水张力很高，以至于凝固层向内通过塑性流变或者蠕变产生收缩变形，起到自补缩的作用，如图 9-18 所示。发生固态补缩后，孤立液相中的静水张力得以缓解。对于半径为 r_0 的球体，当其内部液相半径为 r 时（图 9-5），液相中的张力 p 可表示为

$$p = 2\sigma\ln\frac{r_0}{r} \tag{9-9}$$

式中，σ 为固相的屈服应力。可见，对直径为 20mm 的凝固铁球，液相中约 -40atm（1atm = 101.325kPa）的静水张力就可达到凝固壳层内表面的弹性极限；当剩余金属液直径仅为 0.5mm 时，塑性区已从中心向外扩展至包围的整个凝固层，此时液相中静水张力为 $-400 \sim -200$atm。

固态补缩在减小铸件内部缩孔的同时，可能会带来不利影响，如缩陷。

9.6 缩孔的影响因素

了解缩孔和缩松的影响因素与影响规律后，即可根据铸件的技术要求正确地选择合金成分，或采取相应的工艺措施，防止和消除缩孔类缺陷的产生。

铸件的凝固和补缩特性与合金成分有关，同时也受浇注条件、铸型性质以及铸造条件（如补缩压力）等因素的影响。

对于在恒温下凝固且在固态时没有相变的金属，当铸件各方向均匀冷却时，凝固层温度降至某温度 T 时，铸件中缩孔的容积 V 为

$$V = V_L \left[\alpha_L (T_p - T_m) + \varepsilon_S - \frac{1}{2} \alpha_S (T_m - T) \right] \left(1 - \frac{K\sqrt{t}}{M} \right) \tag{9-10}$$

式中，V_L 近似为型腔中金属液的体积；α_L 为液态体收缩系数；α_S 为固态体收缩系数；ε_S 为金属的凝固体收缩率；T_m 为凝固温度；T_p 为浇注温度；K 为铸件的凝固系数；t 为浇注时间；M 为铸件的模数。

式（9-10）适用于边浇注边凝固的条件。当浇注过程中无凝固，且浇注结束金属液温度均匀时，即对于快速浇注，式（9-10）中 $t = 0$。

由式（9-10）可看出，影响缩孔、缩松形成及其容积的因素有很多。对一定成分的合金而言，缩孔和缩松可以相互转化，但它们的总容积基本上是一定的。下面分别从合金性质、铸型性质、浇注条件和铸件结构 4 个方面进行分析。

1. 合金性质

这类因素主要包括合金成分、液相线温度、收缩系数，以及金属液中的夹杂物、气体含量及其析出程度等。铸件中形成缩孔的倾向及类型与合金成分之间有一定的规律性。窄结晶温度范围的合金容易形成内部缩孔，并集中于铸件中心附近；宽结晶温度范围的合金倾向于糊状凝固，补缩困难，容易形成缩松，铸件的致密性差，这也是不用其制作压力密封铸件的原因之一。

显然，不同合金的收缩率不同，如铸钢和铸铁的液态收缩率随碳含量的提高而增大。同一浇注温度下，液相线温度越低，则液态收缩率越大。合金的液态收缩率和凝固收缩率越大，则缩孔容积越大。合金的固态收缩率越大，铸件的缩孔容积越小；但是，相对液态收缩和凝固收缩而言，固态收缩的影响比较小。

对于亚共晶灰铸铁，随碳当量增加，共晶石墨的析出量增多，使石墨化膨胀量增大，有利于消除缩孔和缩松。共晶成分灰铸铁以逐层方式进行凝固，倾向于形成集中缩孔；但是，共晶转变的石墨化膨胀作用能抵消或超过共晶液体的收缩，从而使铸件中不产生缩孔，甚至使冒口和浇口的顶面鼓胀起来。球铁中的残留镁量是影响缩孔和缩松容积的重要因素，镁会阻碍石墨化，减小石墨化的膨胀作用，因此应尽可能降低球墨铸铁中的残留镁量。

细化合金的结晶组织可减小补缩阻力，促进补缩，有利于得到致密铸件。

2. 铸型性质

铸型的激冷能力越强，缩孔容积就越小。因为强的铸型激冷能力易于造成边浇注边凝固的条件，使金属的收缩在较大程度上被后续注入的金属液所补充，使实际参加收缩的金属液量减少。

对于石墨铸铁，铸型刚度是影响缩孔容积的重要因素。铸型的刚度大，型壁迁移小，则共晶转变时石墨化膨胀造成的缩前膨胀就小，缩孔容积相应减小。如对于碳当量不小于3.9%的球墨铸铁，通过进行充分孕育、增加铸型的刚度和创造同时凝固的条件，即可实现无冒口铸造而获得完整的铸件。

湿型比干型的激冷能力强，铸件的凝固区域变窄，缩松减小，缩孔容积相应增大。金属型的激冷能力更大，缩松容积显著减小。如果采用绝热铸型，则除了含碳量很低的铸钢件和接近共晶成分的铸铁件能形成集中缩孔外，其余成分合金铸件中将出现缩松。

此外，也可采用不同蓄热系数的造型材料，使铸件不同部位的凝固速度不同，控制铸件的凝固和补缩。

3. 浇注条件

浇注温度越高，过热度越大，合金的液态收缩就越大，则缩孔容积和缩松总容积增加，但对缩松的容积影响不大。但是，在有冒口或浇注系统补缩的条件下，提高浇注温度固然使液态收缩增加，然而它也使冒口或浇注系统的补缩能力提高。浇注速度越缓慢，浇注时间越长，缩孔容积越小。

在凝固过程中增加补缩压力，可减少缩松而增加缩孔的容积。若合金在很高的压力下浇注和凝固，则可以得到无缩孔和缩松的致密铸件。

4. 铸件结构

铸件越厚，当铸件表面形成硬壳以后，内部的金属液温度就越高，液态收缩就越大，则缩孔容积不仅绝对值增加，其相对值也增加。

铸件形状对缩孔的形貌也有影响。在长度与厚度比较大的铸件中，易形成轴线缩松。

9.7 防止铸件产生缩孔的途径

防止铸件中产生缩孔和缩松的基本原则是针对该合金的收缩和凝固特点制定正确的铸造工艺，使铸件在凝固过程中建立良好的补缩条件，尽可能地使缩松转化为缩孔，并使缩孔出现在铸件最后凝固的地方。这样，在铸件最后凝固的地方安置一定尺寸的冒口，使缩孔集中于冒口中，或者把浇口开在最后凝固的地方直接补缩，即可获得完整的铸件。在铸件的厚壁上或热节部位设置冒口，是防止缩孔和缩松最有效的工艺措施。

9.7.1 合理选择凝固方向

使铸件在凝固过程中建立良好的补缩条件，主要是通过控制铸件的凝固方向使之符合"顺序凝固"原则或"同时凝固"原则。对于某一具体铸件而言，则要根据合金的特点、铸件的结构及其技术要求，以及可能出现的其他缺陷如应力、变形、裂纹等综合考虑，合理地确定凝固方向。

1. 顺序凝固

铸件顺序凝固时，在整个凝固过程中始终存在和冒口连通的"补缩通道"，冒口补缩作用好，能保证缩孔集中在冒口中，获得致密的铸件（参见图3-29）。因此，对凝固收缩大、结晶温度范围较小的合金，常采用顺序凝固以保证铸件质量。如采用单向凝固技术生产航空发动机叶片。

图 9-19 中金属液从铸件上部注入，温度由下往上依次递增，冒口位于铸件的顶部。图中"等液相线"和"等固相线"之间的区域为凝固区域，"等液相线"之间的夹角 φ 称为"补缩通道扩张角"，液固两相区与铸件壁热中心相交的线段 μ 为"补缩困难区"。凝固区域、补缩通道扩张角和补缩困难区均随时间而变化。可见，向着冒口张开的扩张角 φ 范围内，金属液都处于液态，形成"楔形"补缩通道，使冒口中的金属液有可能补缩到凝固区域中。铸件的纵向温度梯度决定了扩张角方向、大小和变化速度。扩张角越大，则补缩困难区越窄，补缩通道越宽，补缩越易进行。在扩张角相同的条件下，凝固区域较窄、倾向于逐层凝固的合金补缩困难区窄，容易实现补缩；而凝固区域较宽、倾向于糊状凝固的合金补缩困难区宽，不易实现补缩。

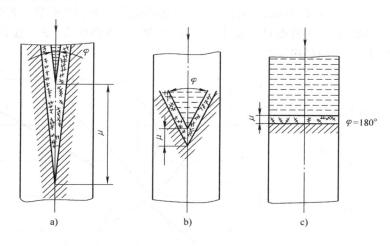

图 9-19　扩张角 φ 对补缩困难区的影响

铸件顺序凝固时，由于铸件各部分有温度差，在凝固期间容易产生热裂，凝固后也容易使铸件产生应力和变形；同时，为保证顺序凝固，通常需加冒口和补贴，工艺出品率较低，且切割冒口费工。这是顺序凝固的缺点。

2. 同时凝固

铸件同时凝固的优点是铸件不容易产生热裂，凝固后也不易引起应力、变形；由于不用冒口或冒口很小，从而简化了铸造工艺、节省金属，减小了劳动量。但由于同时凝固的扩张角等于零，没有补缩通道，导致铸件中心区域往往出现缩松，铸件不致密。因此，同时凝固一般适用于以下情况。

1）碳硅含量高的灰铸铁，其体收缩较小，甚至不收缩，合金本身就不易产生缩孔和缩松。

2）结晶温度范围大，容易产生缩松的合金（如锡青铜），对气密性要求不高时，可采用同时凝固原则，使工艺简化。事实上，这种合金即使加冒口也很难消除缩松。

3）壁厚均匀的铸件，尤其是均匀薄壁铸件，倾向于同时凝固，消除缩松有困难，应采用同时凝固原则。

4）球墨铸铁件利用石墨化膨胀力实现自身补缩时，必须采用同时凝固原则。

5）从合金性质看，适宜采用顺序凝固原则的铸件，当热裂、变形成为主要矛盾时，也可以采用同时凝固原则。

需要指出的是，有时需要将顺序凝固和同时凝固两者结合起来，采用复合的凝固方式。如对于壁厚均匀，但个别部位有热节的铸件，可以在整体上采用同时凝固，铸件局部热节处采用顺序凝固。

9.7.2 强化凝固方向控制

通常，为使铸件实现顺序凝固原则或同时凝固原则，可采取以下工艺措施。

1. 调整浇注系统的引入位置

浇注系统的引入位置对铸件的温度分布有重要影响。图 9-20 所示为浇注系统不同引入位置与铸件质量的关系。可以看出，铸件上部与下部的温度差异相当明显。若继续维持这种温度分布趋势，其凝固将按照或自上而下（如图 9-20 中的曲线 2、3）或自下向上（如图 9-20中的曲线 1、4）的顺序进行。

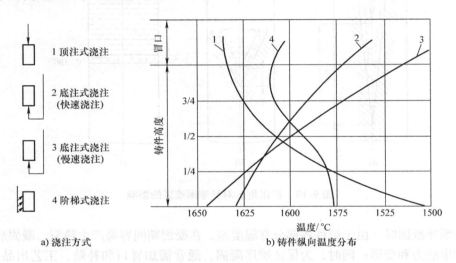

a) 浇注方式   b) 铸件纵向温度分布

图 9-20 浇注系统的不同引入形式与铸件质量的关系

确定浇注位置时，把厚大部位放在上面，以便冒口位于铸件顶部；采用顶注式浇注系统、阶梯式浇注系统或缝隙式浇注系统；内浇口由靠近冒口的厚大部位引入，或使内浇口通过冒口，这样均有利于实现顺序凝固。为了获得同时凝固，可将内浇口开设在薄壁处，大型薄壁件的内浇口应多而小，且分布均匀。

2. 改变浇注工艺

调整金属液的浇注温度和浇注速度，可以强化顺序凝固或同时凝固原则。在高的浇注温度下，缓慢浇注能增加铸件的纵向温差，有利于顺序凝固。通过多个内浇口低温快速浇注，可减小纵向温差，从而有利于同时凝固。

因此，在铸件顶部设置冒口并采用顶注时，则应采取高温缓慢浇注工艺，以加强顺序凝固。冒口设在分型面上，液态金属通过冒口引入内浇道，并采用高温缓慢浇注，是比较合理的。

为实现同时凝固原则，内浇道应从铸件薄壁处引入，增加内浇道数目，采用低温快速浇注工艺。

3. 合理应用冒口、冷铁、补贴及保温材料

冒口是指在铸型内储存供补缩铸件用熔融金属的空腔，也指该空腔中充填的金属液。冒口除了补缩作用之外，有时还起排气集渣的作用。凡是用以增大铸件局部冷却速度，在砂型、砂芯表面或型腔中安放的金属物或其他激冷物称为冷铁。冷铁分为外冷铁和内冷铁两类。造型时放置在模样表面上的冷铁为外冷铁；内冷铁则是指放置在型腔内，能与铸件熔为一体的起激冷作用的金属物。冷铁一般放置在远离冒口、希望凝固最早的部位。补贴是为增加冒口的补缩效果，沿冒口补缩距离，向着冒口方向铸件断面逐渐增厚的多余金属。保温材料可降低冷却速度，延缓凝固过程。顶面覆盖或侧壁衬以保温材料的冒口为保温冒口。与普通冒口相比，保温冒口热损失小，凝固时间长，补缩效率高。保温材料也可用来做成楔形保温板以代替补贴，称保温补贴。

为了实现同时凝固，可在铸件中过薄的部位采用缓冷措施如开溢流冒口或溢流槽，用以容纳含有气体、夹杂物的脏冷金属液；也可安放保温材料，而相对厚大部位以及壁的交接处安放冷铁或激冷能力强的造型材料，以提高冷却速度。对于图 3-30 所示的阶梯形铸件，由于浇口置于薄端，冷铁置于厚端，使得纵向温度分布比较均匀，也属于同时凝固。对于图 9-21 所示的等截面铸件，通过综合应用冒口、补贴和冷铁，也可以实现由下向上的顺序凝固。

冒口的有效补缩作用区，即冒口的有效补缩距离是指从冒口底部一侧起，到铸件内无收缩缺陷区的长度。有效补缩距离与铸造合金的凝固特性、铸件形状、纵向温度梯度、合金的黏度、析出气体的反压力、冒口的补缩压力及其有效性，以及冷铁设置等因素有关。高的纵向温度梯度和大的冒口补缩压力可加长有效补缩距离；铸件断面上的凝固区域宽，金属液在发达的树枝晶间流动的阻力就大，补缩效果也就差。析出气体的反压力和金属液的黏度也增加补缩液流的阻力，从而减小冒口的有效补缩距离。在铸件中间或一端放置冷铁，造成人为末端区，可延长冒口的有效补缩距离。如果铸件的长度和高度大于冒口的有效补缩距离，可在铸件上加补贴，人为造成楔形补缩通道，以消除中间区段的轴线缩松。所以，冒口、补贴和冷铁的综合运用，是消除铸件中缩孔和缩松的有效措施。

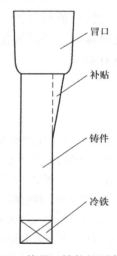

冒口

补贴

铸件

冷铁

图 9-21　等截面铸件的顺序凝固

9.7.3　采用均衡凝固原则

铸铁液冷却时要产生体积收缩，凝固时析出石墨要产生体积膨胀。均衡凝固（Proportional Solidification）是针对石墨铸铁（灰铸铁和球墨铸铁）的一种凝固工艺原则。它是利用膨胀和收缩动态叠加的自补缩作用和浇冒口系统的外部补缩，采取工艺措施，使单位时间的收缩与膨胀、收缩与补缩按比例进行的一种凝固原则与补缩技术。均衡凝固技术着重于利用石墨化膨胀自补缩。冒口有限补缩，仅用于补充铸件自补缩不足的差额。冒口位置既要偏离铸件的热节,以减少冒口对铸件的热干扰,又要靠近热节以利于补缩;冒口不必晚于铸件凝固,冒口模数可以小于铸件的模数。因而均衡凝固可消除冒口根部的缩孔和缩松缺陷,减小铸件废品率;由于采用较小的冒口,还提高了铸件工艺出品率。

均衡凝固理论认为,采用短、薄、宽的冒口颈是冒口补缩成功的关键;应优先采用顶注工艺,内浇道径向引入和轴向引入比切向引入更有利于石墨化膨胀的利用;冷铁可以安放在冒口颈或浇道引入处,使冒口或浇道提前凝固截死。采用均衡凝固原则设计薄、小铸铁件工艺,可以大大减少缩孔、缩松等缺陷,提高铸件内在质量。

此外,细化凝固组织或使铸件在压力下凝固也可防止铸件产生缩孔和缩松。压力下凝固是在浇注完成后,使铸件在压力下凝固,以提高补缩压头、增加补缩力、减少或抑制气体的析出,从而消除或减轻显微缩松的程度,也称为加压补缩。建压时间越早,压力越高,补缩效果越好。结晶组织越细密,枝晶间距越短小,则补缩阻力越小,越易补缩,因而越易得到致密铸件。组织细密的铸件,其中的夹杂物及缺陷也分散,危害性较小,力学性能较高。最常使用的细化凝固组织的方法有孕育或变质处理方法。此外,悬浮浇注、机械振动、电磁振动、超声波振动及各种搅拌等均可使晶粒细化,并能消除热节,对消除显微缩松也有效果。

习 题

1. 为什么说收缩是铸件中许多缺陷产生的根本原因?

2. 阐述铸造收缩与合金收缩的区别与联系。

3. 铸件形成过程中,合金收缩要经历哪几个阶段?各有什么特点?对铸件质量各有什么影响?

4. 简述体收缩、线收缩、液态收缩、凝固收缩、固态收缩、自由收缩、受阻收缩的含义。

5. 简述缩孔与缩松的含义、形成机理及影响因素。

6. 试对比分析缩孔和缩松的形成原因和形成条件。

7. 对铸件进行补缩的驱动力是什么?试说明具体的补缩机制与过程。

8. 试绘出 L 形、T 形铸件的固相等温线随凝固时间而变化的位置示意图,并指出最易出现缩孔的地方。

9. 通过冒口对铸件进行补缩时,应遵循哪些基本补缩准则?

10. 试分析球墨铸铁和灰铸件产生缩孔、缩松的倾向性。

11. 防止缩孔和缩松的措施有哪些?有何异同?

12. 宏观缩松和显微缩松在形态、分布特征和形成过程上有何区别?与气体析出相伴生成的显微缩松的形成条件是什么?对铸件质量有何影响?如何防止和消除显微缩松?

13. 能根据 Niyama 判据值大小来确定宏观缩孔和显微缩松产生的位置及大小吗?为什么?

14. 缩孔与缩松之间的转化规律受哪些因素影响?举例说明。

15. 举例说明顺序凝固与逐层凝固、同时凝固与体积凝固之间的区别和联系。

16. 简述顺序凝固原则和同时凝固原则分别适用哪些情况。

17. 试结合 Fe－C 合金相图,分析合金成分对铸铁件缩孔和缩松的影响;并说明如何通过调整工艺条件来控制缩孔和缩松的产生。

18. 试分析如何获得无缩孔、缩松的铸件。

19. 如何防止轴线缩松的产生？

20. 铸锭凝固时，存在晶粒下沉形成的沉积锥。试分析这一现象对缩孔容积将产生什么影响？

21. 试分析 Zn – 28% Al 合金在砂型中铸造易产生底部缩孔的原因。

22. 球墨铸铁件表面容易形成微缩孔，这种缩孔是表面气体析出压力低于大气压力造成的。试结合球墨铸铁凝固特点分析该缺陷的产生过程。

23. 试结合 Fe – C 合金相图，分析铸钢和铸铁的收缩过程。

24. 宏观偏析、气孔及缩松之间有何联系？

◐ 第 10 章

热裂、铸造应力、变形与冷裂

铸件在凝固和其后的冷却过程中，由于受到热阻力、机械阻力以及固态相变的影响，使铸件各部分的收缩不能自由、充分地进行，导致在铸件中形成的内应力统称为铸造应力。通常将铸件在固态收缩时，因铸型、型芯、浇冒口、箱挡及铸件本身结构阻碍收缩而引起的铸造应力称为收缩应力。在冷却过程中的任一瞬时铸件中所存在的应力称为瞬时应力。根据应力存在状态可将铸造应力分为临时应力和残余应力两种。在应力产生的原因消除后随之消失的铸造应力称为临时应力，其仅存在于铸件冷却过程中。而在铸件凝固冷却后依然残留在铸件内不同部位的铸造应力即为残留应力（Residual Stress），也称残余应力。残余应力在产生应力的原因消除后仍然存在。

铸件在铸造应力和残余应力作用下可能会发生弯曲和扭曲等变形，造成铸件产生形状差错类缺陷，如形状不合格、尺寸不合格等。收缩不仅使铸件产生应力和变形，当铸件补缩不当、收缩受阻或收缩不均匀时还会造成裂纹，即收缩裂纹，也称缩裂。缩裂包括热裂和冷裂，在铸件表面或内部均可能形成。其中热裂是铸件在凝固后期形成的，而冷裂是铸件凝固后在较低温度下形成的。

铸造应力降低铸件的使用性能，是铸件在生产、存放、加工以及使用过程中产生变形和冷裂的主要原因。其中热裂是铸件中出现的最常见和最严重的铸造缺陷之一。在铸件中存在任何形式的热裂纹都严重损害其力学性能。使用时会因裂纹扩展使铸件断裂，发生事故。因此，任何铸件皆不允许有热裂。了解和分析热裂的形成过程及其影响因素，对于防止热裂的产生、获得完整铸件具有重要的意义。

10.1 热裂

热裂（Hot Tearing）是指于固相线温度以上在铸件中产生的裂纹。热裂分为外裂和内裂。在铸件表面可以看到的裂纹称为外裂，其表面宽，内部窄，有时贯穿铸件整个断面，如图 10-1 所示。外裂常产生在铸件的拐角处、截面厚度有突变或局部冷凝慢且在凝固时承受拉应力的地方。内裂产生在铸件内部最后凝固的部位，也常出现在缩孔附近或缩孔尾部。外裂容易被发现，若铸造合金的焊接性能好，铸件经补焊后仍可以使用；若焊接性能差，铸件则报废。内裂隐藏在铸件的内部，不易被发现，故它的危害性更大。

大部分外裂用肉眼就能观察到，细小的外裂需用磁力探伤或其他方法才能发现；内裂需用 X 射线、γ 射线或超声波探伤等技术进行检查。

10.1.1 热裂的基本概念

1. 热裂的形貌特征

热裂具有易于识别的一系列特征：

1）热裂的形貌曲折，主裂纹带有许多小的支裂纹（图 10-1）。

 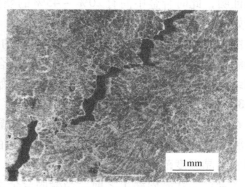

a) 宏观照片   b) 扫描电镜照片

图 10-1   石膏型熔模铸造镁合金铸件的热裂纹

2）热裂通常沿晶界产生和发展，外形曲折而不规则。

3）热裂纹的断裂表面不光滑，呈树枝状（图 10-2）。

4）热裂的断裂表面通常严重氧化，从而呈现高温氧化色。如铸钢为暗黑色，铸铝为灰色。

5）热裂常常出现于热节处。

6）热裂在特定的合金中特别容易出现，而在其他一些合金中则很少出现。

热裂缺陷具有脆性撕裂的特征，如图 10-3 所示。可以肯定，热裂是在铸件脆弱的部位产生的单向拉伸破坏，其产生与铸件的线收缩受阻有关。

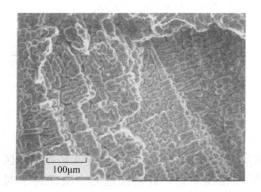 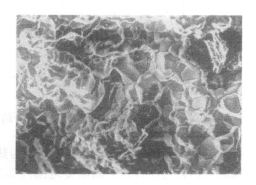

图 10-2   Al－7Si－0.5Mg 合金砂铸件热裂表面的扫描电镜照片   图 10-3   Al－1% Sn 合金的热裂表面

2. 线收缩开始温度

对于纯金属和共晶合金，线收缩是在完全凝固以后开始的。对于具有一定结晶温度范围的合金，当金属液的温度稍低于液相线温度时，便开始结晶；但是，由于枝晶还比较少，不能形成连续的骨架，仍为液态收缩性质。随温度继续下降，当降至图 10-4 虚线所示温度时，枝晶数量增多，彼此相连构成连续的骨架，合金则开始表现为固态的性质，即开始线收缩。试验证明，此时合金中尚有 20% ~45% 的残留金属液。可见，线收缩并非从合金固相线温度开始。

图 10-4 中的虚线为合金在不同成分下的线收缩开始温度的连线，称为该合金的线收缩开始温度线。所以，对于有结晶温度范围的合金，其线收缩不是从完全凝固以后才开始，而是在结晶温度范围中的某一温度即线收缩开始温度处开始的。

3. 有效结晶温度范围及热脆区

在铸造条件下，合金在非平衡条件下结晶，使实际固相线温度下移，低于平衡固相线温度。将线收缩开始温度至合金实际凝固终了的温度（非平衡的固相线温度）区间称为合金的有效结晶温度范围。

在合金实际凝固终了之前，当凝固合金达到线收缩开始温度时，枝晶彼此相连构成连续骨架，合金刚刚具有可测强度，此时温度为热脆区上限。当温度降至固相线附近时，强度开始急剧提高，该温度为热脆区下限。如 Al – 4.2Cu 合金的室温强度超过 200MPa，在 500℃ 时强度降为 12MPa，在固相线温度时为 2MPa，最终在液相质量分数为 20% 时变为零。通常将热脆区上限与热脆区下限之间的温度范围称为"热脆区"。在固相线附近合金的强度和断裂应变都很低，合金呈脆性断裂。热脆区的大小受合金的化学成分、晶间杂质偏析情况、晶粒尺寸及其形状和液相在晶间的分布等影响。图 10-5 所示为实际测试得到的 Al – Cu 合金的热脆区，即图中虚线所示的热脆区上限和热脆区下限所夹的温度区域。

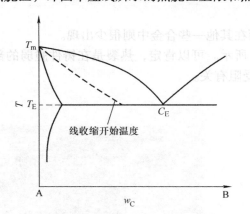

图 10-4　合金的线收缩开始温度与成分的关系

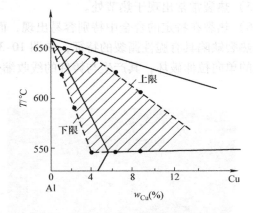

图 10-5　Al – Cu 合金的热脆区

可见，合金的有效结晶温度范围与热脆区高度重合。已经证实，热裂就是在热脆区内形成的。热裂是在有效结晶温度范围内邻近实际固相线附近，合金接近完全凝固终了时形成的。合金的热裂纹形成温度受应变速率的影响，随应变速率的增加而升高。

10.1.2 热裂的形成机理

1. 热裂的形成过程

热裂产生的基本条件是材料的拉伸变形量超过了其塑性变形能力。在凝固过程中，如果铸件收缩受到阻碍，就必然会导致内部产生拉伸变形。因此，裂纹产生的倾向性主要取决于材料本身在凝固过程中的变形能力。与完全固态时的情况不同，当有液相存在时，金属的变形能力取决于液相的数量、分布形态及其性质。

在铸件凝固过程中，当温度高于线收缩开始温度或热脆区上限时，合金处于液态或液固态，枝晶未完全连成骨架，大量液相可在晶粒或枝晶之间自由流动，合金变形能力强。此时一旦产生裂纹，裂纹能被金属液充填，因而不会产生热裂。

铸件冷却到固相线附近时，晶体周围还有少量呈液膜状的未凝固的金属液；温度越接近固相线，金属液的量越少。同时，铸件在凝固后期，固相骨架已经形成并开始线收缩。此时，合金处于热脆区，晶间存在的液膜使合金的强度和断裂应变都很低；同时合金枝晶间的残留液相难以流动。当铸件收缩受阻时产生拉应力和拉伸变形。由于存在晶界液膜，只要所受的拉应变低于合金的断裂应变值，大多数固体变形将优先出现在晶界上。当应力或应变超过合金在该温度下的强度极限或变形能力时，晶间或枝晶间的液膜开裂，金属液从敞开的缝隙排出，形成晶间裂纹；而其他枝晶间的残留液相难以通过自由流动而弥合晶间裂纹，因而在铸件中产生热裂纹。图10-6 所示为 Al – 6.6Cu 细晶合金中的热裂。

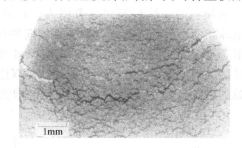

图10-6　Al – 6.6Cu 细晶合金中热裂的 X 射线照片
（黑色部分为富铜共晶区，白色为开裂区）

铸件完全凝固后，合金处于完全的固态，在固相线附近合金的塑性好，变形能力强，因而不易形成裂纹。

由此可见，热裂纹是在热脆区内形成的。当铸件存在热节时，应力和变形主要集中在热节处，引起的应力集中和应变集中更易使铸件产生热裂纹。热裂纹是铸件在凝固末期晶间存在液膜和铸件在凝固过程中受拉应力或拉应变共同作用的结果。液膜是产生热裂纹的根本原因，而铸件收缩受阻是产生热裂纹的必要条件。

2. 热裂的形成条件

铸件的热裂倾向性由热脆区 ΔT_b 的大小、铸件收缩受阻所产生的应变 ε（表征合金的实际变形量）和合金在热脆区内的断裂应变 δ（表征合金的变形能力）的综合影响决定，热裂纹的产生主要取决于合金的断裂应变与铸件应变之间的对比关系。产生热裂纹的条件可用图10-7进行描述。由图可见，合金的断裂应变 δ 和铸件应变 ε 均随温度变化。当热脆区 ΔT_b 和合金断裂应变 δ 一定时，能否产生热裂纹取决于在 ΔT_b 中铸件应变 ε 随温度的增长率 $\Delta\varepsilon/\Delta T$ 的大小。

当铸件应变增长率为直线 ε_1 时，$\varepsilon < \delta$，不产生热裂纹；当应变增长率为直线 ε_2 时，$\varepsilon = \delta$，达到产生热裂纹的临界条件，此时的应变增长率为临界应变增长率；当应变增长率为

直线 ε_3 时，$\varepsilon > \delta$，则必然产生热裂纹。刚好能产生热裂纹的临界应变增长率（$\tan\varphi = \Delta\varepsilon / \Delta T$）与材料的性质有关，它反映了材料的热裂敏感性。$\tan\varphi$ 越大，材料的热裂敏感性越大。热脆区越大，金属处在低塑性区的时间越长，则越易形成热裂。在热脆区内金属的塑性变形能力越差，断裂应变越低，铸件的应变越大，则越容易产生热裂。在热脆区内铸件应变增长率越大，铸件的应变越大，则越容易产生热裂。

3. 晶间液相的形态对合金强度和断裂应变的影响

研究表明，合金的热裂倾向性与结晶末期晶体周围的液相性质及其分布有关。晶间液相铺展呈液膜状时，热裂倾向显著增大；若晶间液相呈球状而不易铺展时，合金热裂倾向明显减轻。由式（8-19）和图 8-23 可知，晶间液相的形态与液体双边角 θ 相关。如图 10-8 所示，$\theta = 0°$ 时，液相在晶间铺展成液膜；$\theta = 180°$ 时，液相呈球状。对于大多数的液体双边角 θ，晶界液相呈现紧凑的形状。随着液相体积分数的增加，其占据晶界的面积也会增大。晶间液相存在的形态不同，合金抗裂性也不同。

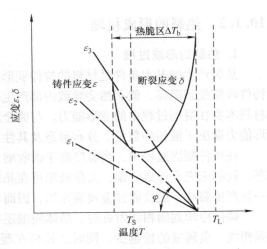

图 10-7 热裂纹形成条件示意图

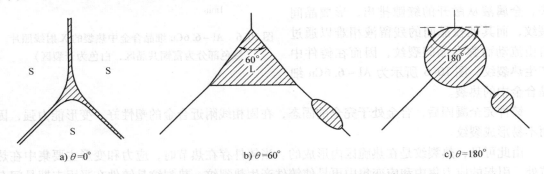

a) $\theta = 0°$ b) $\theta = 60°$ c) $\theta = 180°$

图 10-8 晶间液相的形状与液体双边角的关系示意图

当晶间残留着少量以孤立形式存在的液相时，铸件收缩受阻产生的拉应力或拉伸变形汇集在液相上产生应力集中或应变集中；当该应力或应变大于合金此时的强度或断裂应变时，将形成裂纹。当裂纹尖端被液相润湿时，裂纹扩展界面能 W 与液体双边角 θ 的关系为

$$W = 2\sigma_{SL} - \sigma_{SS} = \sigma_{SS}\left(\frac{1}{\cos\dfrac{\theta}{2}} - 1\right) \tag{10-1}$$

式中，σ_{SS} 和 σ_{SL} 分别为晶界界面张力和固 – 液界面张力，参见图 8-22。可见，液体双边角 θ 越小，裂纹扩展界面能 W 越小，合金则越呈现脆性，热裂纹越易产生。在 Al – Sn 合金中，液态 Sn 润湿铝的晶界，当受到拉应力时发生脆断；而在 Al – Cd 合金中，晶界处的液相 Cd 既不润湿晶界也不扩展，保持紧凑的熔池状形貌，合金呈韧性断裂。

晶间液膜的表面张力和其厚度对合金抗裂性的影响甚大。液膜的表面张力与合金的化学成分有关，液膜的厚度取决于晶粒的大小、铸件的冷却条件和低熔点组成物的含量。凡是降低晶间液膜表面张力的表面活性物质皆使合金的抗裂性下降。钢中的硫、磷为表面活性元素，故在一定范围内，随其含量的增加，钢的抗裂性下降。

形成液膜的低熔点物质是产生热裂的主要根源，应采取各种措施消除它的有害作用。如果晶间存在大量低熔点物质，液膜变厚，且熔点下降，也容易产生热裂纹。但实践发现，低熔点物质在合金中的含量超过某一界限以后，反而具有愈合裂纹的作用；此时，液相在毛细作用下可填补裂纹使其愈合，反而减轻热裂的倾向性。需要注意的是，当晶间存在较多的易熔第二相时，常会增大合金的常温脆性。

4. 应变集中对热裂纹形成的作用

研究表明，合金在热脆区内的断裂应变远大于合金在该温度的自由线收缩率。这就是说，即使铸件收缩受到刚性阻碍，如果铸件能均匀变形，也不会产生热裂。

但是，在实际生产中，由于铸件结构特点或其他因素造成铸件各部分的冷却速度不一致，导致铸件在凝固过程中各部分的温度不同。铸件收缩受阻时，高温区（热节）将产生集中变形。铸件的温度分布越不均匀，集中变形越严重，产生热裂的可能性就越大。

热节处能否产生热裂取决于该处的应变集中程度。设铸件长度为 L，热节长度为 l，线收缩系数为 α。在热脆区从线收缩开始温度降低了 ΔT 时，铸件的收缩量为 $\alpha\Delta TL$。如果收缩全部集中在热节上，则热节处的应变 ε 为

$$\varepsilon = \alpha\Delta T \cdot \frac{L}{l} \tag{10-2}$$

显然，铸件在热节处的收缩应变量随因子 L/l 的增大而增大。如当铝铸件 $\alpha = 20 \times 10^{-6}\text{℃}^{-1}$，温度降为 100℃，应变集中因子在 $10\sim100$ 之间时，则在热节的应变值高达 $2\%\sim20\%$。

大多数的固体变形将优先出现在晶界上。当热节处的晶粒粗大且仅包含有一个晶界时，应变将会集中在该晶粒周围的液膜上。当热节处有多个晶粒时，应变就会在多个晶界上分散。设热节处的晶粒直径为 d，则热节处的晶粒数为 l/d。由式（10-2）可知，分摊到每个晶界上的应变 ε_b 为

$$\varepsilon_b = \frac{\alpha\Delta TLd}{l^2} \tag{10-3}$$

很明显，热节处的应变集中程度与铸件尺寸、晶粒尺寸、热脆区的温度降和热节大小有关。减小与热节相连的铸件尺寸、细化晶粒、减小温度降的值、增大热节长度等均可降低应变集中程度，从而减小晶界开裂产生热裂纹的可能性。

综上所述，合金存在热脆区和在热脆区内合金的断裂应变低是产生热裂纹的重要原因，而铸件上的应变集中是产生热裂纹的必要条件。

10.1.3 热裂的影响因素及防止途径

1. 影响铸件产生热裂的因素

由前所述，铸件的热裂倾向性与热脆区的大小、铸件收缩受阻所产生的应变和合金在热脆区内的断裂应变有关。热脆区的大小和金属在脆性温度区间的塑性变形能力主要取决于金

属的化学成分、凝固条件、偏析程度、晶粒大小及形态等冶金因素；而应变增长率则主要取决于金属的线收缩系数、铸件收缩阻力及冷却速度等因素。显然，凝固温度范围宽的合金及壁厚相差悬殊、有粗大热节、不利于铸件自由收缩、易产生应力集中的铸件结构具有较大的热裂倾向性。铸件工艺设计不当，浇注温度过高，铸型对铸件收缩阻力大等，都会增大铸件的热裂倾向性。

下面从合金性质、铸型性质、浇注条件和铸件结构4个方面对影响热裂纹产生的主要因素进行具体分析：

（1）合金性质

1）合金结晶温度范围。一般来说，合金的热脆区随结晶温度范围的增大而增大。图10-9所示为有限固溶体共晶型 Al – Cu 合金的热裂倾向性，图10-9a 中阴影部分是合金的热脆区，图10-9b 所示为不同成分该合金铸件的热裂纹长度。由图可见，热脆区越大，合金的热裂倾向性越大；成分越靠近共晶点，热裂倾向性越小。

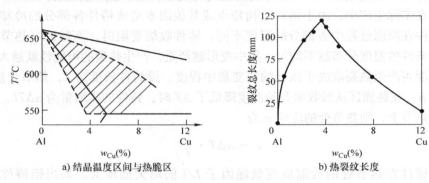

a) 结晶温度区间与热脆区　　　　b) 热裂纹长度

图10-9　A1 – Cu 合金的热裂倾向性

Al – 1% Sn 合金的凝固温度范围很大，接近430℃，因而具有大的热裂倾向性。硫和磷是钢中的有害元素，在各种钢中都会增大热裂纹倾向。它们既能增大凝固温度区间，又能与其他元素形成低熔点共晶。硫对热裂的影响尤为敏感。在钢中，硫是极易产生偏析的元素，在凝固过程中几乎全部富集到枝晶间剩余的液相中，到凝固末期发生共晶反应，生成低熔点的共晶体，以网状存在于晶界上。因而在铸钢中，为了防止产生热裂纹，最基本的措施就是严格控制磷和硫的含量。

2）晶界液相的形态。热裂纹的产生与晶界液相的形态密切相关。晶界上存在易熔第二相且铺展为液膜时，热裂倾向显著增大；若呈球状，热裂倾向性则显著减小。

3）晶粒形态及尺寸。晶粒越粗大，柱状晶方向越明显，产生热裂的倾向性就越大。这是由于晶粒粗大，晶间的结合力低，而柱状晶的晶间强度又低于等轴晶。某些合金钢铸件往往具有粗大的柱状晶组织，故容易产生热裂纹。

细化晶粒可降低应变集中程度，减少裂纹萌生，从而降低铸件产生热裂的程度（图10-10）。

4）合金的收缩量和相变。合金的收缩量越大，则越容易产生热裂纹。灰铸铁在凝固过程中发生石墨化膨胀，所以灰铸铁不易产生热裂，而可锻铸铁和铸钢件热裂倾向性较大。

5）夹杂物。当合金中存在夹杂时，合金在热脆区内的断裂应变下降，热裂倾向性增大

（图 10-10）。实际生产中也发现大多数热裂的萌生来源于卷入金属液中的双层膜。

（2）铸型性质　铸型阻力的大小主要取决于铸型的退让性。湿型的退让性比干型好，采用湿型时铸件的热裂倾向性小。对于壁厚小于 30mm 的铸件，使用不同的型砂黏结剂时，其热裂倾向由低到高依次为湿型砂、黏土干砂和水玻璃砂。

铸件产生热裂的倾向性还与铸型退让的时刻有关。例如，黏土砂加热到 1250℃ 以上后，铸型抗压强度急剧下降，表现出较好的退让性。显然，如果型砂受热而引起的抗压强度达到最大值的时刻与铸件凝固即将结束的时刻相吻合时，产生热裂的可能性最大。所以采用黏土砂制造薄壁件的型芯时应注意改善型芯的退让性。

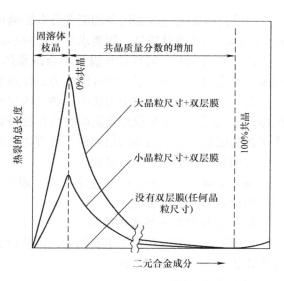

图 10-10　晶粒大小和夹杂对热裂的影响

箱挡和芯骨也会对铸件的热裂产生影响。当箱挡和芯骨离铸件太近时，会增大铸件收缩阻力，铸件就容易产生热裂。

（3）浇注条件

1）浇冒口系统。大多数铸件及合金中的热裂与浇注时卷入的双层膜有关。改进浇注系统，避免浇注时双层膜的卷入可有效解决热裂问题。

靠近浇冒口部位温度高，冷却速度较慢，易产生集中变形，故易形成热裂。浇冒口使铸件收缩严重受阻时，会导致铸件产生热裂（图 10-11）。铸件上的披缝也会阻碍收缩，从而引起热裂。

2）浇注工艺。降低浇注温度可得到细小的铸件晶粒，从而可减轻铸件的热裂倾向（图 10-12）。

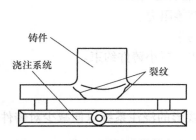

图 10-11　浇注系统造成铸件产生机械阻碍而形成热裂

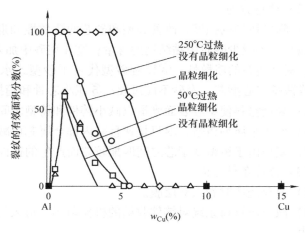

图 10-12　浇注温度对 Al－Cu 合金热裂行为的影响

浇注速度是通过改变铸件的温度分布影响热裂的。对于薄壁件，加快填充速度，可防止局部过热；对于厚壁铸件，则要求尽可能减小浇注速度。

（4）铸件结构　铸件结构设计不合理是热裂产生的原因之一。铸件由于结构原因造成收缩严重受阻，则增大了铸件收缩应力，在热节处产生过大的集中变形，容易产生热裂。

铸件尖角处容易产生应力集中，热裂则容易在这些部分产生。L形和T形断面铸件内角的冷却速度慢，当铸件收缩受阻时在内角处最容易产生热裂。把直内角改成圆内角，由于扩大了散热面积，角上的凝固层加深，使直内角的不良情况得到改善。因此，生产上经常采用增大内圆角半径的方法防止热裂。

铸件厚薄不均，各处冷却速度不同，温度分布极不均匀，厚大部分产生较大的集中变形，因而容易产生热裂纹。

2. 防止铸件产生热裂的途径

根据影响热裂纹产生的主要因素，可从合金、铸型、浇注条件和铸件结构4个方面制定出防止铸件产生热裂的措施。

（1）合金方面

1）改变合金成分。在合金牌号范围内或不影响铸件使用性能的前提下，适当调整合金的化学成分或选择热裂倾向性较小的合金。如选用接近共晶成分的合金；加入某些合金元素，增加共晶相的体积分数，以减少裂纹萌生的危险。

2）减少合金中的有害杂质，提高金属液的纯度。对于铸钢，一方面严格控制炉料中硫的含量，并在熔炼过程中加强脱硫、脱磷，尽可能地降低钢中硫、磷的含量，如钢中添加Mn后，可将FeS置换成MnS，同时也能将硫化物的形态从薄膜状改善为球状，从而提高金属的抗裂性；另一方面改善合金的脱氧工艺，提高脱氧效果；如采用复合脱氧剂可以减少夹杂物，且改善夹杂物在铸件中的形态和分布，从而提高抗裂能力。

3）细化晶粒。对合金进行孕育处理可细化晶粒，消除柱状晶。如向合金钢中加入微量铈，可消除柱状晶，并使硫化物分布均匀。含有30% Cr的白口铸铁合金呈现严重的热脆性，加入质量分数为0.1% ~ 0.25%的Ti可减小晶粒尺寸，消除热裂。悬浮浇注、超声波振动、旋转磁场等细化晶粒的措施也能减小热裂的倾向性。

（2）铸型方面

1）降低铸型的强度，改善砂型和砂芯的溃散性和退让性，以减少铸件的约束应力。具体措施有：①减少砂芯中黏结剂的含量；②在型砂中加入木屑、纤维素、聚苯乙烯颗粒等添加剂，提高型芯的溃散性；③以湿砂型代替干砂型或水玻璃砂型；④降低砂型（芯）密度或制成薄壁空心型芯，舂砂不应过硬；⑤减小芯骨和箱挡可能引起的阻碍。

2）采用涂料使型腔表面光滑以减小铸件和铸型之间的摩擦阻力。

3）对于金属型铸造，尽早快速移除内部金属芯可减少约束。

4）避免由于铸型及型芯之间匹配较差而产生的铸件飞边，减小铸件约束。

（3）浇注条件方面

1）避免浇注时卷入双层膜。

2）减小浇冒口系统对铸件收缩的机械阻碍。可采用曲线形的浇注系统以便减少对铸件的约束。

3）减少铸件各部分的温差。如将内浇道开设在铸件薄壁部位，或采用多内浇道分散引入，使铸件各部分的温度趋于一致，防止铸件局部产生集中变形。

4）在热节处采用冷铁进行局部激冷。这是一项很有效的防止铸件产生热裂的措施。使用冷铁激冷可加快冷却速度、提高凝固速度，从而起到强化合金、分散和减轻应变集中甚至消除热节的作用。如果铸件某断面必须做成直角，则可放置外冷铁，加速直角处的凝固。

5）降低浇注温度可得到细小的铸件晶粒，从而可减轻铸件的热裂倾向。

6）浇注薄壁件时，为了减缓凝固速度并减少热裂倾向，通常要求较高的浇注温度和较快的浇注速度。而对厚壁件则相反。

（4）铸件结构方面　改善铸件的设计可从源头上消除或减少热裂的产生，可从以下几个方面考虑。

1）对铸件结构进行圆滑处理，不要设计凹陷的尖锐拐角；在两壁相交处应做成圆角，如铸件两壁直角相交、两壁十字相交或相交处圆角过小时，在交接处容易产生热裂（图 10-13a），若改用图 10-13b 所示的圆弧形过渡，则可消除热裂纹。

2）避免或减小热节。如避免两壁十字交叉，而将交叉的壁错开。

3）不要让两个潜在的热节直接相连。

4）添加具有一定角度或偏置的加强筋和筋板来吸收应变。

5）必须在铸件上采用不等厚度截面时，应尽可能使铸件各部分收缩时彼此不发生阻碍。例如，将带轮的轮辐做成弯曲形状。

6）在铸件拐角或热节等易产生热裂处设置加强筋或防裂筋（图 10-14），可起到强化和冷却作用。由于防裂筋较薄，凝固迅速，具有较高的强度，加强了铸件易裂处的强度。

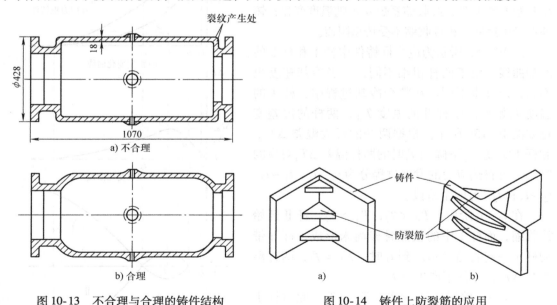

图 10-13　不合理与合理的铸件结构　　　图 10-14　铸件上防裂筋的应用

10.2　铸造应力

铸造应力（Casting Stress）是铸件在凝固和冷却过程中由受阻收缩、热作用和相变等因素引起的内应力，它是热应力、收缩应力和相变应力的矢量和。其中热应力（Thermal Stress）是铸件不同部位由于温差造成不均衡收缩而引起的；收缩应力（Contraction Seress）是铸件在固态收缩时因铸型、型芯、浇冒口、箱挡及铸件本身结构阻碍收缩而引起的，也称为机械阻碍应力；相变应力（Transformation Stress）是铸件由于固态相变，各部分体积发生不均衡变化而引起的铸造应力。

铸件的瞬时应力大于金属在该温度下的强度时，铸件就会产生裂纹。机械阻碍应力都是拉应力，一般在铸件落砂后即消失，是临时应力，因而残余应力往往是热应力和相变应力。当不考虑机械阻碍时，固态无相变的合金铸件的瞬时应力只有热应力，而存在固态相变的合金铸件瞬时应力的发展过程与铸件的冷却特点和相变过程有关，其瞬时应力是热应力和相变应力之和。

下面以三杆应力框铸件为例，在不考虑机械阻碍时，讨论合金铸件中瞬时应力的发展过程。

10.2.1 热应力的形成过程

对于自由收缩的固态无相变合金铸件（如奥氏体钢），铸造应力仅为热应力。图 10-15a 所示为应力框铸件示意图，由较粗的杆 I、较细的杆 II 及刚性横梁 III 组成，杆 I 和杆 II 的长度均为 L。设金属液充满铸型后立即停止流动，杆 I 和杆 II 从同一温度 T_L 开始冷却，最后均冷却到室温 T_0；合金线收缩开始温度为 T_l，线收缩系数 α 不随温度变化；铸件不产生挠曲；铸件收缩不受铸型阻碍。

图 10-15b 所示为应力框铸件中杆 I 和杆 II 的冷却曲线。由于两杆粗细不同，二者冷却速度也不同，温度也不同。在整个冷却过程中，杆 I 的温度 T_I 始终高于杆 II 的温度 T_{II}，两杆的温差变化如图 10-15c 所示。根据两杆的最大温差 ΔT_{max} 和杆 I 温度 T_I 下降到 T_l 时的两杆温差 ΔT_d 对应的时刻，可将热应力的发展过程分为 $t_0 \sim t_1$、$t_1 \sim t_2$、$t_2 \sim t_3$ 和 $t_3 \sim t_4$ 四个阶段。

在 $t_0 \sim t_1$ 阶段，$T_{II} < T_l$，$T_I > T_l$。杆 II 开始线收缩，而杆 I 中的枝晶骨架尚未形成，杆 II 带动杆 I 一起收缩变形。到 t_1 时，$T_I = T_l$，两杆温差为 ΔT_d，铸件不产生应力。

在 $t_1 \sim t_2$ 阶段，$T_{II} < T_l$，$T_I < T_l$。此时杆 I 也开始线收缩。随着冷却的进行，由于杆 II 的冷却速度高于杆 I，两杆的温差逐渐增大，在 t_2 时达到最大值（ΔT_{max}）。此时两杆的自由线收缩量之差为 $\alpha (\Delta T_{max} - \Delta T_d) L$，即杆 II 应比杆 I 多

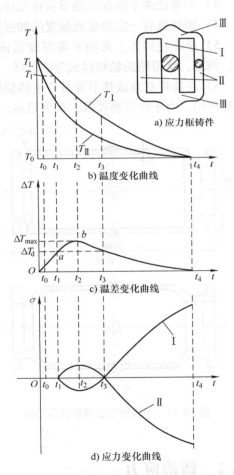

a) 应力框铸件

b) 温度变化曲线

c) 温差变化曲线

d) 应力变化曲线

图 10-15 应力框铸件热应力发展过程示意图

收缩。但两杆彼此相连，始终具有相同的长度，故杆 II 被拉长，杆 I 被压缩，从而在杆 II 内产生拉应力，在杆 I 内产生压应力。在此阶段，两杆中的应力逐渐增大，如图 10-15d 所示。

在 $t_2 \sim t_3$ 阶段，杆 I 的冷却速度大于杆 II，两杆的温差逐渐减小，到 t_3 时温差再次减小到 ΔT_{d}。在此阶段，杆 I 的自由线收缩速度大于杆 II，两杆自由线收缩量之差为 $-\alpha(\Delta T_{\max} - \Delta T_{\mathrm{d}})L$。即在 $t_1 \sim t_3$ 阶段，两杆的自由线收缩量相等。假设铸件只产生弹性变形，在 $t_2 \sim t_3$ 阶段，两杆中的应力逐渐减小，并在 t_3 时两杆中的应力均为零。

在 $t_3 \sim t_4$ 阶段，杆 I 的冷却速度仍然比杆 II 快，即杆 I 的自由线收缩速度大于杆 II。在此阶段，两杆自由线收缩量之差为 $\alpha \Delta T_{\mathrm{d}} L$，杆 I 被拉长，杆 II 被缩短，因而在杆 I 产生拉应力，杆 II 产生压应力。在此阶段，两杆中的应力逐渐增大。因而到 t_4 时，铸件内存在残余应力，其中杆 II 内为压应力，杆 I 内为拉应力。

以上分析同样适用于单一结构的厚断面铸件，如铸锭、钢坯、厚板等。铸件内部最后的凝固和收缩使铸件内部产生残余拉应力，外部产生残余压应力。

由此可见，铸件的残余应力是由于铸件不同部分冷却速度不同造成的，其大小主要取决于铸件不同部分之间的温度差。

10.2.2　相变应力的形成过程

当铸件各部分冷却条件不同时，对于发生固态相变且新旧两相比体积不同的合金，它们到达相变温度的时刻和相变的程度也不同，由此而产生的应力即为相变应力。对于自由收缩的固态有相变合金铸件（如铸铁），铸造应力由热应力和相变应力构成。下面以灰铸铁为例，讨论图 10-15a 所示应力框的瞬时应力发展过程。

灰铸铁在凝固过程中发生共晶转变和共析转变，导致在冷却曲线上出现两个等温平台（图 10-16a），也使得杆 I 和杆 II 两杆的温差变化规律（图 10-16b）与图 10-15c 相比明显不同。同时由于凝固期间的石墨析出以及共析转变分解为铁素体和石墨引起的体积膨胀，灰铸铁的自由线收缩曲线出现两次膨胀过程（参见图 9-3），使铸件产生相变应力。相变应力和热应力叠加，就构成任一时刻的瞬时应力。图 10-16c 所示为较粗的杆 I 的瞬时应力的发展过程。在 t_0 到 t_1 阶段，粗杆析出石墨发生膨胀并受到细杆的阻碍，产生相变压应力。在 t_1 到 t_2 阶段，细杆进入共析转变产生体积膨胀，使粗杆的压应力逐渐减小，并向拉应力转变，且在粗杆刚刚进入

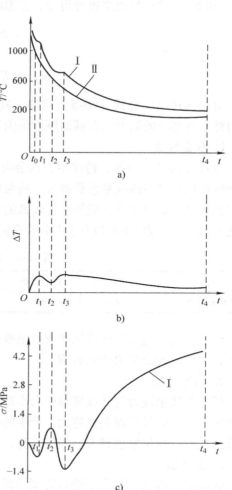

图 10-16　灰铸铁应力框铸件瞬时应力发展过程

共析转变时，粗杆所受的拉应力达到最大值。在 t_2 到 t_3 阶段，粗杆也进入共析转变并发生共析膨胀，使粗杆的拉应力逐渐减小并向压应力转变。在 t_3 到 t_4 阶段，两杆的温差再度减小，粗杆冷却速度快于细杆，粗杆的压应力再次减小，并向拉应力转变。冷却到室温 t_4 时，粗杆内残存着拉应力，细杆内残存着压应力。

可见，对于凝固和以后的冷却过程中发生相变的合金，若新旧两相比体积差很大，都可能使铸件产生相变应力，并和热应力叠加，构成铸造应力。

此外，如金属基体和析出相的收缩系数不同，在冷却过程中也会产生相变应力。如球墨铸铁基体的线收缩系数比石墨大 1.5 倍，故金属基体收缩时受到石墨阻碍，产生应力。因此，球墨铸铁产生应力的倾向较大。

10.2.3 残余应力的影响因素

假设图 10-15a 所示的应力框从最后一次完全卸载时起，铸件不产生挠曲变形，且只产生弹性变形。设自由收缩的固态无相变合金铸件的弹性模量为 E，杆 Ⅰ 和杆 Ⅱ 的截面积分别为 $S_Ⅰ$ 和 $S_Ⅱ$，则经过简单推导可知，室温时杆 Ⅰ 和杆 Ⅱ 的残余应力 $\sigma_Ⅰ$ 和 $\sigma_Ⅱ$ 分别为

$$\sigma_Ⅰ = E \frac{2S_Ⅱ}{S_Ⅰ + 2S_Ⅱ} \alpha \Delta T_d \tag{10-4}$$

$$\sigma_Ⅱ = E \frac{S_Ⅰ}{S_Ⅰ + 2S_Ⅱ} \alpha \Delta T_d \tag{10-5}$$

由式（10-4）和式（10-5）可知，残余应力与合金的弹性模量、自由线收缩系数、铸件内外或各部分的温差以及截面厚度等因素有关。

1. 合金性质

由式（10-4）可知，铸件中的残余应力与合金弹性模量和自由线收缩系数成正比。合金弹性模量和自由线收缩系数越大，残余应力就越大。合金的热导率直接影响铸件厚薄两部分的温差值。如合金钢比碳钢具有较低的导热性能，因此在其他条件相同时，合金钢具有较大的残余应力。表 10-1 列出了部分合金的弹性模量。

表 10-1 部分合金的弹性模量

材料	钢	白口铸铁	球墨铸铁	灰铸铁	铜合金	铝合金
弹性模量/GPa	19600	16600	13500 ~ 18200	7350 ~ 10800	11000 ~ 13200	6500 ~ 8300

合金相变引起合金比体积和收缩系数变化，同时相变热效应也会改变铸件各部分的温度分布，从而对残余应力产生影响。

2. 铸型性质

铸件的残余应力与其在铸型中的冷却速度直接相关。铸型蓄热系数越大，铸件的冷却速度越大，铸件内外的温差就越大，产生的应力则越大。金属型比砂型容易在铸件中引起更大的残余应力。铸型刚度越大、强度越高，机械阻力越大，产生的残余应力就越大。

3. 浇注条件

提高浇注温度，相当于提高铸型的温度，延缓了铸件的冷却速度，使铸件各部分温度趋于均匀，因此可以减小残余应力。

4. 铸件结构

铸件壁厚差越大，冷却时厚薄壁之间的温差就越大，引起的热应力则越大。

10.2.4　减小和消除铸造应力的措施

1. 减小铸造应力的措施

（1）合金方面　在工件能满足工作条件的前提下，选择弹性模量和收缩系数小的合金材料。如奥氏体不锈钢的线收缩系数较大，在其他条件相同时，其残余应力比铁素体不锈钢的要大50%。

（2）铸型方面　为了使铸件在冷却过程中温度分布均匀，可对铸件厚大部分进行强制冷却。预热铸型也能有效地减小铸件各部分的温差。提高铸型和型芯的退让性可减小机械阻力。采用细面砂和涂料，可以减小铸型表面的摩擦力。提前打箱落砂，并立即放入炉内保温缓冷，既可以减小铸型对铸件的约束，也可降低铸件温差，从而减小残余应力。

（3）浇注条件　适当提高浇注温度；合理布置浇注系统，尽量减小其对铸件的机械阻碍，并有利于铸件各部分温度的均匀分布。

（4）铸件结构　改进铸件结构，避免产生较大的应力和应力集中；铸件壁厚差要尽可能地小，厚薄壁连接处要过渡合理；热节要小而分散。

总之，减小铸造应力的主要途径，是针对铸件的结构特点在制定铸造工艺时，尽可能地减小铸件在冷却过程中各部分的温差，提高铸型和型芯的退让性，减小机械阻碍。

2. 消除铸件中残余应力的方法

常见的消除铸件中残余应力的方法有自然时效、人工时效和振动时效。

（1）自然时效　将具有残余应力的铸件放置在露天场地一段时间，随着时间的推移（数月至半年），应力慢慢自然消失，称此消除应力的方法为自然时效。自然时效费用低，但时间太长、效率低，已经很少采用。

铸件中存在残余应力，必然使晶格发生畸变。畸变晶格上的原子势能较高，极不稳定。长期经受不断变化的温度作用，原子有足够时间和条件发生能量交换，原子的能量趋于均衡，晶格畸变得以恢复，铸件发生变形，从而使应力得到消除。

（2）人工时效　人工时效也称为去应力退火，是将铸件缓慢加热到一定温度（通常是相变温度或再结晶温度以下），保持一定时间以消除各种内应力然后缓慢冷却到室温的退火。在去应力退火温度下，铸件处于弹塑性状态，通过蠕变使应力消失。该方法比自然时效所需时间更短且效果更为明显。表10-2为保持3h情况下，部分合金的去应力退火温度。

表10-2　部分合金的去应力退火温度

合金	退火温度/℃
Al−2.2C−1Ni−1Mg−1Fe−1Si−0.1Ti	300
黄铜（Cu−35Zn−1.5Fe−3.7Mn）	400
青铜（Cu−10Sn−2Zn）	500
铸灰铁（3.4C−2Si−0.38Mn−0.1S−0.64P）	600
钢（C−Mn型）	700

（3）振动时效　使铸件在激振力作用下，获得相当大的振动能量。在振动过程中，交变应力与残余应力叠加，铸件局部屈服，产生塑性变形，使铸件中的残余应力逐步松弛、消失；同时也使处在畸变晶格上的原子获得较大能量，使晶格畸变恢复，应力消失。

振动时效处理具有时间短、费用低、无污染、机构轻便、易操作、铸件表面不产生氧化皮、不损害铸件尺寸精度等优点。该方法对箱、框类铸件去应力效果尤为显著。

10.3　铸件的变形和冷裂

10.3.1　铸件的变形

1. 铸件变形的原因及后果

在铸造过程中，如果铸件以均匀的冷却速度冷却，并且各处所受到的约束相同，铸件就会均匀收缩。当铸件的不同部分受铸型的约束不同或各部分冷却速度不同时，铸件就会产生变形。挠曲是铸件中最常见的变形。如图 10-17 所示的一面开口的箱式铸件（实线所示），在冷却过程中收缩受到铸型的阻碍而变形（双点画线所示）。

即使铸件没有受到铸型的约束，铸件的不均匀冷却和铸件截面上温度的不对称分布也会导致铸件产生变形。图 10-18 所示的 T 形梁铸件由较厚的上部和较薄的下部构成。上部的残余拉应力力图使铸件缩短，而下部的压应力力图使铸件伸长，从而导致铸件产生弯曲，使得上部向内凹，下部向外凸（双点画线所示）。图 10-19a 所示的带轮常会产生如图 10-19b 所示的残余变形。

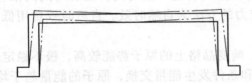

图 10-17　铸型的不均匀约束作用导致的铸件变形

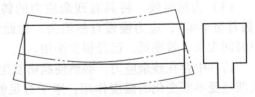

图 10-18　T 形梁铸件在热应力作用下的变形情况

对于存在残余应力的铸件，即使落砂清理后没有变形，也可能在存放和机械加工后产生挠曲变形。铸件的挠曲变形能够减小内应力，但不能完全消除残余应力。挠曲变形会降低铸件的尺寸精度。产生挠曲变形的铸件，如果合金的塑性较好，可以矫正，但是变形尺寸过大或者加工余量不足的铸件将成为废品。在大批量生产时，变形的铸件在机械加工时往往因放不进夹具而报废。

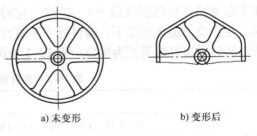

a) 未变形　　　　　　b) 变形后

图 10-19　带轮的变形

2. 铸件变形的预防措施

铸件的变形是由于残余应力造成的，因此防止铸件产生铸造应力的方法都可用于防止铸件产生变形。此外，从工艺上还通常采取以下措施防止变形：

1）提高铸型刚度、增大压铁重量均可以减小铸件的挠曲变形量。

2）采取反变形措施。在模样上做出与铸件残余变形量相等、方向相反的预变形量，按该模样生产铸件，铸件经冷却变形后，尺寸和形状刚好符合要求。如机床床身导轨面较厚，侧面较薄，致使导轨面存在残余拉应力，侧面存在压应力。存放时，发生挠曲变形，导轨面下凹，薄壁侧面向上凸，如图 10-20 所示，采用双点画线所示的反变形或反挠度，即可消除上述缺陷。

3）设置防变形筋。防变形筋能承受一部分应力，可防止变形。待铸件热处理后再将防变形筋去除。图 10-21 所示的铸件是以防变形筋保证 A、B、C 三点之间的尺寸（虚线所示为防变形筋）。条件许可时，可用浇注系统兼起防变形筋的作用，以节约金属。

4）优化铸件的结构。如采用弯形轮辐代替直轮辐，可减小阻力，防止变形。

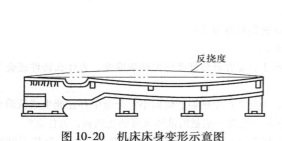

图 10-20　机床床身变形示意图

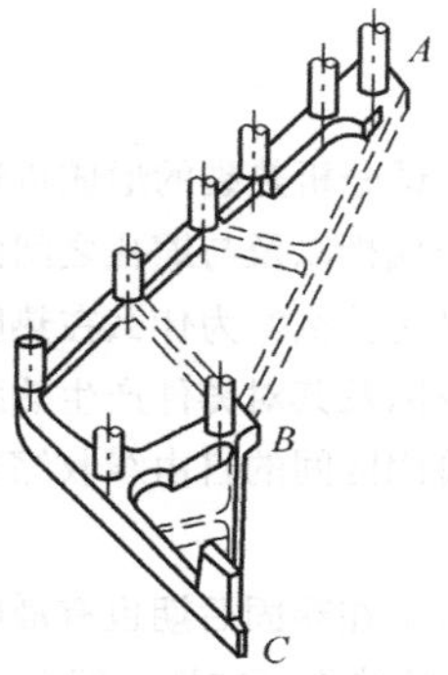

图 10-21　防变形筋的运用

10.3.2　铸件的冷裂

1. 冷裂产生的原因及特征形貌

冷裂（Cold Cracking）是在铸件凝固后在较低温度下形成的裂纹，是铸件中应力超出合金的强度极限而产生的。冷裂往往出现在铸件受拉伸的部位，特别是有应力集中的地方。冷裂外形呈连续直线状或光滑曲线状，裂口常穿过晶粒延伸到整个断面，断口有金属光泽或呈轻微的氧化色。有些冷裂纹是铸件在铸型内的冷却过程中形成的，有些则是在清理和搬运时，铸件受到振击产生应力叠加形成的。形状复杂的大型铸件容易产生冷裂。

图 10-22 所示为外径为 770mm 的 ZG35CrMn 齿轮毛坯的冷裂纹。齿轮的轮毂比轮缘和轮辐厚，冷却较慢。当轮毂开始收缩时，受到已冷却的轮缘的阻碍，轮辐中产生拉应力，形成冷裂。

对于焊接性好的合金（如铸钢件），铸件的冷裂可经焊补后继续使用；焊接性差（如灰铸铁）的合金铸件出现裂纹则要报废。

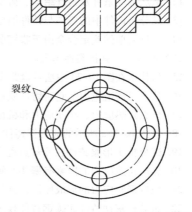

图 10-22　ZG35CrMn 齿轮毛坯的冷裂纹

2. 冷裂的预防措施

为了防止冷裂的产生，一方面要减小铸造应力，另一方面要提高合金强度和塑性。合金的成分、熔炼质量以及组织均影响合金强度和塑性，从而对冷裂都有重要影响。低碳奥氏体钢（如低碳镍铬耐酸不锈钢）具有低的屈服极限和高塑性，铸造应力往往很快就超过屈服极限，使铸件发生塑性变形，不易产生冷裂；而高锰钢含碳量高，在奥氏体晶界上析出脆性碳化物，严重降低了铸件的塑性，因而极易产生冷裂。磷增加钢的冷脆性，当磷的质量分数大于 0.1% 时，其冲击韧度急剧下降，冷裂倾向明显增大。钢液脱氧不足时，氧化夹杂物聚集在晶界上，降低钢的冲击韧性和强度，促使冷裂的形成。铸件中非金属夹杂物增多时，冷裂的倾向性也增大。

习　题

1. 什么是热裂？试分析热裂的形成机理并提出防止措施。

2. 试分析热裂与偏析以及与缩孔之间的关系。

3. 热脆区的含义是什么？为什么在热脆区内金属的塑性很低？

4. 分析液膜的成因及其对铸件产生热裂纹的影响。

5. 铸造合金在凝固区间的自由线收缩系数远小于合金在该温度范围的断裂应变，为什么铸件还会产生热裂？

6. 共晶成分的合金在凝固后期也有液膜存在，为什么产生热裂的倾向小？合金中存在能生成低熔点物质的元素，增大合金的热裂倾向性，但合金在凝固末期存在一定量的液体又可防止热裂，为什么？

7. 铸件的凝固方式和凝固方向与形成热裂有何联系？为什么结晶温度范围越宽的合金热裂倾向性越大？

8. 试绘出 L 形、T 形铸件的固相等温曲线随凝固时间而变化的位置示意图，并指出最易出现热裂的地方。

9. 铸型障碍越大，铸件产生热裂的倾向越大；但为了提高铸件的尺寸精度，往往又采用金属型。试从热裂纹的产生是因为铸件不均匀变形这一观点讨论两者是如何统一的。

10. 铸铁与高碳钢相比，哪一种材料的热裂倾向大？为什么？

11. 采用真空浇注和高转速离心浇注时，为什么易产生热裂纹？

12. 试从浇注条件及铸件结构、铸型情况对热裂的影响出发，提出防止热裂的措施。

13. 试分析铸件中的气体与铸件缩松及热裂缺陷的产生有何关系。

14. 一种简单的鉴定合金由于收缩受阻产生热裂的装置如图 10-23 所示。试说明法兰盘距离越长而不产生热裂的合金，其抗裂性越大。

15. 为什么在图 10-23 中法兰盘距离越长，越易产生热裂？

16. 什么是铸造应力？它对铸件质量有何影响？

17. 什么是热应力、相变应力和机械阻碍应力？它们的形成原因和条件各是什么？

18. 以图 10-15a 所示的应力框铸件为例，讨论金属在凝固和冷却过程中内应力的产生过程。

19. 试分析 T 形梁铸件在冷却过程中的应力和变形。

20. 影响铸造应力的因素有哪些？阐述减小铸造应力的途径和消除铸造应力的方法。

21. 根据瞬时应力的形成原因，试从合金性质和铸造工艺两方面阐述生产低应力铸件的途径。

22. 试分析灰铁铸件比碳钢铸件残余应力小的原因。

23. 试推导式（10-4）和式（10-5）所示的应力框铸件中杆 I 和杆 II 的残余应力 σ_{I} 和 σ_{II}。

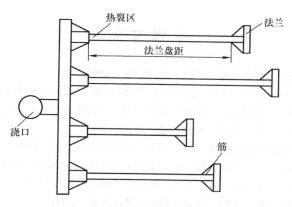

图 10-23　合金热裂性测试装置示意图

24. 试分析平板铸件在有上盖和无上盖砂型中的冷却过程中发生不同方向变形的原因。

25. 工字形铸件和 T 形铸件的铸造工艺相同时，哪种铸件的残余应力大？哪种铸件易产生挠曲变形？为什么？并讨论防止措施。

26. 厚度不同的 T 形梁的变形与均匀厚度的平板件的变形原因是否相同？

27. 杆状铸件在冷却过程中，垂直杆长方向温度如何分布时只产生变形而无应力？

28. 铸件在冷却过程中产生挠曲变形与瞬时应力的原因有何异同？

29. 试从铸造合金、铸型条件及浇注工艺考虑防止或减小铸件变形和残余应力的措施。

30. 铸件常见的变形方式有哪几种？分析铸件变形的影响因素和防止铸件变形的措施。

31. 什么是铸造冷裂纹？试分析影响铸造冷裂纹形成的因素及防止铸造冷裂纹的措施。

32. 砂型铸造时，对容易产生裂纹的铸钢件，为减少铸件应力，应如何控制铸件打箱时间？

33. 试分析为什么在对铸件进行消除内应力退火时，若升温过快就会出现裂纹。

34. 试分析冷裂与热裂相比，其成因、形态及部位有何不同。

参考文献

[1] 安阁英. 铸件形成理论 [M]. 北京：机械工业出版社，1990.

[2] JOHN CAMPBELL. Castings [M]. 2nd ed. Oxford：Butterworth – Heinemann Ltd.，2003.

[3] 坎贝尔. 铸造原理 [M]. 李殿中，李依依，等译. 北京：科学出版社，2011.

[4] 祖方遒. 铸件成形原理 [M]. 北京：机械工业出版社，2013.

[5] 戴斌煜，王薇薇. 金属液态成形原理 [M]. 北京：国防工业出版社，2010.

[6] 介万奇，坚增运，刘林，等. 铸造技术 [M]. 北京：高等教育出版社，2013.

[7] 吴树森，柳玉起. 材料成形原理 [M]. 3 版. 北京：机械工业出版社，2017.

[8] 胡汉起. 金属凝固原理 [M]. 2 版. 北京：机械工业出版社，2000.

[9] 周尧和，胡壮麒，介万奇，等. 凝固技术 [M]. 北京：机械工业出版社，1998.

[10] DONALD R ASKELAND，PRADEEP P PHULÉ. The Science and Engineering of Materials [M]. 4th ed. Stamford：Thomson Learning，2004.

[11] 王寿彭. 铸件形成理论及工艺基础 [M]. 西安：西北工业大学出版社，1994.

[12] 李新亚. 铸造手册 第 5 卷 铸造工艺 [M]. 3 版. 北京：机械工业出版社，2011.

[13] 王经. 传热学与流体力学基础 [M]. 上海：上海交通大学出版社，2007.

[14] 李荣德，米国发. 铸造工艺学 [M]. 北京：机械工业出版社，2013.

[15] 马幼平，许云华. 金属凝固原理及技术 [M]. 北京：冶金工业出版社，2008.

[16] KURZ W，FISHER D J. 凝固原理 [M]. 李建国，胡侨丹，译. 北京：高等教育出版社，2010.

[17] 崔忠圻，覃耀春. 金属学与热处理 [M]. 3 版. 北京：机械工业出版社，2020.

[18] 潘金生，仝健民，田民波. 材料科学基础（修订版）[M]. 北京：清华大学出版社，2011.

[19] 傅恒志，郭景杰，刘林，等. 先进材料定向凝固 [M]. 北京：科学出版社，2008.

[20] 陈金德，邢建东. 材料成形技术基础 [M]. 北京：机械工业出版社，2000.

[21] 日本铸造工学会. 铸造缺陷及其对策 [M]. 张俊善，尹大伟，译. 北京：机械工业出版社，2008.

[22] 李日，马军贤，崔启玉. 铸造工艺仿真 ProCAST 从入门到精通 [M]. 北京：中国水利水电出版社，2010.

[23] 潘利文，郑立静，张虎，等. Niyama 判据对铸件缩孔缩松预测的适用性 [J]. 北京航空航天大学学报，2011，37（12）：1534 – 1540.

[24] 贾宝仟，柳百成. 铸件缩松缩孔判据 $G/\sqrt{T}$ 的理论基础及应用 [J]. 铸造，1996（4）：13 – 15.

[25] 戴斌煜. 悬浮铸造在高铬铸铁耐火砖模上的应用研究 [J]. 铸造，2009，58（7）：726 – 728.

[26] ZHANG Z M，LU T，XU C J，et al. Microstructure of binary Mg – Al eutectic alloy wires produced by the Ohno continuous casting process，Acta Metallurgica Sinica（English Letters）[J]. 2008，21（4）：275 – 281.

[27] 孙万里，张忠明，徐春杰，等. 过冷条件下 Cu – 34.15% Pb 偏晶合金凝固规律 [J]. 材料热处理学报，2005，26（4）：44 – 47 + 51 – 3.

[28] 全国科学技术名词审定委员会. 材料科学技术名词 [M]. 北京：科学出版社，2016.

[29] 全国铸造标准化技术委员会. 铸造术语：GB/T 5611—2017 [S]. 北京：中国标准出版社，2018.